普通高等教育“十四五”规划教材

建筑防烟排烟工程

主编　连继峰　刘　宇　陈福江
主审　舒志乐　李晓宁　杨小杰

北　京
冶　金　工　业　出　版　社
2025

内容提要

本书主要介绍了建筑火灾烟气运动力学基础理论、防烟排烟（防排烟）系统设计基本原理，以及防烟排烟设备设施控制运行等。力学基础理论主要包括烟气的基本物理力学性质、烟气流动的驱动力、烟羽流的流动预测模型，以及风管阻力计算方法等；设计基本原理主要包括防烟系统和排烟系统设计基本原理，涉及规范和图集的设计思路、理念、原则、要求及计算方法；防烟排烟设备设施控制运行主要包括设备设施的分类、命名和选项，以及系统运行的控制要求、原理等。

本书可作为高等院校消防工程、安全工程、建筑环境与设备工程等专业教材，也可供从事建筑消防工程设计、施工、监理、审验、维护与管理等有关人员学习参考。

图书在版编目（CIP）数据

建筑防烟排烟工程 / 连继峰，刘宇，陈福江主编.
北京 ：冶金工业出版社，2024. 9（2025. 4 重印）.
（普通高等教育“十四五”规划教材）. -- ISBN 978-7-5024-9984-6

Ⅰ. TU761. 1

中国国家版本馆 CIP 数据核字第 2024CW2895 号

建筑防烟排烟工程

出版发行 冶金工业出版社 **电　话**（010）64027926
地　址 北京市东城区嵩祝院北巷 39 号 **邮　编** 100009
网　址 www. mip1953. com **电子信箱** service@ mip1953. com

责任编辑 任咏玉　杨　敏　美术编辑 吕欣童　版式设计 郑小利
责任校对 葛新霞　责任印制 范天娇
北京印刷集团有限责任公司印刷
2024 年 9 月第 1 版，2025 年 4 月第 2 次印刷
787mm×1092mm 1/16；13. 25 印张；320 千字；201 页
定价 39. 00 元

投稿电话（010）64027932 **投稿信箱** tougao@cnmip. com. cn
营销中心电话（010）64044283
冶金工业出版社天猫旗舰店 yjgycbs. tmall. com
（本书如有印装质量问题，本社营销中心负责退换）

前　言

在诸多建筑火灾案例中，烟气是造成建筑火灾人员伤亡的主要原因。烟气中含有多种有毒有害成分，对人体伤害大，致死率高；同时，火灾过程中建筑物内浓烟弥漫，遮光性强，能见度低，也对人员疏散与组织救援造成很大障碍。因此，建筑火灾发生时，为了有效防烟与及时排烟，保障建筑内人员的安全疏散和消防救援工作的顺利进行，防烟、排烟系统的科学设计是十分必要的。

本书共8章：第1章绪论，以背景知识介绍为主，详细介绍了几起典型建筑火灾事故案例，指出了建筑火灾特点及火灾过程中烟气的危害；第2章系统阐述了烟气的物理力学性质，引入了气体热力平衡原理，为后续章节的论述提供了理论基础；第3章介绍了烟气流动的驱动力来源、孔口串并联流通等效面积计算方法、流动预测模型及控制方式；第4章介绍了防烟排烟风管阻力的计算方法，引入了黏性流体伯努利方程，确定了风管内压力分布特征，为风管设计提供了理论依据；第5章和第6章分别为建筑防烟、排烟系统设计原理，紧密围绕规范与图集，介绍了系统设计的思路、理念、原则、要求及计算方法；第7章介绍了建筑防烟排烟设备设施的分类、命名及选型等基本情况；第8章介绍了整个建筑防烟排烟系统的控制要求及控制原理，旨在加深读者对建筑防烟排烟系统的总体认识。建筑防烟排烟设计是建筑消防设计中的重要一环，本书力求在掌握建筑火灾烟气运动规律的基础之上，领会建筑防烟排烟工程设计的基本原理。

本书由西华大学应急管理学院连继峰、刘宇、陈福江主编；李聪、尚福磊、雷智捷、胡耀中、张月明、陈洋参编；舒志乐、李晓宁、杨小杰对全书进行了审核。编写分工为：连继峰编写了第3~6章并负责全书统稿，刘宇编写了

第 1 章和第 7 章，陈福江编写了第 2 章。四川仁弘消防工程有限公司高级工程师康挺对本书提出了宝贵意见和建议。

本书在编写过程中，得到了诸多同行专家的支持和帮助，参考了有关专业书籍和文献，引用了部分工程实例，在此一并表示感谢。

由于编者水平所限，书中不妥之处，敬请广大读者批评指正。

编　者

2024 年 5 月 28 日

于西华大学

目　录

1　绪论 ………………………………………………………… 1

1.1　建筑防烟排烟规范历史沿革 ………………………………… 1
1.2　建筑分类及耐火等级 ………………………………………… 2
1.2.1　建筑分类标准 ………………………………………… 2
1.2.2　建筑耐火等级 ………………………………………… 4
1.3　建筑火灾特点与烟气危害 …………………………………… 7
1.3.1　建筑火灾的特点及原因 ………………………………… 7
1.3.2　建筑火灾的危害及影响 ………………………………… 10
1.3.3　烟气对人体的直接危害 ………………………………… 11
1.4　建筑火灾案例 ……………………………………………… 18
1.4.1　河南省安阳市凯信达商贸有限公司厂房火灾 ………… 18
1.4.2　浙江省金华市伟嘉利工贸有限公司厂房火灾 ………… 20
1.4.3　乌鲁木齐市天山区吉祥苑小区高层住宅楼火灾 ……… 23
1.4.4　北京市丰台区北京长峰医院住院部火灾 ……………… 24
1.5　专业基本术语及含义 ………………………………………… 26
习题 ……………………………………………………………… 27

2　烟气基本物理力学性质 ……………………………………… 29

2.1　烟气基本物理性质 …………………………………………… 29
2.1.1　烟气的概念 …………………………………………… 29
2.1.2　材料的发烟性能 ………………………………………… 30
2.2　气体热力平衡原理 …………………………………………… 31
2.2.1　基本状态参数 ………………………………………… 31
2.2.2　平衡状态方程 ………………………………………… 35
2.2.3　准平衡过程 …………………………………………… 37
2.3　烟气基本状态参数 …………………………………………… 40
2.3.1　烟气压力 ……………………………………………… 40
2.3.2　烟气温度 ……………………………………………… 41
2.3.3　烟气密度 ……………………………………………… 41
2.3.4　烟气的遮光性 ………………………………………… 42
2.3.5　烟气的光学密度 ………………………………………… 43
2.3.6　烟气颗粒粒径分布 ……………………………………… 44

习题 …… 45
3 火灾烟气的流动与控制 …… 46
3.1 烟气流动的驱动力 …… 46
3.1.1 浮升力引起的烟气流动 …… 47
3.1.2 烟囱效应引起的烟气流动 …… 48
3.1.3 膨胀力引起的烟气流动 …… 50
3.1.4 外界风作用下的烟气流动 …… 51
3.1.5 通风空调系统引起的烟气流动 …… 53
3.2 烟气孔口等效流通面积 …… 54
3.2.1 并联流动 …… 55
3.2.2 串联流动 …… 55
3.2.3 混联流动 …… 56
3.3 压力中性面 …… 57
3.3.1 具有连续侧向开缝竖井 …… 57
3.3.2 具有上下侧向开口的竖井 …… 59
3.3.3 具有连续侧向开缝和一个上部侧向开口的竖井 …… 61
3.3.4 顶部水平开口的竖井 …… 62
3.3.5 中性面以上楼层内的烟气浓度 …… 64
3.4 烟气流动预测模型 …… 65
3.4.1 NFPA92B 的羽流模型 …… 66
3.4.2 Thomas-Hinkley 羽流模型 …… 67
3.5 烟气控制的方式 …… 73
3.5.1 隔断或阻挡 …… 73
3.5.2 自然排烟 …… 76
3.5.3 加压防烟 …… 79
3.5.4 机械排烟 …… 83
习题 …… 87
4 防排烟风管设计原理 …… 88
4.1 风管内气体流动的流态和阻力 …… 88
4.1.1 流体流动的两种流态 …… 88
4.1.2 流体流动的阻力 …… 89
4.2 风管摩擦阻力计算 …… 89
4.2.1 摩擦阻力 …… 89
4.2.2 层流摩擦阻力系数 …… 90
4.2.3 湍流摩擦阻力系数 …… 90
4.3 风管局部阻力计算 …… 92
4.3.1 变截面处的局部阻力系数 …… 93

4.3.2　变方向处的局部阻力系数 …… 94
4.3.3　变流股处的局部阻力系数 …… 95
4.3.4　阻碍物的局部阻力系数 …… 95
4.4　伯努利方程及风管压力分布 …… 96
4.4.1　黏性流体的伯努利方程 …… 96
4.4.2　风管内流体压力分布 …… 99
4.5　简单管路与管网阻力计算 …… 101
4.5.1　简单管路阻力计算 …… 101
4.5.2　复杂管网总阻力计算 …… 102
4.6　风管设计基本要求及技术措施 …… 105
4.6.1　风管材料及断面形式设计 …… 105
4.6.2　风管设计的基本要求 …… 107
4.6.3　风管设计的主要技术措施 …… 107
习题 …… 111

5　建筑防烟系统设计原理 …… 112

5.1　相关概念与防烟分区 …… 112
5.1.1　基本概念 …… 112
5.1.2　防烟分区 …… 114
5.2　防烟系统设置部位 …… 116
5.2.1　防烟系统应设要求 …… 116
5.2.2　防烟系统可不设条件 …… 116
5.3　防烟系统一般设计要求 …… 117
5.4　自然通风设施设计要求 …… 120
5.5　机械加压送风设施设计要求 …… 121
5.5.1　加压送风系统设计要求 …… 121
5.5.2　加压送风机的设计要求 …… 122
5.5.3　加压送风口设计要求 …… 124
5.5.4　加压送风管道设计要求 …… 125
5.5.5　场所外窗设计要求 …… 125
5.6　机械加压送风系统风量计算 …… 126
5.6.1　计算法 …… 126
5.6.2　查表法 …… 127
5.6.3　运行方式与压力控制 …… 128
习题 …… 134

6　建筑排烟系统设计原理 …… 135

6.1　排烟系统一般设计要求 …… 135
6.2　自然排烟设施设计要求 …… 137

6.3 机械排烟设施设计要求 …… 143
6.4 补风系统设计要求 …… 150
6.5 排烟系统设计计算 …… 151
6.5.1 自然排烟对外开口面积确定 …… 153
6.5.2 最小清晰高度确定 …… 155
6.5.3 排烟量的确定 …… 155
6.5.4 羽流的质量流量确定 …… 155
6.5.5 排烟量设计要求 …… 158
6.6 防排烟系统设计程序及制图要求 …… 159
6.6.1 设计程序 …… 159
6.6.2 制图要求 …… 160
习题 …… 161

7 建筑防排烟设备设施 …… 162

7.1 防排烟风机 …… 162
7.1.1 风机的分类及命名方法 …… 162
7.1.2 风机的性能及相互关系 …… 169
7.1.3 风机的设计要求与选型 …… 171
7.2 防排烟阀门 …… 182
7.2.1 防火阀 …… 182
7.2.2 排烟防火阀 …… 183
7.2.3 排烟阀 …… 183
7.2.4 阀门符号标记 …… 184
7.2.5 阀门设计要求 …… 185
7.3 其他设施 …… 186
7.3.1 排烟口 …… 186
7.3.2 防火风口 …… 188
7.3.3 加压送风口 …… 189
7.3.4 余压阀 …… 189
7.3.5 排烟窗 …… 190
习题 …… 191

8 建筑防排烟系统控制 …… 192

8.1 防烟系统控制要求 …… 192
8.2 排烟系统控制要求 …… 192
8.3 联动控制原理 …… 193
8.3.1 系统联动控制原理 …… 193
8.3.2 设施的联动控制原理 …… 194
习题 …… 195

附录 …………………………………………………………………………… 196

附表 1　圆形断面薄钢板风管单位管长沿程阻力损失 …………………………… 196
附表 2　矩形断面薄钢板风管单位管长沿程阻力 ……………………………… 198
附表 3　部分管件局部阻力系数 ……………………………………………… 200

参考文献 ………………………………………………………………………… 201

1 绪 论

【教学目标】

掌握建筑分类与耐火等级；了解建筑火灾与烟气的危害。

【重点与难点】

民用建筑耐火等级；烟气对人体的直接危害。

1.1 建筑防烟排烟规范历史沿革

我国的建筑设计防火相关规范的发展源于苏联重工业企业建设部制定的《工业企业及住宅区建筑设计防火标准》，自 1949~1975 年近 30 年间，我国建筑设计防火要求均以苏联防火标准为参考，直至 1975 年 3 月 1 日《建筑设计防火规范》（TJ 16—74）的试行，它成为我国建筑防火规范史上第一个里程碑。由于历史原因，彼时还未有防烟排烟（又称“防排烟”）的概念提出，直至 1983 年 6 月 1 日试行的《高层民用建筑设计防火规范》（GBJ 4582），正式提出了防烟、排烟的概念，从此防排烟作为建筑消防的一个重要系统应运而生。此后，经历《建筑设计防火规范》及《高层民用建筑设计防火规范》的逐版修订及整合，逐步发展至现行的《建筑防烟排烟系统技术标准》（GB 51251—2017）。但为适应国际技术法规与技术标准通行规则，住房和城乡建设部明确了逐步用全文强制性工程建设规范取代现行标准中分散的强制性条文的改革任务，逐步形成了由法律、行政法规、部门规章中的技术性规定与全文强制性工程建设规范构成的“技术法规”体系，《消防设施通用规范》（GB 55036—2022）和《建筑防火通用规范》（GB 55037—2022）即是该背景下发布的规范，分别于 2023 年 3 月 1 日及 2023 年 6 月 1 日起实施。

近年来，随着国民经济的快速发展，城市建设步伐的加快，建筑用地日益紧张，以商业、办公、居住为主要目的的建筑数量急剧增多。由于这些建筑层数多、人员集中、功能繁杂、疏散距离长、疏散人员多、火灾蔓延快，因此其火灾危险性比普通建筑大得多。另外，这些建筑大部分都位于繁华的城市中心，如果发生火灾必将造成较大社会影响。火灾烟气是建筑火灾中造成人员伤亡和财产损失的主要原因，因此建筑防排烟设计应引起各方面的重视。

1.2 建筑分类及耐火等级

1.2.1 建筑分类标准

民用建筑与工业建筑工程是我国建筑行业的重要组成部分，承担着我国居民生活以及工业生产的建筑任务。

1.2.1.1 民用建筑

民用建筑按使用功能可分为居住建筑和公共建筑两大类。其中，居住建筑可分为住宅建筑和宿舍建筑。民用建筑根据其建筑高度和层数可分为单、多层民用建筑和高层民用建筑。高层民用建筑根据其建筑高度、使用功能和楼层的建筑面积可分为一类和二类。民用建筑的分类应符合表 1-1 的规定。

表 1-1 民用建筑的分类

名称	高层民用建筑		单、多层民用建筑
	一类	二类	
住宅建筑	建筑高度大于 54 m 的住宅建筑（包括设置商业服务网点的住宅建筑）	建筑高度大于 27 m，但不大于 54 m 的住宅建筑（包括设置商业服务网点的住宅建筑）	建筑高度不大于 27 m 的住宅建筑（包括设置商业服务网点的住宅建筑）
公共建筑	1. 建筑高度大于 50 m 的公共建筑； 2. 建筑高度 24 m 以上部分任一楼层建筑面积大于 1000 m^2 的商店、展览、电信、邮政、财贸金融建筑和其他多种功能组合的建筑； 3. 医疗建筑、重要公共建筑、独立建造的老年人照料设施； 4. 省级及以上的广播电视和防灾指挥调度建筑、网局级和省级电力调度建筑； 5. 藏书超过 100 万册的图书馆、书库	除一类高层公共建筑外的其他高层公共建筑	1. 建筑高度大于 24 m 的单层公共建筑； 2. 建筑高度不大于 24 m 的其他公共建筑

注：1. 表中未列入的建筑，其类别应根据本表类比确定。
2. 除本规范另有规定外，宿舍、公寓等非住宅类居住建筑的防火要求，应符合本规范有关公共建筑的规定。
3. 除本规范另有规定外，裙房的防火要求应符合本规范有关高层民用建筑的规定。

1.2.1.2 工业建筑

工业建筑主要指厂房和仓库。生产的火灾危险性应根据生产中使用或产生的物质性质及其数量等因素划分，可分为甲、乙、丙、丁、戊类，并应符合表 1-2 的规定。

表 1-2 生产的火灾危险性分类

生产的火灾危险性类别	使用或产生下列物质生产的火灾危险性特征
甲	1. 闪点小于 28 ℃的液体； 2. 爆炸下限小于 10%的气体； 3. 常温下能自行分解或在空气中氧化能导致迅速自燃或爆炸的物质； 4. 常温下受到水或空气中水蒸气的作用，能产生可燃气体并引起燃烧或爆炸的物质； 5. 遇酸、受热、撞击、摩擦、催化以及遇有机物或硫黄等易燃的无机物，极易引起燃烧或爆炸的强氧化剂； 6. 受撞击摩擦或与氧化剂、有机物接触时能引起燃烧或爆炸的物质； 7. 在密闭设备内操作温度不小于物质本身自燃点的生产
乙	1. 闪点不小于 28 ℃，但小于 60 ℃的液体； 2. 爆炸下限不小于 10%的气体； 3. 不属于甲类的氧化剂； 4. 不属于甲类的易燃固体； 5. 助燃气体； 6. 能与空气形成爆炸性混合物的浮游状态的粉尘、纤维、闪点不小于 60 ℃的液体雾滴
丙	1. 闪点不小于 60 ℃的液体； 2. 可燃固体
丁	1. 对不燃烧物质进行加工，并在高温或熔化状态下经常产生强热辐射、火花或火焰的生产； 2. 利用气体、液体、固体作为燃料或将气体、液体进行燃烧作其他用的各种生产； 3. 常温下使用或加工难燃烧物质的生产
戊	常温下使用或加工不燃烧物质的生产

储存物品的火灾危险性应根据储存物品的性质和储存物品中的可燃物数量等因素划分，可分为甲、乙、丙、丁、戊类，并应符合表 1-3 的规定。

表 1-3 储存物品的火灾危险性分类

储存物品的火灾危险类别	储存物品的火灾危险性特征
甲	1. 闪点小于 28 ℃的液体； 2. 爆炸下限小于 10%的气体，受到水或空气中水蒸气的作用能产生爆炸下限小于 10%气体的固体物质； 3. 常温下能自行分解或在空气中氧化能导致迅速自燃或爆炸的物质； 4. 常温下受到水或空气中水蒸气的作用，能产生可燃气体并引起燃烧或爆炸的物质； 5. 遇酸、受热、撞击、摩擦以及遇有机物或硫黄等易燃的无机物，极易引起燃烧或爆炸的强氧化剂； 6. 受到撞击、摩擦或与强氧化剂、有机物接触时能引起燃烧或爆炸的物质

续表 1-3

储存物品的火灾危险类别	储存物品的火灾危险性特征
乙	1. 闪点不小于 28 ℃的液体，但小于 60 ℃的液体； 2. 爆炸下限不小于 10%的气体； 3. 不属于甲类的氧化剂； 4. 不属于甲类的易燃固体； 5. 助燃气体； 6. 常温下与空气接触能缓慢氧化，积热不散引起自燃的物品
丙	1. 闪点不小于 60 ℃的液体； 2. 可燃固体
丁	难燃烧物品
戊	不燃烧物品

同一座仓库或仓库的任一防火分区内储存不同火灾危险性物品时，仓库或防火分区的火灾危险性应按火灾危险性最大的物品确定；丁、戊类储存物品仓库的火灾危险性，当可燃包装质量大于物品本身质量 1/4 或可燃包装体积大于物品本身体积的 1/2 时，应按丙类确定。

1.2.2　建筑耐火等级

建筑整体的耐火性能是保证建筑结构在火灾时不发生较大破坏的根本，耐火等级分级是为了便于根据建筑自身结构的防火性能来确定该建筑的防火要求，而单一建筑结构构件的燃烧性能和耐火极限是确定建筑整体耐火性能的基础。

目前，国内外均开发了大量新型建筑材料，且已用于各类建筑中。为规范这些材料的使用，同时又满足人员疏散与扑救的需要，本着燃烧性能与耐火极限协调平衡的原则，在降低构件燃烧性能的同时适当提高其耐火极限。一级耐火等级的建筑，多为性质重要或火灾危险性较大或为了满足其他某些要求（如防火分区建筑面积）的建筑。

1.2.2.1　民用建筑

民用建筑的耐火等级可分为一、二、三、四级。除规范另有规定外，不同耐火等级建筑相应构件的燃烧性能和耐火极限不应低于表 1-4 的规定。

表 1-4　不同耐火等级建筑相应构件的燃烧性能和耐火极限　　单位：h

构件名称		耐火等级			
		一级	二级	三级	四级
墙	防火墙	不燃性 3.00	不燃性 3.00	不燃性 3.00	不燃性 3.00
	承重墙	不燃性 3.00	不燃性 2.50	不燃性 2.00	难燃性 0.50

续表 1-4

构件名称		耐火等级			
		一级	二级	三级	四级
墙	非承重外墙	不燃性 1.00	不燃性 1.00	不燃性 0.50	可燃性
	楼梯间和前室的墙，电梯井的墙，住宅建筑单元之间的墙和分户墙	不燃性 2.00	不燃性 2.00	不燃性 1.50	难燃性 0.50
	疏散走道两侧的隔墙	不燃性 1.00	不燃性 1.00	不燃性 0.50	难燃性 0.25
	房间隔墙	不燃性 0.75	不燃性 0.50	难燃性 0.50	难燃性 0.25
柱		不燃性 3.00	不燃性 2.50	不燃性 2.00	难燃性 0.50
梁		不燃性 2.00	不燃性 1.50	不燃性 1.00	难燃性 0.50
楼板		不燃性 1.50	不燃性 1.00	不燃性 0.50	可燃性
屋顶承重构件		不燃性 1.50	不燃性 1.00	可燃性 0.50	可燃性
疏散楼梯		不燃性 1.50	不燃性 1.00	不燃性 0.50	可燃性
吊顶（包括吊顶搁栅）		不燃性 0.25	难燃性 0.25	难燃性 0.15	可燃性

民用建筑的耐火等级应根据其建筑高度、使用功能、重要性和火灾扑救难度等确定，并应符合下列规定。

（1）地下或半地下建筑（室）和一类高层建筑的耐火等级不应低于一级。

（2）单、多层重要公共建筑和二类高层建筑的耐火等级不应低于二级。

（3）除木结构建筑外，老年人照料设施的耐火等级不应低于三级。

（4）建筑高度大于 100 m 的民用建筑，其楼板的耐火极限不应低于 2.00 h。

（5）一、二级耐火等级建筑的上人平屋顶，其屋面板的耐火极限分别不应低于 1.50 h 和 1.00 h。

（6）一、二级耐火等级建筑的屋面板应采用不燃材料。屋面防水层宜采用不燃、难燃材料，当采用可燃防水材料且铺设在可燃、难燃保温材料上时，防水材料或可燃、难燃保温材料应采用不燃材料作防护层。

（7）二级耐火等级建筑内采用难燃性墙体的房间隔墙，其耐火极限不应低于 0.75 h；当房间的建筑面积不大于 100 m^2时，房间隔墙可采用耐火极限不低于 0.50 h 的难燃性墙体或耐火极限不低于 0.30 h 的不燃性墙体。二级耐火等级多层住宅建筑内采用预应力钢筋混凝土的楼板，其耐火极限不应低于 0. 75 h。

(8) 建筑中的非承重外墙、房间隔墙和屋面板，当确需采用金属夹芯板材时，其芯材应为不燃材料，且耐火极限应符合规范有关规定。

(9) 二级耐火等级建筑内采用不燃材料的吊顶时，其耐火极限不限。三级耐火等级的医疗建筑、中小学校的教学建筑、老年人照料设施及托儿所、幼儿园的儿童用房和儿童游乐厅等儿童活动场所的吊顶，应采用不燃材料；当采用难燃材料时，其耐火极限不应低于 0. 25 h。二、三级耐火等级建筑内门厅、走道的吊顶应采用不燃材料。

(10) 建筑内预制钢筋混凝土构件的节点外露部位，应采取防火保护措施，且节点的耐火极限不应低于相应构件的耐火极限。

1. 2. 2. 2 工业建筑

厂房和仓库的耐火等级可分为一、二、三、四级，相应建筑构件的燃烧性能和耐火极限，除规范另有规定外，不应低于表 1-5 的规定。

表 1-5 不同耐火等级厂房和仓库建筑构件的燃烧性能和耐火极限 单位：h

构件名称		耐火等级			
		一级	二级	三级	四级
墙	防火墙	不燃性 3. 00	不燃性 3. 00	不燃性 3. 00	不燃性 3. 00
	承重墙	不燃性 3. 00	不燃性 2. 50	不燃性 2. 00	难燃性 0. 50
	楼梯间和前室的墙，电梯井的墙	不燃性 2. 00	不燃性 2. 00	不燃性 1. 50	难燃性 0. 50
	疏散走道两侧的隔墙	不燃性 1. 00	不燃性 1. 00	不燃性 0. 50	难燃性 0. 25
	非承重外墙，房间隔墙	不燃性 0. 75	不燃性 0. 50	难燃性 0. 50	难燃性 0. 25
柱		不燃性 3. 00	不燃性 2. 50	不燃性 2. 00	难燃性 0. 50
梁		不燃性 2. 00	不燃性 1. 50	不燃性 1. 00	难燃性 0. 50
楼板		不燃性 1. 50	不燃性 1. 00	不燃性 0. 75	难燃性 0. 50
屋顶承重构件		不燃性 1. 50	不燃性 1. 00	难燃性 0. 50	可燃性
疏散楼梯		不燃性 1. 50	不燃性 1. 00	不燃性 0. 75	可燃性
吊顶（包括吊顶搁栅）		不燃性 0. 25	难燃性 0. 25	难燃性 0. 15	可燃性

注：二级耐火等级建筑内采用不燃材料的吊顶，其耐火极限不限。

1.3 建筑火灾特点与烟气危害

1.3.1 建筑火灾的特点及原因

1.3.1.1 建筑火灾特点

建筑火灾，尤其是高层建筑的火灾，具有下列特点。

（1）火势蔓延快，以竖井烟气扩散为优势通道。高层建筑的楼梯间、电梯井、管道井、风道、电缆井、排气道等竖向井道，如果防火分隔或防火处理不好，发生火灾时好像一座座高耸的烟囱，成为火势迅速蔓延的途径，尤其是高级旅馆、综合楼，以及重要的图书楼、档案楼、办公楼、科研楼等高层建筑，一般室内装修、家具等可燃物较多，有的高层建筑还有可燃物品库房，一旦起火，燃烧猛烈，容易蔓延。据测定，在火灾初起阶段，因空气对流，在水平方向造成的烟气扩散速度为0.3 m/s，在火灾燃烧猛烈阶段，由于高温状态下的热对流而造成的水平方向烟气扩散速度为0.5~3 m/s；烟气沿楼梯间或其他竖向管井扩散速度为3~4 m/s。如一座高度为100 m的高层建筑，在无阻挡的情况下，半分钟左右，烟气就能顺竖向管井扩散到顶层。例如，韩国汉城22层的“大然阁”旅馆，二楼咖啡间的液化石油气瓶爆炸起火，烟火很快蔓延到整个咖啡间和休息厅，并相继通过楼梯和其他竖向管井，迅速向上蔓延，顷刻之间全楼变成一座“火塔”。大火烧了约9个小时，烧死163人，烧伤60人，烧毁大楼内全部家具、装修等，造成了严重损失。

助长火势蔓延的因素较多，其中风对高层建筑火灾就有较大的影响。因为风速是随着建筑物的高度增加而相应加大的，据测定，在建筑物10 m高处的风速为5 m/s，在30 m高处的风速为8.7 m/s，在60 m高处的风速为12.3 m/s，在90 m高处的风速为15.0 m/s。由于风速增大，势必会加速火势的蔓延。

（2）快速疏散困难，人多逃生路径长。高层建筑火灾疏散特点：一是层数多，垂直距离长，疏散到地面或其他安全场所的时间也会延长；二是人员集中，慌乱逃生易造成疏散通道拥挤，延缓疏散速度；三是发生火灾时由于各种竖井拔气力大，火势和烟雾向上蔓延快，增加了疏散的困难。虽然有些城市从国外购置了为数很有限的登高消防车，但大多数建有高层建筑的城市尚无登高消防车，即使有，高度也不高，不能满足高层建筑安全疏散和扑救的需要。因普通电梯在火灾时由于切断电源等原因往往停止运转，多数高层建筑安全疏散主要靠楼梯，而楼梯间内一旦窜入烟气，就会严重影响疏散。上述这些特点都构成了逃离高层建筑的不利条件。

（3）扑救难度大，现有消防设施应对不足。高层建筑高达几十米，甚至超过二三百米，发生火灾时从室外进行扑救相当困难，一般要立足于自救，即主要靠室内消防设施，但由于目前我国经济技术条件所限，高层建筑内部的消防设施还不可能很完善，尤其是二类高层建筑仍以消火栓系统扑救为主，因此，扑救高层建筑火灾往往遇到较大困难。例如，热辐射强，烟雾浓，火势向上蔓延的速度快和途径多，消防人员难以堵截火势蔓延；扑救高层建筑缺乏实战经验，指挥水平不高；高层建筑的消防用水量是根据我国目前的技术、经济水平，按一般的火灾规模考虑的，当形成大面积火灾时，其消防用水量显然不足，需要利用消防车向高楼供水，建筑物内如果没有安装消防电梯，消防队员因攀登高楼体力不够，不能及时到达起火层进行扑救，消防器材也不能随时补充，均会影响扑救。

（4）火险隐患多，安全管理水平亟待提高。一些高层综合性的建筑，功能复杂，可燃物多，消防安全管理不严，火险隐患多，如有的建筑设有百货营业厅，可燃物仓库，人员密集的礼堂、餐厅等；有的办公建筑，出租给十几家或几十家单位使用，安全管理不统一，潜在火险隐患多，一旦起火，容易造成大面积火灾。火灾实例证明，这类建筑发生火灾，火势蔓延更快，扑救、疏散更为困难，容易造成更大的损失。高层建筑本身建筑面积大，功能复杂，使用单位多，人员集中，内部装修易燃材料多，火灾隐患多，安全管理水平亟待提高。

1.3.1.2 建筑火灾原因

凡是事故皆有起因，火灾亦不例外。分析建筑火灾原因是为了在建筑防火设计时，更有针对性地采取防火技术措施，防止和减少火灾危害。建筑火灾原因归纳起来大致可分为六类。

（1）生活用火不慎。

1）吸烟不慎。烟头和未熄灭的火柴梗虽是不大的火源，但它能引起许多可燃物质燃烧起火。如将没有熄灭的烟头和火柴梗扔在可燃物中引起火灾：躺在床上吸烟，烟头掉在被褥上引起火灾；在禁止一切火种的地方吸烟引起火灾等火灾案例很多。

2）炊事用火。炊事用火是人们最经常的生活用火，除了居民家庭外，单位的食堂、饮食行业都涉及炊事用火。炊事用火的主要器具是各种灶具，如煤、液化石油气、煤气、天然气、沼气、煤油等使用的灶具。如果灶具设置地点不当，安装不符合安全要求，或者没有较好的隔火、隔热措施，在使用灶具过程中违反防火安全要求或出现异常事故等，都可能引起火灾。

3）取暖用火。我国广大地区，特别是北方地区，冬季都要取暖。在农村，很多家庭仍然使用明火取暖。当取暖用的火炉、火炕、火盆及用于排烟的烟囱设置、安装、使用不当时，都可能引起火灾。

4）灯光照明。灯光照明是目前主要的照明方式，在使用高功率灯光时如果使用不当，可能引燃邻近可燃物。同时，在供电发生故障、修理线路或婚丧嫁娶时，人们往往也会使用其他照明方式，如蜡烛、油灯等，使用不当也容易引起火灾事故。

5）小孩玩火。虽不是正常生活用火，但却是生活中常见的火灾原因，尤其在农村，这种情况尤为突出，因此需要格外注意。

6）燃放烟花爆竹。每逢节日、庆典等，人们经常燃放烟花爆竹来增加欢乐气氛。但是在燃放烟花爆竹时，稍有不慎就会引发火灾事故，造成人员伤亡。

7）宗教活动用火。在进行宗教活动的寺庙、道观中，整日香火不断，烛光通明。如果稍有不慎，就会引起火灾。寺庙、道观很多是古建筑，一旦发生火灾，将会造成重大损失。

（2）生产作业不当。由于生产作业不当引起火灾的情况很多。如在易燃易爆的车间内动用明火，引起爆炸起火；将性质相抵触的物品混存在一起，引起燃烧爆炸；在用电、气焊焊接和切割时，没有采取相应的防火措施而酿成火灾；在机器运转过程中，不按时加油润滑，或没有清除附在机器轴承上面的杂物、废物，而使机器这些部位摩擦发热，引起附着物燃烧起火；电熨斗放在台板上，没有切断电源就离去，导致电熨斗过热，将台板烤燃引起火灾；化工生产设备失修，发生可燃气体、易燃可燃液体跑、冒、滴、漏现象，遇到明火燃烧或爆炸。

（3）电气设备超负荷使用。电气设备引起火灾的原因，主要有电气设备过负荷、电气线路接头接触不良、电气线路短路；照明灯具设置使用不当，如将功率较大的灯泡安装在木板、纸等可燃物附近；将荧光灯的镇流器安装在可燃基座上，以及用纸或布做灯罩紧贴在灯泡表面等；在易燃易爆的车间内使用非防爆型的电动机、灯具、开关等。

（4）自然现象诱发。

1）自燃。所谓自燃，是指在没有任何明火的情况下，物质受空气氧化或外界温度、湿度的影响，经过较长时间的发热和蓄热，逐渐达到自燃点而发生燃烧的现象。如大量堆积在库房里的油布、油纸，因为通风不好，内部发热，以致积热不散发生自燃。

2）雷击。雷电引起的火灾原因，大体上有三种。一是雷直接击在建筑物上发生的热效应、机械效应作用等；二是雷电产生的静电感应作用和电磁感应作用；三是高电位沿着电气线路或金属管道系统侵入建筑物内部。在雷击较多的地区，建筑物上如果没有设置可靠的防雷保护设施，便有可能发生雷击起火。

3）静电。静电通常是由摩擦、撞击而产生的。因静电放电引起的火灾事故屡见不鲜。如易燃、可燃液体在塑料管中流动，由于摩擦产生静电，引起易燃、可燃液体燃烧爆炸；输送易燃液体流速过大，无导除静电设施或者导除静电设施不良，致使大量静电荷积聚，产生火花引起爆炸起火；在有大量爆炸性混合气体存在的地点，身上穿着的化纤织物的摩擦、塑料鞋底与地面的摩擦产生的静电，引起爆炸性混合气体爆炸等。

4）地震。发生地震时，人们急于疏散，往往来不及切断电源、熄灭炉火，以及处理好易燃、易爆生产装备和危险物品等。因而伴随着地震发生，会有各种火灾发生。

（5）放火。放火是指使用各种引火物，直接点燃侵害对象，制造火灾的行为。放火行为既可以是作为，如用各种引火物直接点燃侵害对象，也可以是不作为，如电气维修工人故意对应当维修的电气设备不加维修，希望或者放任火灾的发生。放火罪在危害后果上有两种表现形式：一是危害公共安全，尚未造成严重后果，即放火罪基本犯的犯罪结果；二是致人重伤、死亡或者使公私财产遭受重大损失，即放火罪结果加重犯的犯罪结果。由于放火是一种严重的犯罪，不仅烧毁公私财物，而且可能危及人身安全，社会危害性很大，所以法律规定只要实施了放火行为，即使尚未造成人员重伤、死亡或者公私财产重大损失等危害公共安全的严重后果的，也构成本罪。当然，如果从放火焚烧的对象和当时的环境看，放火行为不足以危害公共安全，则不构成放火罪。例如，行为人实施了放火行为，但将火势有效地控制在较小的特定范围内，没有也不可能危害不特定多数人的生命、健康或者重大公私财产安全的，就不构成放火罪。

（6）易燃可燃装修材料大量使用。在建筑装修方面，大量采用可燃构件和可燃、易燃装修材料，都大大增加了建筑火灾发生的可能性。2009 年 1 月 31 日，福建长乐某酒吧发生火灾，虽然过火面积仅约 30 m^2，但事故却造成 17 人死亡、22 人受伤。经调查，火灾是由几名青年在包房内举行生日宴会违规燃放烟花，引燃天花板的聚氨酯装饰材料所致。2018 年 8 月 25 日，哈尔滨市松北区北龙汤泉酒店发生大火，致 20 人死亡、23 人受伤。据调查，认定起火原因是北龙汤泉酒店二期温泉区二层平台，靠近西墙北侧顶棚悬挂的风机盘管机组电气线路短路，形成高温电弧，引燃周围塑料绿植装饰材料并蔓延成灾。

1.3.2 建筑火灾的危害及影响

建筑火灾是指因建筑物起火而造成的灾害。在世界各国的火灾事故中，建筑火灾起数和损失均居于首位。这是因为人类的生产、生活及政治、经济、文化活动基本上是在建筑物内进行的，建筑物中都存在着一定数量的可燃物质和各种着火源。因此，建筑火灾的预防工作必须引起人们的高度重视。

建筑在为人们的生产生活、学习工作创造良好环境的同时，也潜伏着各种火灾隐患，稍有不慎，就可能引发火灾，给人类带来巨大的不幸和灾难。根据我国2010年的火灾统计，建筑火灾次数约占火灾总数的63%，所造成的人员死亡和直接财产损失分别约占火灾死亡总人数和直接财产总损失的96%和82%。建筑火灾具有空间上的广泛性、时间上的突发性、成因上的复杂性、防治上的局限性等特点，是在人类生产生活活动中，由自然因素、人为因素、社会因素综合作用而造成的非纯自然的灾害事故。随着经济社会的发展，科学技术的进步，建筑呈现向高层、地下发展的趋势，建筑功能日趋综合化，建筑规模日趋大型化，建筑材料日趋多样化，一旦发生火灾，容易造成严重危害。河北唐山林西百货大楼、辽宁阜新艺苑歌舞厅、新疆克拉玛依友谊宫、河南洛阳东都商厦、吉林中百商厦、上海胶州路公寓大楼等特大火灾，损失惨重，骇人听闻。建筑火灾的危害主要表现在以下几个方面。

（1）危害生命安全。建筑火灾会对人的生命安全构成严重威胁。一把大火，有时会吞噬几十人、几百人甚至上千人的生命。据统计，2010年，全国共发生火灾132498起，造成1264人死亡、695人受伤，其中，一次死亡10人以上的群死群伤火灾4起。2010年11月5日，吉林市船营区珲春街商业大厦发生火灾，造成19人死亡，24人受伤。2010年11月15日，位于上海市静安区胶州路上的一栋28层住宅楼发生火灾，造成58人死亡，71人受伤。建筑火灾对生命的威胁主要来自以下几个方面：首先，建筑采用的许多可燃性材料或高分子材料，在起火燃烧时会释放出一氧化碳、氰化物等有毒烟气，当人们吸入此类烟气后，将产生呼吸困难、头痛、恶心、神经系统紊乱等症状，甚至威胁生命安全。据统计，在所有火灾死亡的人中，约有3/4的人是吸入有毒有害烟气后直接致死的。其次，建筑火灾产生的高温高热对人员的肌体造成严重伤害，甚至使人休克、死亡。据统计，因燃烧热造成的人员死亡约占整个火灾死亡人数的1/4。同时，火灾产生的浓烟将阻挡人的视线，进而对建筑内人员的疏散和消防队员扑救带来严重影响，这也是导致火灾时人员死亡的重要因素。此外，因火灾造成的肉体损伤和精神伤害，将导致受害人长期处于痛苦之中。

（2）造成经济损失。据统计，在各类场所火灾造成的经济损失中，建筑火灾造成的经济损失居首位。2010年，全国火灾造成的直接财产损失达19.6亿元，其中建筑火灾造成的直接财产损失达16亿元。建筑火灾造成经济损失的原因主要有以下几个方面：第一，建筑火灾使财物化为灰烬，甚至因火势蔓延而烧毁整幢建筑内的财物。如2004年12月21日，湖南省常德市鼎城区桥南市场发生特大火灾，过火建筑面积83276 m^2，直接财产损失1.876亿元。第二，建筑火灾产生的高温高热，将造成建筑结构的破坏，甚至引起建筑物整体倒塌。如2001年9月11日美国纽约世贸大厦火灾，2003年11月3日湖南省衡阳市衡州大厦火灾等，最终都导致建筑整体或局部坍塌。第三，建筑火灾产生的流动烟气，将使远离火焰的财物特别是精密电器、纺织物等受到侵蚀，甚至无法再使用。第四，扑救建筑火灾所用的水、干粉、泡沫等灭火剂，不仅本身是一种资源损耗，而且将使建筑物内的财物遭受水渍、污染等损失。第五，建筑火灾发生后，因建筑修复重建、人员善后安置、生产经营停业等，会造成巨大的间接经济损失。

（3）破坏文明成果。历史保护建筑、文化遗址一旦发生火灾，除了会造成人员伤亡和财产损失外，火灾还会烧毁大量文物、典籍、古建筑等诸多的稀世瑰宝，对人类文明成果造成无法挽回的损失。1923 年 6 月 27 日，原北京紫禁城（现故宫博物院）内发生火灾，将建福宫一带清宫储藏珍宝最多的殿宇楼馆烧毁。据不完全统计，共烧毁金佛 2665 尊、字画 1157 件、古玩 435 件、古书 11 万册，损失难以估量。1994 年 11 月 15 日，吉林省吉林市银都夜总会发生火灾，火灾蔓延到紧邻的吉林市博物馆，使 7000 万年前的恐龙化石，大批文物档案付之一炬。1997 年 6 月 7 日，印度南部泰米尔纳德邦坦贾武尔镇一座神庙发生火灾，使这座建于公元 11 世纪的人类历史遗产荡然无存。

（4）影响社会稳定。事实证明，当学校、医院、宾馆、办公楼等人员密集场所发生群死群伤恶性火灾，或涉及粮食、能源、资源等有关国计民生的重要工业建筑发生大火时，极可能在民众中造成心理恐慌。家庭是社会的细胞，家庭生活遭受火灾的危害，必将影响人们的安宁幸福，进而影响社会的稳定。

1.3.3 烟气对人体的直接危害

火灾时高温烟气的危害主要表现在三个方面，即能见度的影响、呼吸方面危害及温度方面危害。前两种危害直接威胁到人的生命安全，是造成火灾时人员伤亡的主要因素。

1.3.3.1 能见度方面危害

烟气对能见度的影响主要有两方面：一是烟气的减光性使能见度降低，疏散速度下降；二是烟气有视线遮蔽及刺激效应，会助长惊慌状况，扰乱疏散秩序。在许多情况下，逃生途径中烟气能见度往往比温度更早达到令人难以忍受的程度。

能见度指的是人们在一定环境下刚好能看到某个物体的最远距离。火灾烟气中往往含有大量的固体颗粒，从而使烟气具有一定的遮光性，这将大大降低建筑物中的能见度，影响疏散人员寻找出路和作出正确判断。能见度主要由烟气的浓度决定，同时还受到烟气的颜色、物体的亮度、背景的亮度，以及观察者对光线的敏感程度等因素的影响。能见度与减光系数和单位光学密度有如下关系：

$$V = \frac{R}{K_c} = \frac{R}{2.303D_0} \tag{1-1}$$

式中 V——能见度，m；

K_c——减光系数，m^{-1}；

R——比例系数，它反映了特定场合下各种因素对能见度的综合影响；

D_0——单位长度光学密度，m^{-1}。

大量火灾案例和试验结果表明，即便设置了事故照明和疏散标志，火灾烟气仍可导致人们的辨识目标和疏散能力大大下降。某研究人员金（Jin）曾对自发光标志和反光标志在不同烟气情况下的能见度进行了测试。他把目标物放在一个试验箱内，箱内充满了烟气。白色烟气是阴燃产生的，黑色烟气是明火燃烧产生的，其测试结果如图 1-1 所示。通过白色烟气的能见度较低，可能是由于光的散射率较高。他建议对于疏散通道上的反光标志、疏散门以及有反射光存在的场合，R 取 2~4；对自发光标志、指示灯等，R 取 5~10，由此可知，安全疏散标志最好采用自发光标志。

以上关于能见度的讨论并没有考虑烟气对眼睛的刺激作用。金（Jin）又对暴露于刺激性烟气中人的能见度和移动速度与减光系数的关系进行了一系列试验。图 1-2 为在刺激性与非刺激性烟气的情况下，发光标志的能见度与减光系数的关系。刺激性强的白烟是由木垛燃烧产生的，刺激性较弱的烟气是由煤油燃烧产生的。可见式（1-1）给出的能见度的关系式不适应于刺激性烟气，在较浓且有刺激性的烟气中，受试者无法将眼睛睁开足够长的时间以看清目标。

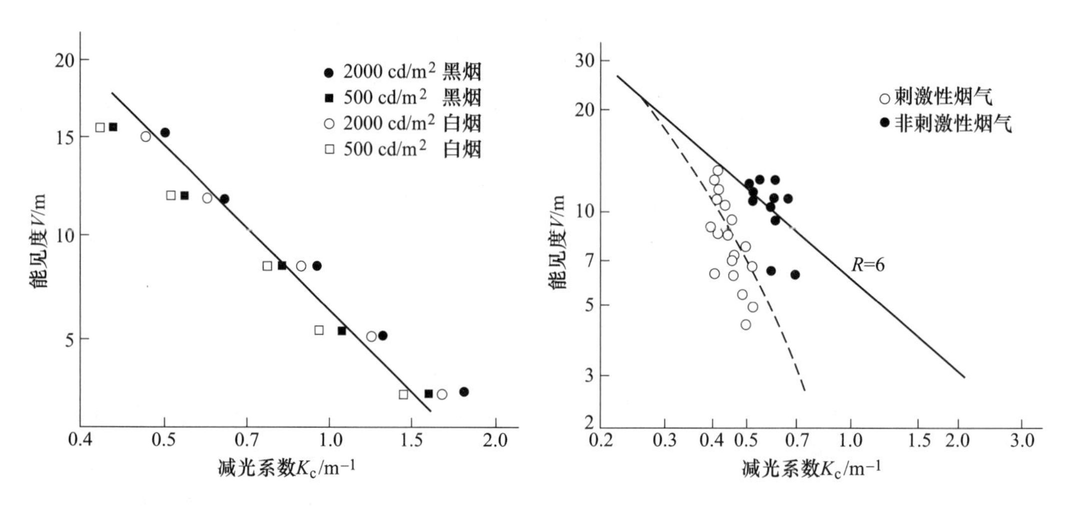

图 1-1 发光标志的能见度与减光系数的关系　　图 1-2 在刺激性与非刺激性烟气中人的能见度

图 1-3 为暴露在刺激性与非刺激性的烟气中，人沿走廊的行走速度与烟气减光系数的关系。烟气对眼睛的刺激和烟气密度都对人的行走速度有一定影响。随着减光系数增大，人的行走速度减慢，在刺激性烟气环境下，行走速度减慢得更厉害。当减光系数为 0.4 m^{-1}

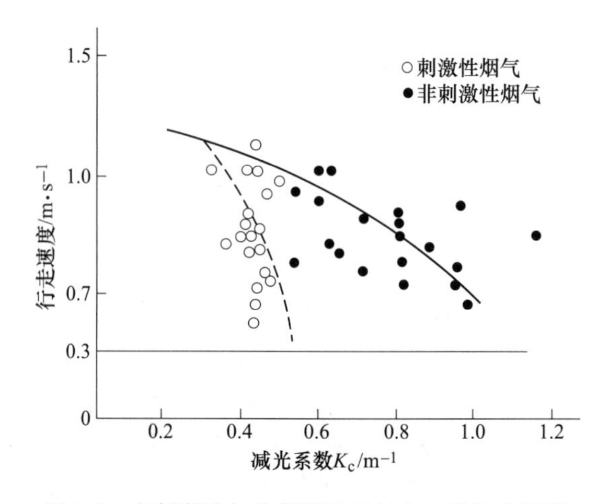

图 1-3 在刺激性与非刺激性烟气中人的行走速度

时，通过刺激性烟气的行走速度仅是通过非刺激性烟气时的70%。当减光系数大于0.5 m^{-1}时，通过刺激性烟气的行走速度降至约0.3 m/s，相当于普通人蒙上眼睛时的行走速度。行走速度下降是由于受试者无法睁开眼睛，只能走“之”字形或沿着墙壁一步一步地挪动。

火灾中烟气对人员生命安全的影响不仅仅是生理上的，还包括对人员心理方面的副作用。当人员受到浓烟的侵袭时，在能见度较低的情况下，极易产生恐惧与惊慌，尤其当减光系数在0.1 m^{-1}时，人员便不能正确进行疏散决策，甚至会失去理智而采取不顾一切的异常行为。

表1-6中给出了适用于小空间和大空间的最低减光度。小空间到达安全出口的距离短，人员对建筑物可能比较熟悉，要求就相对松一些。大空间内人员很可能对建筑物不熟悉，为了确定逃生方向，寻找安全出口需要看得更远，因此要求能见度更高。

表1-6 人员可以耐受的能见度极限值

参 数	小空间	大空间
光学密度/m^{-1}	0.2	0.08
能见度/m	5	10

1.3.3.2 呼吸方面危害

A 缺氧

人类习惯于在氧气含量为21%（体积分数，下同）的大气下自在活动。当氧气含量低至17%时，人的肌肉功能会减退，此为缺氧症现象。氧气含量在10%~14%时，人仍有意识，但显现错误判断力，且本身不易察觉。氧气含量在6%~8%时，人的呼吸停止，将在6~8 min内窒息死亡。由于火灾导致的亢奋及活动量往往增加人体对氧气的需求，因此在氧气含量尚高时，实际上人可能已出现氧气不足症状。一般环境中氧气含量在10%以下，即导致人的失能与死亡；而研究显示，当环境氧气含量低于9.6%时，人们无法继续进行避难逃生，而此值常作为人员需氧的临界值。空气中缺氧对人体的影响情况如表1-7所示。现代建筑中房间的气密性大多较好，故有时少量可燃物的燃烧也会造成含氧量的大大降低。

表1-7 缺氧对人体的影响

大气中环境氧气含量	人 体 症 状
21%	活动正常
17%~21%	缺氧（anoxia）现象（高山症），肌肉功能会减退
10%~17%	尚有意识，但显现错误判断力，神态疲倦，本身不易察觉
10%	导致失能
9.6%	人们无法进行避难逃生
6%~8%	呼吸停止，在6~8 min内发生窒息（asphyxiation）死亡

B 有害气体

一般高分子材料热解及燃烧生成物成分种类繁杂，有时多达百种以上，然而对人体生理有具体毒害效应的气体生成物仅是其中一部分，这些气体的毒害性成分基本上可分为三类：窒息性或昏迷性成分、对感官或呼吸器官有刺激性成分、其他异常毒害性成分。表1-8中给出了常见有机高分子材料燃烧所产生的有害气体。

表 1-8 有机高分子材料燃烧所产生的有害气体

燃烧材料来源	气体产生种类
所有高分子材料	一氧化碳、二氧化碳
羊毛、皮革、聚氨酯、尼龙氨基树脂等含氮高分子材料	氰化氢、一氧化氮、二氧化氮、氨
羊毛、硫化橡胶、含硫高分子材料等	二氧化硫、二硫化碳、硫化氢
聚氯乙烯、含卤素阻燃剂的高分子材料、聚四氟乙烯	硫化氢、氟化氢、溴化氢
聚烯类及许多其他高分子	烷、烯
聚氯乙烯、聚苯乙烯、聚酯等	苯
酚醛树脂	酚、醛
木材、纸张、天然原木纤维	丙烯醛
聚缩醛	甲醛
纤维素及纤维产品	甲酸、乙酸

从火灾死亡统计资料得知，大部分罹难者是因吸入一氧化碳等有害气体致死的，但有时不宜过于强调，因为没有一起火灾情况是完全相同的。此外一部分火灾试验也显示，在许多情况下任一毒害气体尚未到达致死浓度之前，最低存活氧气含量或最高呼吸温度已先行到达。表1-9中列出了部分有害气体允许含量。多种气体共同存在可能加强毒害性。但目前综合效应的数据十分缺乏，而且结论不够一致。

表 1-9 部分有害气体允许含量

热分解气体的来源	主要的生理作用	短期（10 min）估计致死剂量
木材、纺织品、聚丙烯腈尼龙、聚氨酯，以及纸张等物质燃烧时分解出不等量氰化氢，本身可燃，难以准确分析	氰化氢（HCN）：一种迅速致死、窒息性的毒物；怀疑在涉及装潢和织物的新近火灾中有此种毒物，但尚无确切的数据	350×10^{-6}
纺织物燃烧时产生少量的、硝化纤维素和赛璐珞（由硝化纤维素和樟脑制得，现在用量减少）产生大量的氮氧化物	二氧化氮（NO_2）和其他氮的氧化物：肺的强刺激剂，能引起即刻死亡以及滞后性伤害	$>200\times10^{-6}$
木材、纺织品、尼龙以及三聚氰胺燃烧产生；在一般的建筑中氨气的含量通常不高；无机物燃烧产物	氨气（NH_3）：刺激性、难以忍受的气味，对眼、鼻有强烈的刺激作用	$>1000\times10^{-6}$
PVC电绝缘材料、其他含氯高分子材料及阻燃处理物	氯化氢（HCl）：呼吸道刺激剂，吸附于微粒上的HCl的潜在危险性较之等量的HCl气体要大	$>500\times10^{-6}$，气体或微粒存在时

续表 1-9

热分解气体的来源	主要的生理作用	短期（10 min）估计致死剂量
氟化树脂类或薄膜类以及某些含溴阻燃材料	其他含卤酸气体：呼吸刺激剂	HF 约为 400×10^{-6}； COF_2约为 100×10^{-6}； HBr 大于 50×10^{-6}
硫化物，这类含硫物质在火灾条件下的氧化物	二氧化硫（SO_2）：一种强刺激剂，在远低于致死浓度下即难以忍受	$>500\times10^{-6}$
异氰酸脲的聚合物，在实验室小规模试验中已报道有像甲苯-2，4-二异氰酸酯（TDI）类的分解产物，在实际的火灾中的情况尚无定论	异氰酸酯类：一种呼吸道刺激剂，是以异氰酸酣酯为基础的聚氨酯在燃烧中释放到烟气中的主要刺激剂	约为 100×10^{-6}
聚烯烃和纤维素在低温热解（400 ℃）而得，在实际火灾中的重要性尚无定论	丙醛：潜在的呼吸刺激剂	$(30\sim100)\times10^{-6}$

火灾中的各产物及其含量因燃烧材料、建筑空间特性和火灾规模等不同而有所区别，各种组分的生成量及其分布比较复杂，不同组成对人体的毒性影响也有较大差异，在分析预测中很难精确予以定量描述。因此，工程应用中通常采用一种有效的简化处理方法来度量烟气中燃烧产物对人体的危害含量，即若烟气的光学密度不大于 0.1 m^{-1}或能见度大于等于 10 m，则可认为各种有害燃烧产物的含量在 30 min 内不会达到人体的耐受极限，通常以 CO 的含量为主要的定量判定指标。

C　一氧化碳

一氧化碳被人吸入后和血液中的血红蛋白结合成为一氧化碳血红蛋白。当一氧化碳和血液 50%以上的血红蛋白结合时，便能造成脑和中枢神经严重缺氧，继而失去知觉，甚至死亡。即使吸入量在致死量以下，也会因缺氧而头痛无力及呕吐等，导致不能及时逃离火场而死亡。

人体暴露在一氧化碳含量为 2000×10^{-6}的环境下约 2 h，将失去知觉进而死亡；若含量高达 3000×10^{-6}，则约 30 min 可致死（见表 1-10）。然而，即使浓度在 700×10^{-6}以下，长时间暴露也将造成人体危害。1995 年，戴维德（David）提出空气中 CO 含量与人体暴露的临界忍受时间，可作为危害评估的参考。CO 对人体失能忍受时间表达式为：

$$t = \frac{30}{8.2925\times10^{-4}\times(X_{CO}\times10^{4})^{1.036}} \tag{1-2}$$

式中　t——人体的忍受时间，min；

X_{CO}——烟气中的 CO 含量，%。

表 1-10 一氧化碳对人体的影响

含 量	暴露时间	危害效应
100×10^{-6}(0.01%)	8 h 内	尚无感觉
$(400\sim500)\times10^{-6}$(0.05%)	1 h 内	尚无感觉
$(600\sim700)\times10^{-6}$(0.07%)	1 h 内	感觉头痛、恶心、呼吸不畅
$(1000\sim2000)\times10^{-6}$(0.2%)	2 h 内	意识模糊、呼吸困难、昏迷、逾 2 h 即死亡
$(3000\sim5000)\times10^{-6}$(0.5%)	20～30 min	即死亡
10000×10^{-6}(1%)	1 min 内	即死亡

D 二氧化碳

随着二氧化碳浓度及暴露时间的增加，将对人体造成严重影响（见表 1-11）。例如，当 CO_2 含量在 10%时，人体在其中暴露 2 min，将导致意识模糊。

表 1-11 二氧化碳对人体的影响

CO_2 含量/%	暴露时间	危害效应
17～30	1 min 内	丧失控制与活动力、无意识、抽搐、昏迷、死亡
10～15	1 min 至数分钟	头昏、困倦、严重肌肉痉挛
7～10	1.5 min～1 h	无意识、头痛、心跳加速、呼吸短促、头昏眼花、冒冷汗、呼吸加快
6	1～2 min	心悸、视力模糊
	16 min	头痛、呼吸困难
	数小时	颤抖
4～5	数分钟内	头痛、头昏眼花、血压升高、呼吸困难
3	1 h	轻微头痛、冒汗、静态呼吸困难
2	数小时	头痛、轻微活动下呼吸困难

1.3.3.3 温度方面危害

A 烟气温度

烟气温度对于火场内及邻接区域的人员皆具危险性。姑且不论氧气消耗或毒害性效应，由火焰产生的热空气及气体，亦能引致烧伤、热虚脱、脱水及呼吸道闭塞（水肿）。人在 95 ℃的环境中，会出现头晕，但可暴露 1 min 以上，此后就会出现虚脱；在 120 ℃的环境中的暴露时间超过 1 min 就会烧伤；当在呼吸水平高度时，生存极限的呼吸温度约为 131 ℃；一旦室内气温高达 140 ℃时生理机能逐渐丧失，在超过 180 ℃时则呈现失能状态。然而对于呼吸而言，超过 66 ℃的温度一般民众便难以忍受，而该温度范围将使消防人员救援及室内人员逃生迟缓。

对于健康、着装整齐的成年男子，克拉尼（Cranee）推荐了温度与极限忍受时间的关系式为：

$$t = 4.1 \times 10^{8}/T^{3.61} \tag{1-3}$$

式中 t——极限忍受时间，min；

T——烟气温度，℃，目前在火灾危险性评估中推荐数据为：短时间脸部暴露的安全温度极限范围为 65～100 ℃。

B 热辐射

研究表明火灾中火源释放的热量近70%通过对流传热方式进入烟气层。若火场中烟气不能及时排出，当聚集的烟气温度达到较高温度时（通常认为达到600 ℃时），烟气将辐射大量的热作用于火场中尚未被点燃的物体致使其裂解出可燃气体，当裂解出的可燃气体足够多时，最终可能致使火场中绝大多数可燃物在短时间内都燃烧起来，这种现象称为轰燃。

轰燃现象表明火场中作用于人体的热量主要来自烟气层的热辐射，因此控制烟气的温度对火场中的人员疏散有积极意义。一个人可忍受的辐射临界值，取决于许多不同变量（见表1-12），辐射值10 kW/m^{2}一直被视为人类无法存活的指标，而2.5 kW/m^{2}则为人类危害忍受度临界值。热辐射为2.5 kW/m^{2}的烟气相当于上部烟气层的温度达到180~200 ℃，所以通常认为在火场中，烟气层距地面或楼板2 m高度以上时，烟气层平均温度200 ℃是人体耐受极限。

表1-12 人体对热辐射的耐受极限

温度和含水量	<60 ℃，水分饱和	100 ℃，水分含量<10%	180 ℃，水分含量<10%
耐受时间/min	>30	12	1

C 热对流

火场中人员呼吸的空气已经被火源和烟气加热，吸入的热空气主要通过热对流的方式与人体尤其是呼吸系统换热。试验表明，呼吸过热的空气会导致热冲击（即高温情况下导致人体散热不畅出现的中暑症状）和呼吸道灼伤，表1-13中给出了不同温度和湿度时人体的耐热性。

表1-13 人体对热对流的耐受极限

温度和含水量	<60 ℃，水分饱和	100 ℃，水分含量<10%	180 ℃，水分含量<10%
耐受时间/min	>30	12	1

更值得注意的是，由于灭火用水和燃烧产生的水在高温下汽化，火场中空气的绝对湿度会比正常环境下高很多。湿度对热空气作用于呼吸系统的危害程度影响很大，如120 ℃下，饱和湿空气对人体的伤害远远大于干空气所造成的危害。研究表明，火场中可吸入空气的温度不高于60 ℃被认为是安全的。

高层建筑物的发展快速，其高度及密度持续增加，规模持续增加，每座高层建筑物均能够成为一个人员密度高的区域，这种情况也可能为广大人民群众带来一定程度的消防安全隐患。一旦高层建筑物发生火情，该建筑物高度较大、竖直方向通道较多，极易造成火情快速蔓延等，不利于被困人员迅速撤离，因为火情的蔓延速度较快，极易变成立体化燃烧，消防人员的救援抢险任务执行难度比较大。根据有关统计数据，在高层建筑物设计时，采用相应的预防措施确保建筑物内部广大居民可以避免火灾有毒有害气体的危害，就能在火情出现时最大限度地保证被困人员的财产安全。因此，高层建筑物的消防排烟系统的设计具有实际意义。

1.4 建筑火灾案例

根据应急管理部消防救援局数据显示，近10年来，我国发生高层建筑火灾3万多起。2021年，共接报高层建筑火灾4057起，造成168人死亡，死亡人数比上年增加了22.6%。而且，事故主要集中于居住场所，发生高层住宅火灾3438起、死亡155人，分别占高层建筑火灾的84.7%和92.3%。以下为2021~2023年几起典型火灾案例，包括工业厂房、高层住宅以及公共建筑火灾。

1.4.1 河南省安阳市凯信达商贸有限公司厂房火灾[1]

(1) 基本情况。安阳市凯信达商贸有限公司（以下简称凯信达公司）是一家从事五金产品、建筑材料、专用化学产品（不含危险化学品）、日用百货等批发销售的商贸流通企业，所属仓库是商品储存和批发销售场所。公司建有的钢结构建筑分为两层，共分布8家单位。该钢结构建筑面积为14592 m^2，其中凯信达公司仓库为3588 m^2。一层单位分布情况如图1-4所示。

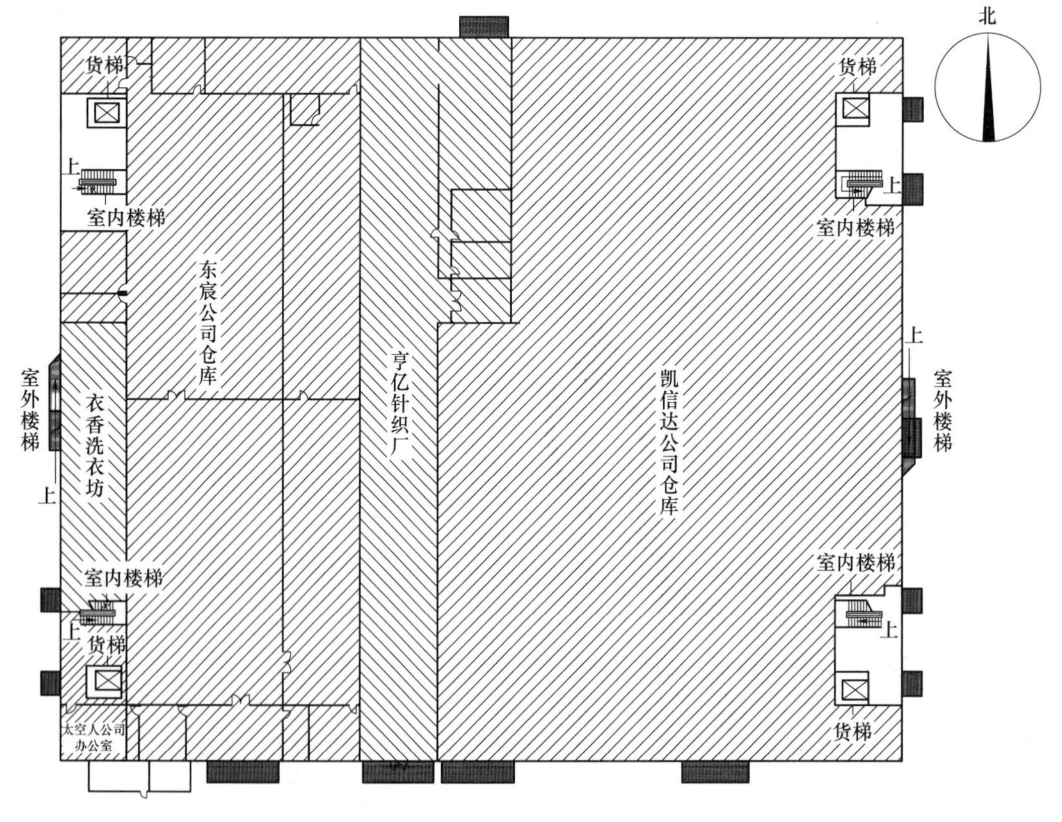

图1-4 一层单位分布情况

[1] 资料来源：中华人民共和国应急管理部公布的《河南安阳市凯信达商贸有限公司"11·21"特别重大火灾事故报告》。

（2）起火经过及扑救情况。2022年11月21日13时30分，凯信达公司负责人康继革在仓库门口焊接货物托盘；14时17分，另一负责人康继伟对仓库内货架进行电焊加固作业；15时58分，在完成一货架焊接加固后停止作业。16时13分，该货架上方出现烟气。16时17分，一仓库管理员发现该货架上装有瓶装聚氨酯泡沫填缝剂的包装纸箱有明火，随即呼喊救火。一员工提着灭火器赶到起火区域，另一员工将消防水带与室内消火栓连接，由于火势发展迅猛，二人放弃灭火跑出仓库，公司现场其他员工也相继自行逃生。16时18分，公司一员工跑出仓库拨打“119”报警，安阳市消防救援支队接警后，第一时间调派13个消防救援站、47辆消防车、228名指战员到场救援。河南省消防救援总队立即调派鹤壁、新乡、濮阳3个消防救援支队的33辆消防车、152名指战员赶赴现场增援。16时31分，第一批救援队伍到达现场，发现起火建筑充满高温浓烟并伴有连续爆炸声，随即全力以赴开展救援灭火。20时20分，基本控制了现场火势，周边紧邻建筑得到有效保护。23时40分，现场明火全部被扑灭。事故中过火面积为11000 m^2，除东宸公司仓库、衣香洗衣坊外，其他6家单位均被烧毁。火灾发生时，建筑内共有116人，其中74人成功逃生（2人受伤），42人死亡，直接经济损失12311万元。图1-5为火灾事故现场。

图1-5　火灾事故现场

（3）事故原因。事故的直接原因是凯信达公司负责人在一层仓库内违法违规电焊作业，高温焊渣引燃包装纸箱，纸箱内的瓶装聚氨酯泡沫填缝剂受热爆炸起火，进而使大量黄油、自喷漆、除锈剂、卡式炉用瓶装丁烷和手套、橡胶品等相继快速燃烧蔓延，并产生大量高温有毒浓烟。火灾发生时，凯信达公司一层仓库的部分消防设施缺失、二层的消防设施被人为关停失效，尚鑫公司负责人未及时有效组织员工疏散撤离，是造成大量员工伤亡的重要原因。

（4）事故调查处理。事故调查组按规定将调查中发现的地方政府及有关部门公职人员履职方面存在的问题等线索及相关材料，移交中央纪委国家监委追责问责审查调查组。

本次事故的教训如下。

（1）无证违法违规电焊作业。经查，凯信达公司负责人康继革、康继伟违反相关法律法规规定，在未取得特种作业操作证的情况下，多次违法违规电焊作业。

（2）建筑内部分消防设施缺失或失效。起火建筑原设计为展厅时，凯信达公司就没有按设计要求设置消防控制室；公司擅自将一层改为仓库且未安装火灾自动报警系统、自动喷水灭火系统，致使火灾初期无法实现早期报警和自动喷水控制火势。

（3）燃烧蔓延快、温度高、毒性大。凯信达公司仓库存放的物品中，既包含近 5 t 润滑用黄油、19.6 万余副手套，又包含 1.4 万余瓶聚氨酯泡沫填缝剂、2.5 万余瓶自喷漆、1.2 万余瓶卡式炉用瓶装丁烷、1 千余瓶除锈剂和 20 km 电线、115 km 橡胶管。从仓库出现明火到浓烟封堵尚鑫公司室内楼梯仅用时 3 min，火场最高温度超过 1400 ℃，燃烧产生了大量含有氰化氢、一氧化碳等的高温有毒浓烟，加剧了火灾险情。

（4）防灾自救能力需提高。火灾初期，没有第一时间组织员工疏散撤离，错失了撤离的最佳时机。被困员工因平时未经演练，在不知道可以通过室外楼梯逃生的情况下，撬开了分隔铁皮进入隔壁靓贝尔制衣厂，但又被浓烟困住，丧失了逃生时机。

1.4.2 浙江省金华市伟嘉利工贸有限公司厂房火灾[1]

（1）基本情况。伟嘉利公司 1 号厂房系火灾发生建筑，建筑共三层，采用钢结构，设计火灾危险性类别为丁类，总面积为 10018.2 m^2。2021 年 10 月，开工建设；2022 年 1 月 21 日，取得建设工程规划许可证，规划许可面积为 10016.07 m^2；2022 年 7 月中旬，完工并投入使用。经核查，施工中存在楼梯间、电梯间未砌筑墙体，电梯变更为油压货梯，④—⑦轴交 A 轴—E 轴二层结构板取消等变更，无设计院变更联系单。该建设工程未经建筑施工许可，未经规划核实确认，未经消防验收备案。伟嘉利公司 2 号厂房系火灾蔓延过火厂房，与 1 号厂房贴邻建造。

（2）起火经过及扑救情况。因家风公司一层喷漆工段气味过大，经常飘到三层烨立公司车间，应房东伟嘉利公司法定代表人胡伟文和烨立公司负责人刘平群要求，家风公司拟对喷漆工段进行封闭改造。2023 年 4 月 16 日，家风公司法定代表人程俊杰及其妻子应萍、厂长陈金东和雇佣施工负责人成景商量，定于 4 月 17 日在喷漆工段的天井流水线上方做一个封闭，防止气味窜到楼上。17 日上午，成景带电焊工王兴旭和杨中文以及帮工李光亮在一层外墙打螺丝，12 时 59 分开始在二层天井上部进行电焊施工。14 时 1 分 19 秒，杨中文和王兴旭爬在脚手架上开始焊接立柱顶部；14 时 1 分 47 秒，焊点下方一楼起火；14 时 2 分 08 秒，杨中文等人发现起火后从脚手架上下来往二层北楼梯逃离；14 时 2 分 57 秒，二层家风公司员工龙贵琴发现冒烟后拨打 119 报警，期间一层、二层家风公司员工全部逃生；14 时 3 分（起火后 73 s），烟气通过南侧楼梯间进入三层烨立公司；14 时 3 分 09 秒（起火后 82 s），三层烨立公司员工龙景新发现南侧楼梯间冒烟，同时提示吴仕兴发生火灾，三层人员（共计 12 人）在刘平群和卜有贤的指挥下关闭电源并拿取个人物品开始逃生；14 时 3 分 43 秒（距离起火 116 s），大量有毒烟气通过南北两侧楼梯间先后进入三层，除石东从北侧楼梯间逃生外，其余人员未逃出。截至 4 月 18 日 3 时许，经现场搜救，确定 11 人遇难。图 1-6 为二层电焊作业现场。

---

[1] 资料来源：金华市应急管理局公布的《浙江武义伟嘉利工贸有限公司“4·17”重大火灾事故调查报告》。

图 1-6　二层电焊作业现场

事故接报后，省政府、金华市政府及应急管理、消防救援相关部门和武义县党委政府相关领导立即赶赴现场，成立现场救援指挥部，组织消防救援、应急、公安、卫健、建设等相关部门及属地乡镇开展处置工作，省应急管理厅也立即派员参与处置。4 月 17 日 14 时 3 分许，武义县消防救援大队指挥中心接到事故企业员工火灾报警，14 时 14 分，消防救援人员赶到事故现场开展施救；14 时 25 分，武义县应急管理局组织 20 多名骨干力量赶赴现场组织施救。公安部门迅速疏散周边企业人员和围观群众，控制相关责任人员，扩大警戒范围，进行交通管制，协调乡镇和社会救援力量配合参与救援工作。现场救援指挥部第一时间指令卫健部门增派医护人员加强现场救护力量，要求相关部门切断供电燃气管道并开展失联人员排查。消防救援、应急、公安等部门累计组织各类救援力量 600 余人参与应急处置工作；19 时许，火势得到控制；21 时许，现场明火基本被扑灭。截至 4 月 18 日 3 时许，基本完成现场搜救。

（3）事故原因。事故调查组通过现场勘查、视频分析、人员询问等，排除了故意纵火、电气、自燃、遗留火种等引发火灾因素。

1）起火原因。2023 年 4 月 17 日 14 时 1 分许，家风公司雇佣的电焊工在二层违章电焊作业产生的高温焊渣掉落到一层，引燃放置在拉丝漆喷漆台旁使用过的拉丝调制漆引发火灾。

2）火灾迅速蔓延主要原因。一是起火物质燃烧猛烈，起火后先后引燃了使用过的 6 桶拉丝调制漆、可燃的玻璃纤维瓦以及存放在拉丝稀释剂仓库的 0.9 t 以上桶装拉丝稀释剂与油漆，起火后猛烈燃烧，产生大量一氧化碳、甲醛等有毒有害的浓烟。二是“烟囱效应”，烟气扩散快，一层起火处与二层有生产流水线连通，形成高度达 15 m 的垂直立体空间；厂房南北两侧的两台货梯未设置电梯层门及实体墙电梯围护结构；一层起火后，高温有毒烟气直接通过生产流水线连通处、电梯井和疏散楼梯等处快速蔓延扩散至二层、三层。

3）造成人员死亡的主要原因。一是拉丝稀释剂与油漆等猛烈燃烧产生有毒有害浓烟。二是起火处一层、二层连通（见图 1-7），货梯、疏散楼梯未封闭形成“烟囱效应”，大量烟气从生产流水线连通处、电梯井和疏散楼梯等处往二层、三层快速扩散，三层员工通过疏散楼梯逃生较为困难。三是烨立公司未按规定建立应急疏散预案、未开展应急救援演练，火灾发生后烨立公司未及时收到火灾警报，火场组织疏散逃生不及时。

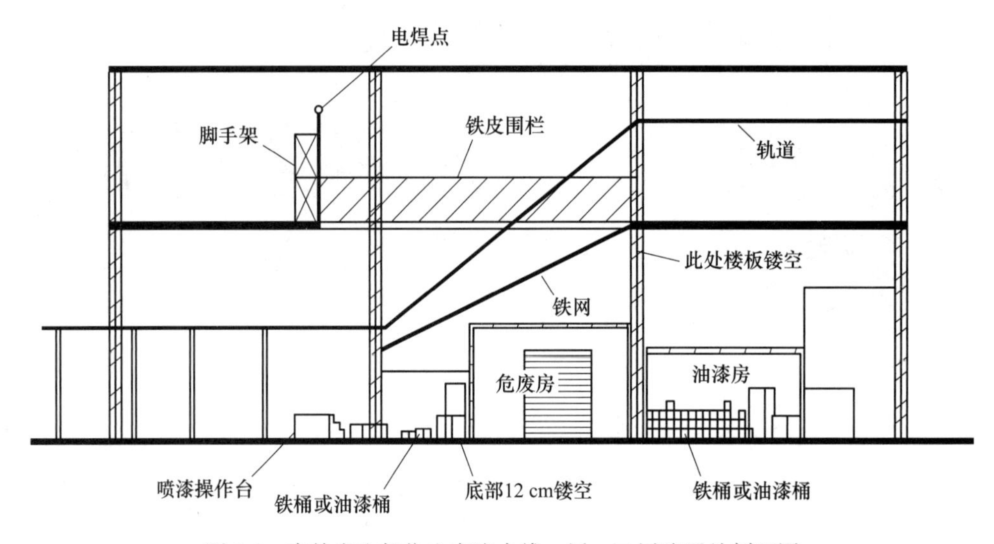

图 1-7 事故发生部位生产流水线一层、二层连通处剖面图

（4）事故调查处理。事故调查组认定，浙江武义伟嘉利工贸有限公司“4·17”重大火灾事故是一起因违法电焊施工引燃违规存放的拉丝调制漆引发火灾并迅速蔓延，业主违法搭建并改变厂房使用性质，导致疏散楼梯、自动消防设施等安全条件不符合规范，企业未开展应急救援演练导致人员死亡的重大生产安全责任事故。对 9 名人员采取刑事强制措施，对 20 名公职人员进行处理，对事故企业依法处理。同时，责成武义县向金华市委、市政府作出深刻检查；责成金华市向省委、省政府作出深刻检查。事故调查中还发现两家第三方安全服务机构存在隐患排查、隐患跟踪治理、隐患报告报送、安全教育培训、指导应急演练安全服务不到位等严重问题；伟嘉利公司 1 号厂房施工单位未取得资质证书承揽工程等问题，按照属地处理原则，将上述问题线索移交武义县有关部门调查后依法从严处理，并将调查处理情况上报事故调查组。

本次事故的教训如下。

（1）“两个至上”理念没有树牢。金华市、武义县未统筹好发展和安全，底线思维和红线意识不牢固，对辖区内普遍存在的“一厂多租”安全风险认识不足，对违法建筑、改变厂房火灾危险性类别等安全隐患严重性认识不够，对企业厂房违法建设、违规改造、未经消防验收备案等问题，以及一些领域存在的安全生产违法违规行为整治不彻底，埋下了安全隐患。一些基层党委政府只顾发展不顾安全的问题仍然存在，没有将“人民至上、生命至上”理念真正落实到行动中，没有守住安全底线，最终酿成惨烈事故。

（2）企业违法违规行为突出。涉事3家企业均未按照《中华人民共和国消防法》《中华人民共和国安全生产法》《浙江省安全生产条例》《浙江省消防条例》等法律法规要求开展生产经营活动，安全生产主体责任落实不到位，违法违规问题突出。伟嘉利公司将未经消防验收备案的1号钢结构厂房分租给家风公司、烨立公司等企业，违法搭建钢棚占用防火间距和消防车通道；未对家风公司、烨立公司安全生产工作开展统一协调、管理和定期进行安全检查。家风公司违规雇佣无证电焊人员动火作业，且动火作业未落实安全防范措施，最终引发火灾事故。烨立公司未落实应急措施，组织疏散不及时。第三方安全服务机构安全服务质量低，隐患排查不彻底，督促整改未闭环。

（3）安全监管责任不到位。党中央、国务院和省委省政府多次部署防范化解重大安全风险行动，特别是去年河南安阳“11·21”火灾事故后，开展过多轮安全生产隐患排查整治专项行动，金华市、武义县、泉溪镇以及相关职能部门虽层层动员部署，但安全风险隐患排查仍然不深不实不细，层层失管、层层漏管，重大安全问题未得到有效解决。部分乡镇街道对消防安全工作不重视，工作主动性不强，消防安全整治成效不明显。属地相关职能部门未严格落实安全生产“三个必须”要求，消防安全责任悬空，日常监管执法“宽松软”。

（4）安全生产基础依然薄弱。武义县工贸企业数量众多，小微企业占比大，且绝大多数企业在设立、设计和建设过程中无需经过安全审批或安全评价，企业厂房及生产工艺、设备设施等安全方面历史欠账多，本质安全水平低下问题十分突出。企业员工流动性强，文化素质普遍不高，且安全培训不到位，员工安全意识不强和应急救援处置能力低下等问题普遍存在。各安全生产专业委员会运行机制不顺畅、制度不健全，特别是基层消防安全监管合力未有效形成。基层安全生产和消防安全监管力量配置与繁重的安全监管任务严重不匹配，安全监管人员专业能力偏低，特别是风险隐患排查整改质量偏低，发现问题和解决问题的强烈意愿和能力水平不高，安全生产基层基础薄弱问题突出。

1.4.3　乌鲁木齐市天山区吉祥苑小区高层住宅楼火灾[1]

（1）基本情况。吉祥苑小区位于乌鲁木齐市天山区金银路613号。2022年11月24日19时49分许，该一高层住宅楼发生火灾。涉事楼栋为小区8号高层住宅楼，共21层156户，起火部位在2单元15层，1502室东侧卧室东南角。

（2）起火经过及扑救情况。11月24日19时49分，新疆乌鲁木齐市消防救援支队指挥中心接到报警，位于乌鲁木齐市天山区金银路辅路吉祥苑8号楼2单元1502室发生火灾，接警后，乌鲁木齐市消防救援支队先后调集7个消防救援站和一个重型机械救援大队，共计23辆消防车109名指战员赶赴现场处置，如图1-8所示。自治区党委、人民政府和市委、市政府主要负责同志第一时间赶赴现场指挥，组织各方力量全力以赴做好现场灭火、被困人员搜救、伤员救治、群众疏散、家属安抚等工作。22时35分许，明火被扑灭；伤者被迅速送往医院，组织医疗专家救治团队全力以赴救治，10人经抢救无效死亡，9人中度吸入性肺损伤，生命体征平稳，无生命危险；相关群众被紧急转运到3家宾馆并得到妥善安置。

[1] 资料来源：北京日报发布的《乌鲁木齐市“11·24”火灾事故新闻发布会实录》。

图 1-8 火灾事故现场

（3）事故原因。起火建筑系高层住宅楼，初步判定因电器线路故障引发火灾，相关当事人发现卧室插线板着火，遂泼水灭火无果后下来报警，火源引燃室内物品，火势蔓延至 17 层，烟气扩散至 21 层。

（4）事故调查处理。自治区和乌鲁木齐市成立联合调查组，深入调查火灾原因和责任，对涉及失职失责人员，依法依规严肃追责。同时提出要坚决防范和遏制重特大事故发生，全力守护各族群众生命财产安全。

本次事故的教训如下。

（1）居民家庭电器线路安装不符合消防安全管理规定，埋下了火灾隐患。

（2）发生火灾的楼层常闭式防火门未保持关闭，导致火灾迅速蔓延扩大。

（3）着火小区道路狭窄，私家车停放混乱，影响消防车快速到场处置。

（4）部分居民自防自救能力弱，对居住建筑中通往楼顶的第二安全出口位置不熟悉，火灾发生时未进行有效扑救和及时地逃生自救。

1.4.4 北京市丰台区北京长峰医院住院部火灾❶

（1）基本情况。北京长峰医院隶属于北京长峰医院股份有限公司，位于北京市丰台区靛厂路 291 号，于 1993 年开办，总建筑面积 10000 m^2，是一所以诊疗血管瘤、脉管畸形等疾病为主的二级综合医院，现有床位 150 张，住院病人 132 人，医护工作人员 318 人。发生火情的东楼建筑面积 5298 m^2，主要收治危重症患者。图 1-9 为起火建筑结构示意图（北向南）。

（2）起火经过及扑救情况。2023 年 4 月 18 日下午，北京长峰医院突发火情。接警

❶ 资料来源：中华人民共和国应急部公布的《北京丰台长峰医院“4·18”重大火灾事故调查报告》。

图 1-9　起火建筑结构示意图（北向南）

后，指挥中心立即调派总队、支队两级全勤指挥部、9 个消防救援站、30 部消防车到场处置。消防救援力量到达现场后，迅速开展人员搜救和火灾扑救。灭火救援行动中，消防救援人员利用云梯、拉梯、连廊和建筑室外平台，在建筑外部搭设多条临时救生通道，同时利用建筑内部疏散楼梯，深入火场，内外结合，快速组织对各楼层各房间开展人员疏散，配合医护人员对危重病人转移疏散。13 时 33 分明火被扑灭，15 时 30 分现场搜救行动结束，共疏散转移患者、医护人员及家属 142 人。市卫生健康委即刻启动应急预案，迅速调集 29 辆救护车 300 余人次急救力量，及时赶赴现场（见图 1-10），全力开展医疗救援和转运工作。

图 1-10　火灾事故现场

(3) 事故原因。通过视频分析、现场勘验、检测鉴定，认定事故直接原因是：北京长峰医院改造工程施工现场，施工单位违规进行自流平地面施工和门框安装切割交叉作业，环氧树脂底涂材料中的易燃易爆成分挥发形成爆炸性气体混合物，遇角磨机切割金属净化板产生的火花发生爆燃；引燃现场附近可燃物，产生的明火及高温烟气引燃楼内木质装修材料，部分防火分隔未发挥作用，固定消防设施失效，致使火势扩大、大量烟气蔓延；加之初期处置不力，未能有效组织高楼层患者疏散转移，造成重大人员伤亡。

(4) 事故调查处理。事故调查组认真贯彻落实习近平总书记重要批示精神和党中央、国务院决策部署，按照“科学严谨、依法依规、实事求是、注重实效”和“四不放过”的原则，通过现场勘验、调查取证、视频分析、检测鉴定、模拟实验、专家论证等，查清了事故经过、发生原因、人员伤亡、直接经济损失和有关单位情况，查明了地方党委政府、有关部门和单位存在的问题和责任，总结分析了事故主要教训，提出了整改和防范措施建议。调查认定，北京长峰医院“4·18”火灾事故是一起因事发医院违法违规实施改造工程、施工安全管理不力、日常管理混乱、火灾隐患长期存在，施工单位违规作业、现场安全管理缺失，加之应急处置不力，地方党委政府和有关部门职责不落实而导致的重大生产安全责任事故。

可见，建筑火灾造成的财产损失、人员伤亡往往不可估量，教训又常以生命换取，但火灾伤亡事故却屡见不鲜。在建筑物中存在着较多的可燃物，这些可燃物在燃烧过程中，会产生大量的热和有毒烟气，同时要消耗大量的氧气。烟气中含有的一氧化碳、二氧化碳、氰化氢、氯化氢等多种有毒有害成分，对人体伤害极大，致死率高；高温缺氧也会对人体造成很大危害；烟气有遮光作用，使能见度下降，这对疏散和救援活动造成很大的障碍。因此，为了及时排除烟气，保障建筑内人员的安全疏散和消防救援的展开，合理设置防烟、排烟系统，规范系统的施工、调试、验收以及维护保养，是十分必要的。

1.5 专业基本术语及含义

(1) 高层建筑 (high-rise building)。建筑高度大于 27 m 的住宅建筑和建筑高度大于 24 m 的非单层厂房、仓库和其他民用建筑。

(2) 防烟系统 (smoke protection system)。采用自然通风方式，防止火灾烟气在楼梯间、前室、避难层（间）等空间内积聚，或采用机械加压送风方式阻止火灾烟气侵入楼梯间、前室、避难层（间）等空间的系统，防烟系统分为自然通风系统和机械加压送风系统。

(3) 排烟系统 (smoke exhaust system)。采用自然排烟或机械排烟的方式，将房间、走道等空间的火灾烟气排至建筑物外的系统，分为自然排烟系统和机械排烟系统。

(4) 直灌式机械加压送风 (mechanical pressurization without air shaft)。无送风井道，采用风机直接对楼梯间进行机械加压的送风方式。

(5) 自然排烟 (natural smoke exhaust)。利用火灾热烟气流的浮力和外部风压作用，通过建筑开口将建筑内的烟气直接排至室外的排烟方式。

(6) 自然排烟窗（口）(natural smoke vent)。具有排烟作用的可开启外窗或开口，可通过自动、手动、温控释放等方式开启。

（7）烟羽流（smoke plume）。火灾时烟气卷吸周围空气所形成的混合烟气流。烟羽流按火焰及烟的流动情形，可分为轴对称型烟羽流、阳台溢出型烟羽流、窗口型烟羽流等。

（8）轴对称型烟羽流（axisymmetric plume）。上升过程不与四周墙壁或障碍物接触，并且不受气流干扰的烟羽流。

（9）阳台溢出型烟羽流（balcony spill plume）。从着火房间的门（窗）梁处溢出，并沿着火房间外的阳台或水平突出物流动，至阳台或水平突出物的边缘向上溢出至相邻高大空间的烟羽流。

（10）窗口型烟羽流（window plume）。从发生通风受限火灾的房间或隔间的门、窗等开口处溢出至相邻高大空间的烟羽流。

（11）挡烟垂壁（draft curtain）。用不燃材料制成，垂直安装在建筑顶棚、梁或吊顶下，能在火灾时形成一定的蓄烟空间的挡烟分隔设施。

（12）储烟仓（smoke reservoir）。位于建筑空间顶部，由挡烟垂壁、梁或隔墙等形成的用于蓄积火灾烟气的空间。储烟仓高度即设计烟层厚度。

（13）清晰高度（clear height）。烟层下缘至室内地面的高度。

（14）烟羽流质量流量（mass flow rate of plume）。单位时间内烟羽流通过某一高度的水平断面的质量，单位为 kg/s。

（15）排烟防火阀（combination fire and smoke damper）。安装在机械排烟系统的管道上，平时呈开启状态，火灾时当排烟管道内烟气温度达到 280 ℃时关闭，并在一定时间内能满足漏烟量和耐火完整性要求，起隔烟阻火作用的阀门。一般由阀体、叶片、执行机构和温感器等部件组成。

（16）排烟阀（smoke damper）。安装在机械排烟系统各支管端部（烟气吸入口）处，平时呈关闭状态并满足漏风量要求，火灾时可手动和电动启闭，起排烟作用的阀门。一般由阀体，叶片，执行机构等部件组成。

（17）排烟口（smoke exhaust inlet）。机械排烟系统中烟气的入口。

（18）固定窗（fixed window for fire forcible entry）。设置在设有机械防烟排烟系统的场所中，窗扇固定、平时不可开启，仅在火灾时便于人工破拆以排出火场中的烟和热的外窗。

（19）可熔性采光带（窗）（fusible daylighting band）。采用在 120~150 ℃能自行熔化且不产生熔滴的材料制作，设置在建筑空间上部，是用于排出火场中的烟和热的设施。

（20）独立前室（independent anteroom）。只与一部疏散楼梯相连的前室。

（21）共用前室（shared anteroom）。（居住建筑）剪刀楼梯间的两个楼梯间共用同一前室时的前室。

（22）合用前室（combined anteroom）。防烟楼梯间前室与消防电梯前室合用时的前室。

习　题

1-1　火灾烟气对人体的危害体现在哪些方面？

1-2　简述室内火灾的发展过程。

1-3 简述火灾蔓延的方式和途径。

1-4 建筑高度对建筑消防安全有什么影响?

1-5 什么是耐火极限?

1-6 什么是减光系数?

1-7 建筑物耐火等级的确定有什么意义?

1-8 影响建筑物耐火等级的因素有哪些?

2 烟气基本物理力学性质

【教学目标】

了解火灾烟气的组成；掌握烟气的相关表征参数；掌握烟气危害特性。

【重点与难点】

烟气的遮光性及其与能见度的关系；烟气的主要危害及其耐受极限值。

烟气是火灾燃烧过程中一项重要的产物。除了极少数情况外，几乎所有火灾中都会产生大量烟气。高温烟气不但加速了火灾的蔓延，而且由于其本身具有毒性，可造成人员伤亡，并且降低了火场能见度，影响人员逃生。事故统计表明，火灾中80%以上死亡是由烟气所导致，其中大部分是吸入了烟尘及有毒气体昏迷后而致死的。因此，对火灾烟气产生、特性及其危害的认识是防排烟设计的重要基础之一。本章主要介绍烟气的概念、产生、特征及危害。

2.1 烟气基本物理性质

2.1.1 烟气的概念

美国试验与材料学会（ASTM）给烟下的定义是：某种物质在燃烧或分解时散发出的固态或液态悬浮微粒和高温气体。美国消防协会《中庭建筑烟气控制设计指南》（NFPA 92B）对烟气的定义在上述定义基础上增加文字“以及混合进去的任何空气”。

概括起来，起火后包围着火焰的云状物被称为烟气。烟气由三类物质组成：(1) 燃烧物质释放出的高温蒸气和有毒气体；(2) 被分解和凝聚的未燃物质（烟从浅色到黑色不等）；(3) 被火焰加热而带入上升卷流中的大量空气。

建筑物中大量建筑材料、家具、衣物、纸张等可燃物，火灾时受热分解，然后与空气中的氧气发生氧化反应，燃烧并产生各种生成物。完全燃烧所产生的烟气成分中，主要为二氧化碳、水、二氧化氮、五氧化二磷等，有毒有害物质较少。但是，无毒烟气同样可能会降低空气中的氧浓度，影响人们的呼吸，造成人员逃生能力的下降，也可能直接造成人体缺氧窒息致死。

火灾初期阶段常常处于燃料控制的不完全燃烧阶段。不完全燃烧所产生的烟气成分中，除了上述生成物外，还可以产生一氧化碳、有机磷、烃类、多环芳香烃、焦油以及碳屑等固体颗粒。颗粒的性质因可燃物的性质不同存在很大的差异。多环芳香烃碳氢化合物和聚乙烯可认为是火焰中碳烟颗粒的前身，并使得火焰发出黄光。这些小颗粒的直径为

0.01～10 μm。在温度和氧浓度足够高的前提下，这些碳烟颗粒可以在火焰中进一步氧化，否则直接以碳烟的形式离开火焰区。火灾初期阶段有焰燃烧产生的烟气颗粒几乎全部由固体颗粒组成，其中一部分颗粒是在高热通量作用下脱离固体的灰分，大部分颗粒则是在氧浓度较低的情况下，由于不完全燃烧和高温分解而在气相中形成的碳颗粒。这两种类型的烟气颗粒都是可燃的，一旦被点燃，在通风不畅的受限空间内甚至可能引起爆炸。

油污的产生与碳素材料的阴燃有关。碳素材料阴燃产生的烟气与该材料加热到热分解温度所得到的挥发性产物类似。这种产物与冷空气混合时可浓缩成较重的高分子组分，形成含有炭粒和高沸点液体的薄雾。这些薄雾颗粒的中间直径 D_{50}（反映颗粒大小的参数）约为 1 μm，在静止空气条件下，可缓慢沉积在物体表面，形成油污。

2.1.2　材料的发烟性能

各种可燃物在不同温度下，其发烟性能也各不相同。少数纯燃料（如一氧化碳、甲醇、甲醛、乙醚等）燃烧的火焰不发光，且基本上不产生固态或液态悬浮微粒。而在相同条件下，大分子燃料燃烧时的发烟量却比较显著。在自由燃烧情况下，固体可燃物（如木材）和部分经过氧化的燃料（如乙醇、丙酮等）的发烟量比生成这些物质的碳氢化合物（如聚乙烯和聚氯乙烯）的发烟量少得多。

发烟量是指单位质量可燃材料所产生的烟量。为各种材料在不同温度下燃烧，当达到相同的减光程度时的发烟量，其中 K_c 为烟气的减光系数（其定义见 1.3.3 节）。从表 2-1 中可以看出，木材类在温度升高时，发烟量有所减少。这主要是由于分解出的碳质微粒在高温下又重新燃烧，且温度升高后减少了碳质微粒的分解。还可以看出，高分子有机材料能产生大量的烟气。

表 2-1　各种材料在不同温度下的发烟量（K_c=0.5 m^{-1}）　　单位：m^3/g

材料名称	发烟量		
	300 ℃	400 ℃	500 ℃
松木	4.0	1.8	0.4
杉木	3.6	2.1	0.4
普通胶合板	4.0	1.0	0.4
难燃胶合板	3.4	2.0	0.6
硬质纤维板	1.4	2.1	0.6
锯木屑板	2.8	2.0	0.4
玻璃纤维增强塑料		6.2	4.1
聚氯乙烯		4.0	10.4
聚苯乙烯		12.6	10.0
聚氨酯（人造橡胶之一）		14.0	4.0

除了发烟量外，各种材料的发烟速度也不相同。发烟速度是指单位质量的可燃物在单位时间内的发烟量。表 2-2 为试验测得的部分材料的发烟速度。该表表明，木材类在加热温度超过 350 ℃时，发烟速度一般随温度的升高而降低。而高分子有机材料则恰好相反。同时可以看出，高分子材料的发烟速度比木材要大得多，这是因为高分子材料的发烟系数大，且燃烧速度快之故。

表 2-2 各种材料在不同温度下的发烟速度 单位：$m^3/(s \cdot g)$

材料名称	加热温度/℃											
	225	230	235	260	280	290	300	350	400	450	500	550
针枞木							0.72	0.80	0.71	0.38	0.17	0.17
杉木		0.17		0.25		0.28	0.61	0.72	0.71	0.53	0.13	0.13
普通胶合板	0.03			0.19	0.25	0.26	0.93	1.08	1.10	1.07	0.31	0.24
难燃胶合板	0.01		0.09	0.11	0.13	0.20	0.56	0.61	0.58	0.59	0.22	0.20
硬质板							0.76	1.22	1.19	0.19	0.26	0.27
微片板							0.63	0.76	0.85	0.19	0.15	0.12
苯乙烯泡沫板 A								1.58	2.68	5.92	6.90	8.96
苯乙烯泡沫板 B								1.24	2.36	3.56	5.34	4.46
聚氨酸									5.0	11.5	15.0	16.5
玻璃纤维增强塑料									0.50	1.0	3.0	0.50
聚氯乙烯									0.10	4.5	7.50	9.70
聚苯乙烯									1.0	4.95		1.97

以我国宾馆双人间标准客房为例估算其发烟量。一个客房放置两张床、写字台、沙发、软椅茶几、木门壁橱以及床上用品、地毯、窗帘等，上述可燃物相当于 30~40 kg/m^2 的标准木材，即客房平均火灾荷载密度为 30~40 kg/m^2。而一般木材在 300 ℃时，其发烟量为 3000~4000 m^3/kg。若客房典型面积按 18 m^2 计算，当室内温度达到 300 ℃时，一个标准客房内的烟气产生量为 $35\ kg/m^2 \times 18\ m^2 \times 3500\ m^3/kg = 2205000\ m^3$。如果发烟量不损失，一个标准客房火灾产生的烟气可充满 24 座像北京长富宫饭店主楼（高 90 m，标准层面积 960 m^2）那样的高层建筑。然而现代建筑中，高分子材料大量用于家具、建筑装修、电缆绝缘、管道及其保温等方面。一旦发生火灾，其燃烧迅速，建筑物内着火区域的空气中将充满大量有毒浓烟，毒性气体可直接造成人体的伤害，甚至致人死亡，其危害远远超过一般可燃材料。

2.2 气体热力平衡原理

2.2.1 基本状态参数

工质在热力设备中，必须通过吸热、膨胀、排热等过程才能完成将热能转变为机械能的工作。在这些过程中，工质的物理特性随时在变化，或者说，工质的宏观物理状况随时在变化。人们把工质在热力变化过程中的某一瞬间所呈现的宏观物理状况称为工质的热力学状态，简称状态。工质的平衡状态常用一些宏观物理量来描述。这种用来描述工质所处平衡状态的宏观物理量称为状态参数，例如温度、压力等。这些物理量反映了大量分子运动的宏观平均效果。工程热力学主要从总体上去研究工质所处的状态及其变化规律，它不从微观角度去研究个别粒子的行为和特性，所以采用宏观量来描写工质所处的状态。状态参数的全部或一部分发生变化，即表明物质所处的状态发生了变化。物质状态变化也必然可由状态参数的变化显现。状态参数一旦完全确定，工质状态也就确定了。因而，状态参数是热力系统状态的单值函数，它的值取决于给定的状态，而与如何达到这一状态的途径无关。状态参数的这一特性表现在数学上是点函数，其微元差是全微分，而全微分沿闭合路线的积分等于零。

为了说明热力设备中的工作过程，必须研究工质所处的状态和它所经历的状态变化过程。研究热力过程时，常用的状态参数有压力 p、温度 T、体积 V、热力学能（以前习惯称为内能）U、焓 H 和熵 S。其中压力、温度及体积可直接用仪器测量，使用最多，称为基本状态参数。其余状态参数可据基本状态参数间接算得。压力和温度这两个参数与系统质量的多少无关，称为强度量；体积、热力学能、焓和熵等与系统质量成正比，具有可加性，称为广延量。但广延量的比参数（即单位质量工质的参数），例如比体积、比热力学能、比焓和比熵，又具有强度量的性质。通常热力系的广延参数用大写字母表示，其比参数则用小写字母表示。本节先介绍基本状态参数，其他状态参数以后陆续介绍。

2.2.1.1　温度

温度是物体冷热程度的标志。经验告诉我们，若令冷热程度不同的两个物体（A 和 B）相互接触，它们之间将发生能量交换，净能流将从较热的物体流向较冷的物体。在不受外界影响的条件下，两物体会同时发生变化：热物体逐渐变冷，冷物体逐渐变热。经过一段时间后，它们达到相同的冷热程度，不再有净能量交换。这时物体 A 和物体 B 达到热平衡。当物体 C 同时与物体 A、B 接触而达到热平衡时，物体 A、B 也一定达到热平衡。这一事实说明，物质具备某种宏观性质，当各物体的这一性质不同时，它们若相互接触，其间将有净能流传递；当这一性质相同时，它们之间达到热平衡，这一宏观物理性质称为温度。

从微观上看，温度标志物质分子热运动的激烈程度。对于气体，它是大量分子平移动能平均值的量度，其关系式为：

$$\frac{m\bar{c}^2}{2} = BT$$

$$B = \frac{3}{2}k \tag{2-1}$$

式中　T——热力学温度，K；

k——玻耳兹曼常数，$k=(1.380058 \pm 0.000012)\times10^{-23}$ J/K；

$\bar{c}$——分子移动的均方根速度。

两个物体接触时，通过接触面上分子的碰撞进行动能交换，能量从平均动能较大的一方，即温度较高的物体，传到了平均动能较小的一方，即温度较低的物体。这种微观的动能交换就是热能的交换，也就是两个温度不同的物体间进行的热量传递。传递的方向总是由温度高的物体传向温度低的物体。这种热量的传递将持续不断地进行，直至两物体的温度相等时为止。

测量温度的仪器称为温度计，选作温度计的感应元件的物体应具备某种物理性质，它随物体的冷热程度不同有显著的变化（如金属丝电阻、封在细管中的水银柱的高度等）。为了给温度确定数值，还应建立温标——温度的数值表示法。例如，以前摄氏温标规定在标准大气压下纯水的冰点是 0 ℃，汽点是 100 ℃，其他温度的数值由作为温度标志的物理量（金属丝电阻、水银柱高度等）的线性函数来确定。

由选定的测量物质的某种物理性质，采用某种温度标定规则所得到的温标称为经验温标。由于经验温标依赖于测温物质的性质，因此当选用不同测温物质的温度计、采用不同的物理量作为温度的标志来测量温度时，除选定为基准点的温度，如冰点和汽点外，其他温度的测定值可能有微小的差异。因而任何一种经验温标不能作为度量温度的标准。

国际上规定热力学温标（以前也称绝对温标）作为测量温度的最基本温标，它是根据热力学第二定律的基本原理制定的，和测温物质的特性无关，可以成为度量温度的标准。

热力学温标的温度单位是开尔文，符号为 K（开），把水的三相点的温度，即水的固相、液相、气相平衡共存状态的温度作为单一基准点，并规定为 273.16 K。因此，热力学温度单位“开尔文”是水的三相点温度的 1/273.16。

1960 年，国际计量大会通过决议，规定摄氏温度由热力学温度移动零点来获得，即

$$t = T - 273.15\ \text{K} \tag{2-2}$$

式中 t——摄氏温度,℃；

T——热力学温度，K。

这样规定的摄氏温标称为热力学摄氏温标。由式（2-2）可知，摄氏温标和热力学温标并无实质差异，而仅仅只是零点取值的不同。

由于热力学温度不能直接测定，所以国际上建立了一种既实施方便又使得所测温度尽可能接近热力学温度的新型温标，这种温标称为国际实用温标。目前全世界范围内采用“1990 年国际温标（ITS-90）”替代原有国际温标。我国自 1991 年 7 月 1 日起施行“1990 年国际温标（ITS-90）”。

1990 年，国际温标同时定义国际开尔文温度（符号为 T_{90}）和国际摄氏温度（符号为 t_{90}）。T_{90}和 t_{90}之间的关系与 T 和 t 一样，物理量 T_{90}的单位为开尔文（符号为 K)，而 t_{90}的单位为摄氏度（符号为 ℃)，与热力学温度 T 和摄氏温度 t 一样，本书为印刷方便，以后省略 T_{90}和 t_{90}的脚注。

2.2.1.2 压力

单位面积上所受的垂直作用力称为压力（即压强)。分子运动学说指出气体的压力是大量气体分子撞击器壁的平均结果。

测量工质压力的仪器称为压力计。由于压力计的测压元件处于其所在环境压力的作用下，因此压力计所测得的压力是工质的真实压力（或称绝对压力）与环境介质压力之差，称为表压力或真空度。下边以大气环境中的 U 形管为例说明工质绝对压力 p 与大气压力 p_b 及表压力 p_e 或真空度 p_v 的关系。

当绝对压力大于大气压力［见图 2-1（a)］时：

$$p = p_b + p_e \tag{2-3}$$

式中 p_e——测得的差数，称为表压力。

如工质的绝对压力低于大气压力［见图 2-1（b)]，则

$$p = p_b - p_v \tag{2-4}$$

式中　p_v——测得的差数，称为真空度。此时测量压力的仪表称为真空计。

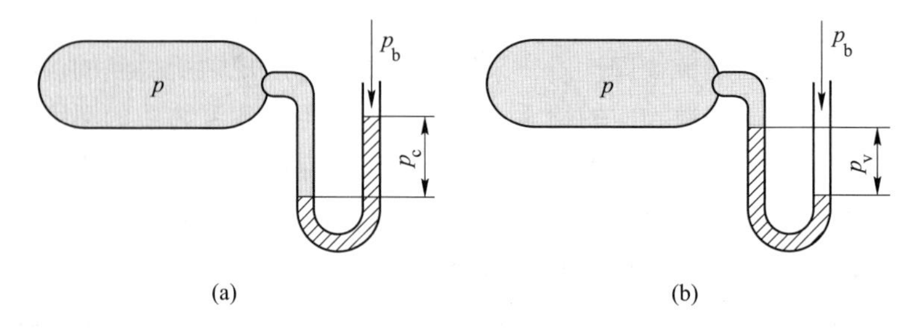

图 2-1　绝对压力

绝对压力、表压力、真空度和大气压力之间的关系可用图 2-2 说明。

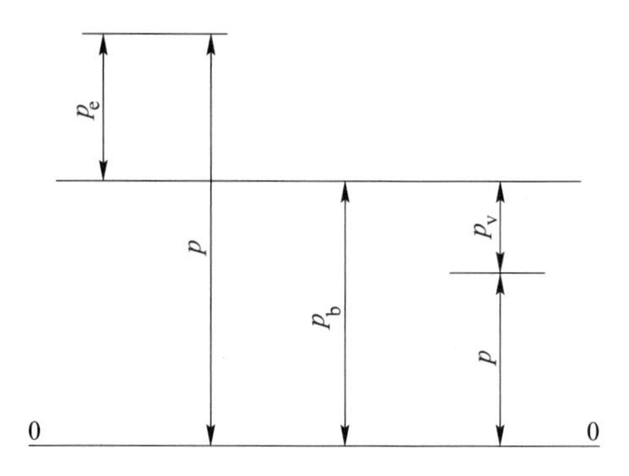

图 2-2　绝对压力、表压力和真空度

作为工质状态参数的压力应该是绝对压力。大气压力是地面上空气柱的重量所造成的，它随着各地的纬度、高度和气候条件而有些变化，可用气压计测定。因此，即使工质绝对压力不变，表压力和真空度仍有可能变化。在用压力计进行热工测量时，必须同时用气压计测定当时当地大气压力，才能得到工质实际压力。若绝对压力甚大，则可把大气压力视为常数。

我国法定的压力单位是帕斯卡（简称帕），符号为 Pa：

$$1\ \text{Pa} = 1\ \text{N/m}^2$$

即 1 Pa 等于每平方米的面积上作用 1 N 的力。工程上因 Pa 的单位太小，常采用 MPa（兆帕）：1 MPa = 10^6 Pa。

工程上可能遇到的其他压力单位还有：atm（标准大气压，也称物理大气压）、bar（巴）、at（工程大气压）、mmHg（毫米汞柱）和 mmH_2O（毫米水柱），它们与帕之间的互换关系如表 2-3 所示。

表 2-3　各压力单位互换表

单位	Pa	bar	atm	at	mmHg	mmH_2O
Pa	1	1×10^{-5}	0.986923×10^{-5}	0.101972×10^{-4}	7.50062×10^{-3}	0.1019712
bar	1×10^{5}	1	0.986923	1.01972	750.062	10197.2
atm	101325	1.01325	1	1.03323	760	10332.3

续表 2-3

单位	Pa	bar	atm	at	mmHg	mmH_2O
at	98066.5	0.980665	0.967841	1	735.559	1×10^4
mmHg	133.3224	133.3224×10^{-5}	1.31579×10^{-3}	1.35951×10^{-3}	1	13.5951
mmH_2O	9.80665	9.80665×10^{-5}	9.07841×10^{-5}	1×10^{-4}	735.559×10^{-4}	1

【例 2-1】 某远洋货船在 A 地的真空造水设备真空度为 690 mmHg，当地大气压力为 0.1 MPa，若航行至另一海域 B，该设备的绝对压力无变化，但其真空度变化为 0.082 MPa，试求 B 地当地大气压力。

【解】 由 1 mmHg = 133.3224 Pa，故 A 地的真空造水设备真空度为：

$$p_{v,A} = (690 \times 133.3224)\text{ Pa} = 92.0 \times 10^3 \text{ Pa}$$

该远洋货船真空造水设备在 A 地的绝对压力为：

$$p_A = p_{b,A} - p_{v,A} = 0.1 \text{ MPa} - 0.092 \text{ MPa} = 0.008 \text{ MPa}$$

由于该真空造水设备的绝对压力没有变化，故

$$p_{b,B} = p_B + p_{v,B} = 0.008 \text{ MPa} + 0.082 \text{ MPa} = 0.09 \text{ MPa}$$

讨论：气体的绝对压力由测压仪表的读数和当地大气压共同决定，故测压仪表读数的改变并不一定说明气体绝对压力改变。

2.2.1.3 比体积及密度

单位质量物质所占的体积称为比体积，即

$$v = \frac{V}{m} \tag{2-5}$$

式中 v——比体积，m^3/kg；
m——物质的质量，kg；
V——物质的体积，m^3。

单位体积物质的质量称为密度，单位为 kg/m^3，密度用符号 ρ 表示，即

$$\rho = \frac{m}{V} \tag{2-6}$$

显然，v 与 ρ 互成倒数，因此它们不是相独立的参数，可以任意选用其中之一，工程热力学中通常用 v 作为独立参数。

2.2.2 平衡状态方程

2.2.2.1 平衡状态

一个热力系统，如果在不受外界影响的条件下系统的状态能够始终保持不变，则系统的这种状态称为平衡状态。

倘若组成热力系统的各部分之间没有热量的传递，系统就处于热的平衡；各部分之间没有相对位移，系统就处于力的平衡。同时具备了热和力的平衡，系统就处于热力平衡状态。如果系统内还存在化学反应，则尚应包括化学平衡。处于热力平衡状态的系统，只要不受外界影响，它的状态就不会随时间改变，平衡也不会自发地破坏；处于不平衡状态的系统，由于各部分之间的传热和位移，其状态将随时间而改变，改变的结果一定是传热和

位移逐渐减弱，直至完全停止。因此，不平衡状态的系统，在没有外界条件的影响下总会自发地趋于平衡状态。

相反地，若系统受到外界影响，则就不能保持平衡状态。例如，系统和外界间因温度不平衡而产生的热量交换，因压力不平衡而产生的功的交换都会破坏系统原来的平衡状态。系统和外界间相互作用的最终结果，必然是系统和外界共同达到一个新的平衡状态。

综上所述，只有在系统内或系统与外界之间一切不平衡的作用都不存在时系统的一切宏观变化方可停止，此时热力系统所处的状态才是平衡状态。对于处于热力平衡态下的气体（或液体)，如果略去重力的影响，那么气体内部各处的性质是均匀一致的，各处的温度、压力、比体积等状态参数都应相同。如果考虑重力的影响，那么气体（尤其是液体）中的压力和密度将沿高度而有所差别，但如果高度不大，则这种差别通常可以略去不计。

对于气液两相并存的热力平衡系统，气相的密度和液相的密度不同，所以整个系统不是均匀的。因此，均匀并非系统处于平衡状态的必要条件。

本书在未加特别注明之处，一律把平衡状态下单相物系当作是均匀的，物系中各处的状态参数应相同。

应强调指出，系统处在稳定状态和系统达到平衡状态的差别：只要系统的参数不随时间而改变，即认为系统处在稳定状态，它无须考虑参数保持不变是如何实现的；但是，平衡状态必须是在没有外界作用下实现参数保持不变。如图 2-3 所示，经验告诉我们，夹持在温度分别维持 T_1和 T_2的两个物体间的均质等截面直杆的任意截面 l 上的温度不随时间而改变。但是，直杆并没有处于平衡状态，因为直杆任意截面上温度不变是在温度为 T_1和 T_2的两个物体（外界）的作用下而实现的，撤去两个物体，直杆各截面的温度就会变化，所以直杆只是处在稳定状态而不是平衡状态。

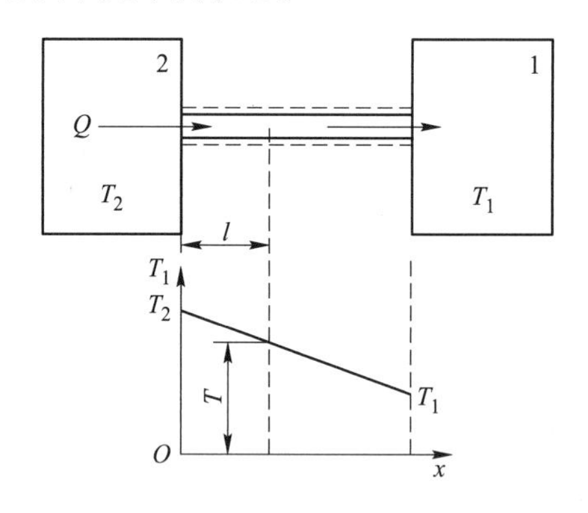

图 2-3 处在稳定状态的直杆

一热力系若其两个状态相同，则其所有状态参数均一一对应相等。反之，也只有所有状态参数均对应相等，才可说该热力系的两状态相同。对于简单可压缩系而言，只要两个独立状态参数对应相同，即可判定该两状态相同。这意味着只要有两个独立的状态参数即可确定一个状态，所有其他状态参数均可表示为这两个独立状态参数的函数。

工程热力学通常只研究平衡状态。

2.2.2.2 状态方程式

对于简单可压缩热力系统，当它处于平衡状态时，各部分具有相同的压力、温度和比

体积等参数，且这些参数服从一定的关系式，这样的关系式称为状态方程式，即

$$T = T(p,v)\ ,\ p = p(T,v)\ ,\ v = v(p,T)$$

这种关系也可写作隐函数形式，即

$$F = F(p,v,T)$$

理想气体的状态方程是

$$pv = R_g T,\ pV = mR_g T,\ pV = nRT \tag{2-7}$$

式中　R_g——气体常数，J/(kg·K)；

R——摩尔气体常数，$R=MR_g$，$R=8.3145$ J/(mol·K)；

M——摩尔质量，kg/mol；

p——压力，Pa；

T——温度，K；

v——比体积，m^3/kg；

V——体积，m^3；

m——质量，kg；

n——物质的量，mol。

2.2.2.3　状态参数坐标图

由于两个参数可以完全确定简单可压缩系的平衡状态，所以由任意两个独立的状态参数所组成的平面坐标图上的任意一点，都相应于热力系的某一确定的平衡状态。同样，热力系每一平衡状态总可在这样的坐标图上用一点来表示。这种由热力系状态参数所组成的坐标图称为热力状态坐标图。常用的这类坐标图有压容（p-v）图和温熵（T-s）图等，如图 2-4 所示。例如，具有压力 p_1 和比体积 v_1 的气体，它所处的状态 1 可用 p-v 图上点 1 来表示；若系统温度为 T_2，熵是 s_2，则可用 T-s 图上点 2 表示该状态。显然，只有平衡状态才能用状态参数图上的一点来表示，不平衡状态因系统各部分的物理量一般不相同，在坐标图上无法表示。此外，p-v 图上任一点都可在 T-s 图上找到确定的对应点，反之亦然。

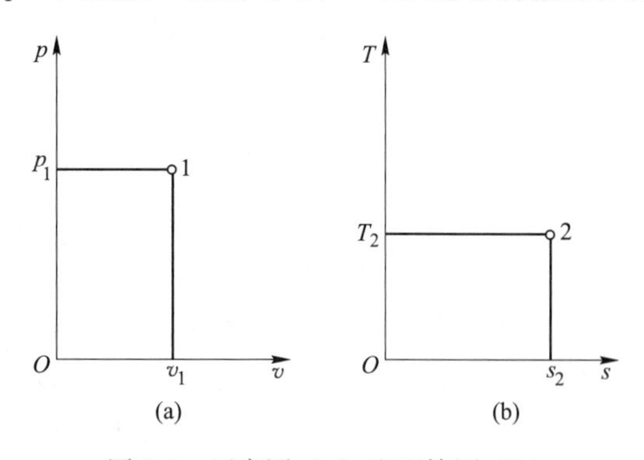

图 2-4　压容图（a）和温熵图（b）

2.2.3　准平衡过程

2.2.3.1　准平衡过程（准静态过程）

热能和机械能的相互转化必须通过工质的状态变化过程才能完成，而在实际设备中进

行的这些过程都是很复杂的。首先，一切过程都是平衡被破坏的结果，工质和外界有了热和力的不平衡才促使工质向新的状态变化故实际过程都是不平衡的。若过程进行得相对缓慢，工质在平衡被破坏后自动恢复平衡所需的时间，即所谓弛豫时间又很短，工质有足够的时间来恢复平衡，随时都不致显著偏离平衡状态，那么这样的过程就称为准平衡过程。相对弛豫时间来说，准平衡过程是进行得无限缓慢的过程，故准平衡过程又称为准静态过程。

下面观察由于力的不平衡而进行的气体膨胀过程。如图2-5所示，气缸中有1 kg气体，其参数为p_1、v_1、T_1。取气体为热力系，若气体对活塞的作用p_1A等于外界作用力$p_{ext,1}A$和活塞与缸壁摩擦力F之和，则活塞静止不动，气体的状态如图2-5中点1所示。若外界施加的作用力突然减小为$p_{ext,2}A$，使之与摩擦力之和小于p_1A时，活塞两边力不平衡，气体将推动活塞右行。在右行的过程中，接近活塞的一部分气体将首先膨胀，因此这一部分气体具有较小的压力和较大的比体积，温度也会和远离活塞的气体有所不同，这就造成了气体内部的不平衡，在气体内部引起质量和能量的迁移。最终气体的各部分又趋向一致，且在活塞终止于某位置时气体重新与外界建立平衡，其状态如图2-5中点2所示。如再减小外界压力为$p_{ext,3}$，则活塞继续右行，达到新的平衡状态3。气体在点1、2、3是平衡状态，而当气体从状态1变化到2，和从2变化到3时，中间经历的状态则是不平衡的。这样的过程就是不平衡过程。外界作用力每次改变的量愈大，造成气体内部的不平衡性愈明显。但当外界作用的力每次只改变一个微量，而且在两次改变时有大于弛豫时间的时间间隔，则工质每次偏离平衡态极少，而且很快又重新恢复了平衡，在整个状态变化过程中好像工质始终没有离开平衡状态，此时过程就是准平衡过程。

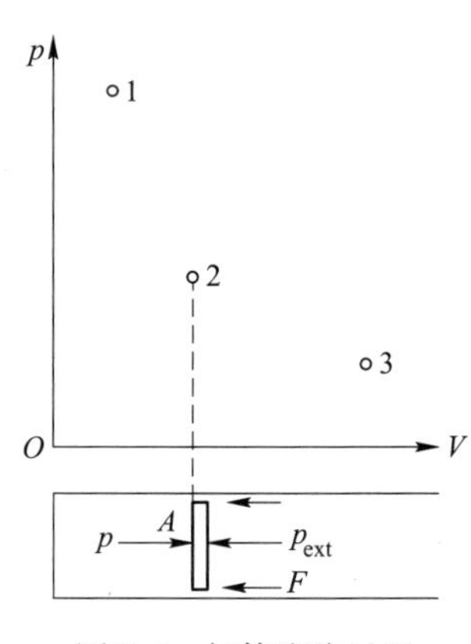

图2-5 气体膨胀过程

由此可见，气体工质在压力差作用下实现准平衡过程的条件是，气体工质和外界之间的压力差为无限小，即

$$p - \left(p_{ext} + \frac{F}{A}\right) \to 0 \quad \text{或} \quad p \to p_{ext} + \frac{F}{A}$$

上述例子只说明了力的平衡。当然，在平衡过程中还需要热的平衡，即工质的温度也必须时刻一致。为此，在平衡过程中气体的温度还必须与气缸壁和活塞一致。如气缸壁与温度较高的热源相接触，则接近气缸壁的一部分气体的温度将首先升高，并引起压力和比体积变化，引起气体内部的不平衡。随着分子的热运动和气体的宏观运动，这种影响再逐渐扩大到全部。此时若外界的作用力保持不变，则由于气体压力的增大将推动活塞右行，其现象同上。这一变化将进行到气体各部分都达到热源的温度，压力达到和外界压力相平衡的压力，体积则对应于新的温度和压力下的数值，而后处于新的平衡。显然，中间经过的各状态是不平衡的，这样的过程也是不平衡过程。只有当传热时热源和工质的温度始终保持相差为无限小时，其过程才是准平衡的。由此，气体工质在温差作用下实现准平衡过程的条件是，气体工质和外界的温差为无限小，即

$$\Delta T = T - T_{ext} \to 0 \quad \text{或} \quad T \to T_{ext}$$

热的平衡和力的平衡是相互关联的，只有工质与外界的压差和温差均为无限小的过程才是准平衡过程。如果在过程中还有其他作用存在，实现准平衡过程还必须加上其他相应条件。

只有准平衡过程在坐标图中可用连续曲线表示。准平衡过程是实际过程的理想化。由于实际过程都是在有限的温差和压差作用下进行的，因而都是不平衡过程，但是在适当的条件下可以把实际设备中进行的过程当作准平衡过程处理。例如，活塞式机器中活塞运动的速度通常不足 10 m/s，而气体分子运动的速度，气体内压力波的传播速度都在每秒几百米以上，即使气体内部存在某些不均匀性，也可以迅速得以消除。换句话说，工质和外界一旦出现不平衡，工质有足够时间得以恢复平衡，使气体的变化过程比较接近准平衡过程。

2.2.3.2 可逆过程

进一步观察准平衡过程，可以看到它有一个重要特性。图 2-6 为由工质、机器和热源组成的系统。工质沿 1—3—4—5—6—7—2 进行准平衡的膨胀过程，同时自热源 T 吸热。因在准平衡过程中工质随时都和外界保持热与力的平衡，热源与工质的温度时时相等或只相差一个无限小量，工质对外界的作用力与外界的反抗力也随时相等或相差无限小，所以，若不存在摩擦，则过程就随时可以无条件地逆向进行，使外力压缩工质同时向热源排热。若过程是不平衡的，则当进行膨胀过程时工质的作用力一定大于反抗力，这时若不改变外力的大小就不能用这样较小的反抗力来压缩工质回行；同样，当工质自温度高过自身的热源吸热时，也不再能让温度较低的工质向同一热源放热而使过程逆行。

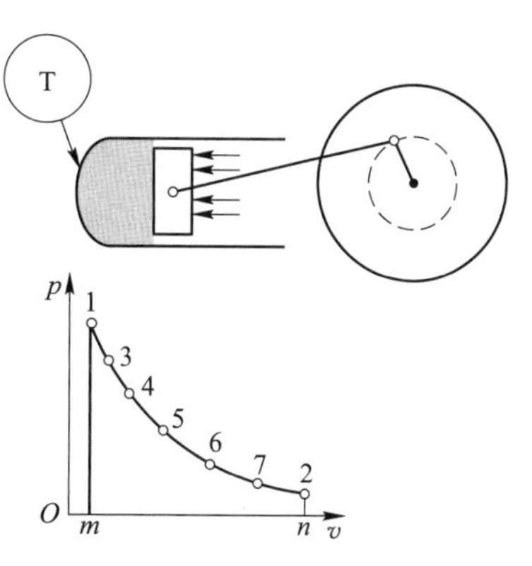

图 2-6 气体准平衡膨胀过程

在上述准平衡的膨胀过程中，工质膨胀做功的一部分克服摩擦而耗散转变成热（这种因摩擦等造成机械功转变成热的现象称为耗散效应，类似的耗散现象还有电热效应等）；另一部分通过活塞、连杆系统传递给飞轮，以动能形态储存在飞轮中；余下部分用于因气体膨胀，体积增大，通过活塞移动排斥大气。若工质内部及机械运动部件之间无摩擦等耗散效应，则工质所做膨胀功除去用于排斥大气外全部储存在飞轮中。此时若利用飞轮的动能来推动活塞逆行，将工质沿 2—7—6—5—4—3—1 压缩，由于活塞逆行时大气通过活塞对工质做功与前述排斥大气耗功相等，故压缩工质所消耗的功恰与膨胀过程气体做出的功相等。此外，在压缩过程中工质向热源所排热量也恰与膨胀时所吸收的热量相等。因此，当工质恢复到原来状态 1 时，机器与热源也都恢复到了原来的状态，亦即工质及过程所牵涉的外界全部都恢复原来状态而不留下任何变化。

当完成了某一过程之后，如果有可能使工质沿相同的路径逆行而恢复到原来状态，并使相互作用中所涉及的外界亦恢复到原来状态，而不留下任何改变，则这一过程就称为可逆过程。不满足上述条件的过程为不可逆过程。

工质进行了一个不平衡过程后必将产生一些不可恢复的后遗效果。例如，热能自高温热源转移到低温热源和机械能转化为热能等，虽然可以使热能自低温热源返回高温热源，也可使热能转化成机械能，但是这些都要付出一定的代价，或者说不可能使过程所牵涉的整个系统全部都恢复到原来状态。所以，这样的不平衡过程必定是不可逆过程。

另外，当存在任何种类的耗散效应，如机械摩擦或工质内摩擦时，所进行的过程也是不可逆的。因为无论在正向和逆向过程中都会因摩擦而消耗机械功，这部分功转变成热量，而这部分热量不可能不花任何代价重新转变为功，这就会留下不可逆复的后遗效果。所以，有摩擦的过程也是不可逆的。

综上所述，一个可逆过程，首先应是准平衡过程，应满足热的和力的平衡条件，同时在过程中不应有任何耗散效应。这也是可逆过程的基本特征。准平衡过程和可逆过程的区别在于，准平衡过程只着眼于工质内部的平衡，有无外部机械摩擦对工质内部的平衡并无关系，准平衡过程进行时可能发生能量耗散；可逆过程则是分析工质与外界作用所产生的总效果，不仅要求工质内部是平衡的，而且要求工质与外界的作用可以无条件的逆复，过程进行时不存在任何能量的耗散。可见，可逆过程必然是准平衡过程而准平衡过程只是可逆过程的必要条件。

根据以上对准平衡过程和可逆过程关系的分析，可逆过程必定也可用状态参数图上的连续实线表示。

实际热力设备中所进行的一切热力过程，或多或少地存在着各种不可逆因素，因此实际过程都是不可逆的。可逆过程是不引起任何热力学损失的理想过程。研究热力过程就是要尽量设法减少不可逆因素，使其尽可能地接近可逆过程。可逆过程是一切实际过程的理想极限，是一切热力设备内过程力求接近的目标。研究可逆过程可以使人们把注意力集中到寻求影响系统内热功转换的主要因素上，在理论上有十分重要的意义。

2.3 烟气基本状态参数

气态物质在某瞬间所呈现的宏观物理状况称为表呈状态，描述表呈状态的物理量称为状态参数。常用的状态参数有压力、温度、密度、内能焓、熵等，其中压力、温度、密度为基本状态参数。

在一般情况下，火灾烟气中悬浮微粒的含量是很少的，所以就总体而言，可近似地把烟气当作理想混合气体对待，那么，正如一切气态物质那样，火灾烟气的基本状态参数也是压力、温度、密度三个。另外，表征烟气特性的常用参数还包括遮光性、光学密度和烟尘颗粒大小。

2.3.1 烟气压力

在火灾发生、发展和熄灭的不同阶段，室内烟气的压力是各不相同的。在火灾发生初期，烟气的压力很低，随着着火房间内烟气量的增加，温度上升，压力相应升高，当发生爆燃时，烟气的压力在瞬间达到峰值而震破门窗玻璃。烟气和火焰一旦冲出门窗孔洞之后，室内烟气的压力就很快降低下来，接近当时当地的大气压力 p。据测定，一般着火房间内的烟气平均相对压力 p_{y0} 为 10~15 Pa，在短时可能达到的峰值为 35~40 Pa。那么，烟气的绝对压力

$$p_y = p + p_{y0} \tag{2-8}$$

由于 p_{y0} 相对于 p 可忽略不计，故

$$p_y \approx p \tag{2-9}$$

2.3.2　烟气温度

火灾烟气的温度在火灾的发生、发展和熄灭各个阶段中也是不同的，在火灾发生的初期，着火房间内烟气温度不高，但很快达到最高水平。试验表明，由于建筑物的内部可燃材料的种类不同，而且门窗孔洞的开口尺寸也不同，所以着火房间内最高温度也不同，低则达500~600 ℃，高则达800~1000 ℃，甚至更高些。

当烟气由着火房间窜出蔓延到走道及其他房间时，一方面迅速与周围的冷空气掺混，另一方面受到四周围护结构的冷却，烟气温度很快降低下来，若不计围护结构对烟气的冷却作用，混合后的烟温：

$$t_y = \frac{V_{y0}t_{y0} + V_k t_k}{V_{y0} + V_k} \tag{2-10}$$

式中　V_{y0}——着火房间窜出的烟气量，m^3/s；

t_{y0}——着火房间窜出的烟气温度，℃；

V_k——走道或其他非着火房间内与烟气掺混的冷空气量，m^3/s；

t_k——与烟气掺混的冷空气温度，℃。

然而，走道和其他房间内与烟气掺混的冷空气量是很难确定的，所以国外常采用试验确定的经验公式来计算掺混后的烟温，即

$$t_y = \alpha_1 \cdot t_{y0} \tag{2-11}$$

式中　α_1——烟气的冷却系数，为经验常数，经过走道时，$\alpha_1=0.7$，经过走道和排烟竖井时，$\alpha_1=0.5$；

t_{y0}——着火房间窜出的烟气温度，一般可取为500 ℃。

那么，烟气的绝对温度：

$$T_y = 273 + t_y \tag{2-12}$$

2.3.3　烟气密度

烟气的组成与空气不同，所以在相同温度和相同压力下的比容也不同于空气。另外，火灾烟气的组成又因燃烧物质、燃烧条件的不同而异，所以严格地说，在相同温度和相同压力下，不同条件下生成的火灾烟气的比容或密度也不同。烟气的密度可利用理想气体的状态方程来导出，即

$$\rho_y = \rho_y^{\ominus} \frac{273}{T_y} \frac{p_y}{p_b} \tag{2-13}$$

式中　$\rho_y^{\ominus}$——标准状态下的烟气密度，一般可取为1.3~1.33 kg/m^3；

p_b——标准大气压力，为101325 Pa；

p_y——烟气压力，Pa。

对于火灾烟气来说，$p_y \approx p$，故烟气的密度为：

$$\rho_y = \rho_y^{\ominus} \frac{273}{T_y} \frac{p}{p_b} \tag{2-14}$$

式中　p——当地大气压力，Pa；

T_y——烟气温度，K。

式（2-14）也可写成比体积形式：

$$v_y = \frac{T_y \cdot p_b}{273\rho_y^{\ominus} \cdot p} \tag{2-15}$$

在海拔不高的沿海地带和平原地带，可近似认为 $p \approx p_b$，这样式（2-14）和式（2-15）进一步简化为：

$$\rho_y = \rho_y^{\ominus} \frac{273}{T_y} \tag{2-16}$$

$$v_y = \frac{T_y}{273\rho_y^{\ominus}} \tag{2-17}$$

根据一些试验测定的数据，经计算得到的烟气密度差，如表 2-4 所示。由表可见，烟气的密度一般比空气稍大，但最大也不超过 3%。

表 2-4 不同材料燃烧时产生的烟气与空气密度差

材料名你	燃烧温度/℃	剩余空气率/%	密度差$\left(\frac{\rho_y - \rho_火}{\rho_火}\right)$/%
木材	300~310	0.41~0.49	0.7~1.1
	580~620	2.43~2.65	0.9~1.5
氯乙烯树脂	820	0.64	2.7
苯乙烯泡塑	500	0.17	2.1
尿烷泡塑	720	0.97	0.4

对于高分子合成材料，烟气中含高沸点物质的凝缩液滴增多，它们在冷却过程中会凝聚而沉降或吸附在围护结构、管道表面上，因此，在一般的工程计算中，烟气的密度与比容可近似地取为相同温度的当地大气中空气的数值，即

$$\rho_y \approx \frac{373 \times p}{T_y p_b} \tag{2-18}$$

$$v_y \approx \frac{T_y \cdot p_b}{353p} \tag{2-19}$$

式（2-18）和式（2-19）的误差大约为 4%，而对海拔高度较小的沿海或平原地带，为 $p \approx p_b$，则式（2-18）和式（2-19）又可进一步简化为：

$$\rho_y \approx \frac{373}{T_y} \tag{2-20}$$

$$v_y \approx \frac{T_y}{353} \tag{2-21}$$

2.3.4 烟气的遮光性

光能透过烟气，造成火场能见度大大降低，这就是烟气的遮光性。由于烟气的减光作用，火灾烟气导致人们辨认目标的能力大大降低，并使事故照明和疏散标志的作用减弱。

烟气的遮光性可通过测量光束穿过烟气层后的强度衰减来确定，测量方法如图 2-7 所示。

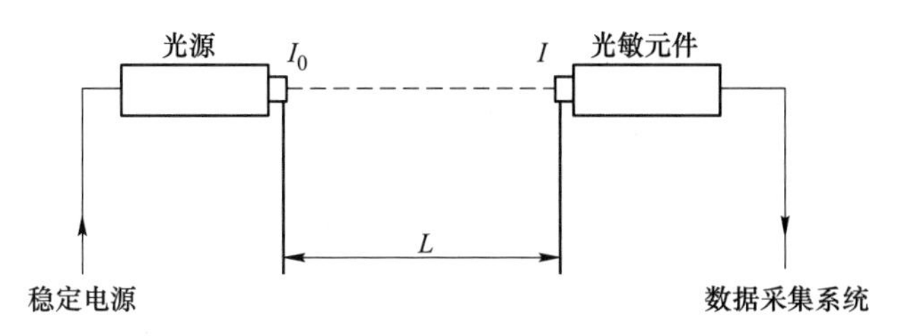

图 2-7 烟气遮光性测量装置示意图

设由光源射入测量空间的光束强度为 I_0，该光束由测量空间 L 射出后的强度为 I，则比值 I/I_0 称为该空间的透射率。若该空间没有烟气，则射入和射出的光强度几乎不变，即透射率等于 1。光束通过的距离越长，光束强度衰减的程度越大。根据朗伯比尔（Lambert-Beer）定律，有烟情况下的光强度 I 可表示为：

$$I = I_0 \exp(-K_c L) \tag{2-22}$$

式中 K_c ——烟气的减光系数，m^{-1}，表征烟气减光能力，其大小与烟气浓度、烟气颗粒的直径及分布有关；

I_0 ——光源的光束强度，cd；

I ——光源穿过一定距离以后的光束强度，cd；

L ——光束穿过的距离，m。

整理式（2-22）可得：

$$\ln I = \ln I_0 - K_c L \tag{2-23}$$

从式（2-23）可见，K_c 值越大时，光强强度 I 越小；L 值越大时，亦即距离越远，I 值就越小，这一点与人们在火场的体验是一致的。

此外，烟气的遮光性还可以用百分减光度来描述，其定义式为：

$$B = \frac{I_0 - I}{I_0} \times 100\% \tag{2-24}$$

式中 $I_0 - I$ ——光强度的衰减值，cd；

B ——百分减光度，%。

2.3.5 烟气的光学密度

将给定空间中烟气对可见光的减光作用定义为光学密度 D，其定义式为：

$$D = -\lg(I/I_0) \tag{2-25}$$

将式（2-22）代入式（2-25），得到：

$$D = K_c L/2.303 \tag{2-26}$$

这表明烟气的光学密度与减光系数和光线行程长度成正比。为比较烟气浓度，通常将单位长度光学密度 D_0 作为描述烟气浓度的基本参数，单位为 m^{-1}，表示为：

$$D_0 = D/L = K_c/2.303 \tag{2-27}$$

烟气的遮光性与烟气的光学密度可以相互转换，它们的对应关系如表 2-5 所示。

表 2-5 烟气遮光性与光学密度的对应关系

透射率 I/I_0	百分减光度 $B/\%$	长度 L/m	单位光学密度 D_0/m^{-1}	减光系数 K_c/m^{-1}
1.00	0	任意	0	0
0.90	10	1.0	0.046	0.105
		10.0	0.0046	0.0105
0.60	40	1.0	0.222	0.511
		10.0	0.022	0.0511
0.30	70	1.0	0.523	1.20
		10.0	0.0523	0.12
0.10	90	1.0	1.00	2.30
		10.0	0.10	0.23
0.01	99	1.0	2.00	4.61
		10.0	0.20	0.46

2.3.6 烟气颗粒粒径分布

烟气中颗粒的大小可用颗粒平均直径表示，通常采用颗粒几何平均直径 d_{gn} 表示，其定义为：

$$\lg d_{gn} = \sum_{i=1}^{n} \frac{N_i \lg d_i}{N} \tag{2-28}$$

式中 N——总的颗粒数，个；

N_i——第 i 个颗粒直径间隔范围内颗粒的数目，个；

d_i——颗粒直径，μm。

颗粒尺寸分布的标准差用 σ_g 表示，即

$$\lg\sigma_g = \left[\sum_{i=1}^{n} \frac{(\lg d_i - \lg d_{gn})^2 N_i}{N}\right]^{\frac{1}{2}} \tag{2-29}$$

如果所有颗粒直径都相同，则 $\sigma_g = 1$。如果颗粒直径分布为对数正态分布，则占总颗粒数 66.8%的颗粒，其直径处于 $\lg d_{gn} \pm \lg\sigma_g$ 之间的范围内。σ_g 越大，表示颗粒直径的分布范围越大。表 2-6 中给出了一些木材和塑料在不同燃烧状态下烟气中的颗粒直径和标准差。

表 2-6 一些木材和塑料在不同燃烧状态下烟气中的颗粒直径和标准差

可 燃 物	$d_{gn}/\mu\mathrm{m}$	σ_g	燃烧状态
杉木	0.5~0.9	2.0	热解
杉木	0.43	2.4	明火燃烧
聚苯乙烯	0.9~1.4	1.8	热解
聚苯乙烯	0.4	2.2	明火燃烧
软质聚氨酯塑料	0.8~1.8	1.8	热解

续表 2-6

可　燃　物	d_{gn}/μm	σ_g	燃烧状态
软质聚氨酯塑料	0.3~1.2	2.3	热解
软质聚氨酯塑料	0.5	1.9	明火燃烧
绝热纤维	2.0~3.0	2.4	阴燃

习　题

2-1　火灾烟气的组成成分？

2-2　烟气遮光性的定义是什么，它与能见度的关系如何？

2-3　烟气的相关表征参数有哪些？

2-4　火灾烟气的危害性主要体现在哪些方面？

2-5　造成火场减光的原因有哪些？

2-6　某着火房间的烟气温度为 500 ℃，那么该房间的烟气密度为多少？

2-7　某房间初始温度为 25 ℃，请计算着火房间轰燃发生 10 min 后，该房间火灾烟气的温度。

3 火灾烟气的流动与控制

【教学目标】

了解烟气运动的驱动力；掌握烟囱效应；掌握烟气等效流通面积；掌握压力中性面的计算；掌握烟气流动的预测分析；掌握烟气控制的方式。

【重点与难点】

烟囱效应及其对烟气流动的影响；压力中性面的计算；烟气流动的预测分析；加压防烟与机械排烟。

建筑物发生火灾后，在浮力、烟囱效应、膨胀力、外界风等驱动下，烟气可由着火区向非着火区蔓延，与起火区相连的走廊、楼梯间及电梯井等处都将会迅速充满烟气，对人员逃生和消防扑救造成非常不利的影响。为有效地控制烟气在建筑物内的流动，减小烟气的危害，有必要深入了解和掌握火灾时烟气在建筑物内的流动规律以及控制措施。

3.1 烟气流动的驱动力

虽然烟粒的特性与气体特性显著不同，但由于其所占比例较小，即使烟气浓度达到使能见度降到几乎为零的程度，也不足以改变流动的总方式，其仍可视为理想气体流动。一般来说，引起烟气运动的因素有烟囱效应、浮升力、膨胀力、风力、空调系统以及扩散等。其中扩散是由于浓度差而产生的质量交换，火区的烟粒子或其他有害气体的浓度大，必然向浓度低的区域扩散。但是由于扩散引起的烟粒子或其他有害气体的迁移比起其他因素来说弱得多，所以下面只讨论除扩散外其他五种因素引起烟气流动的情况，如图 3-1 所示。

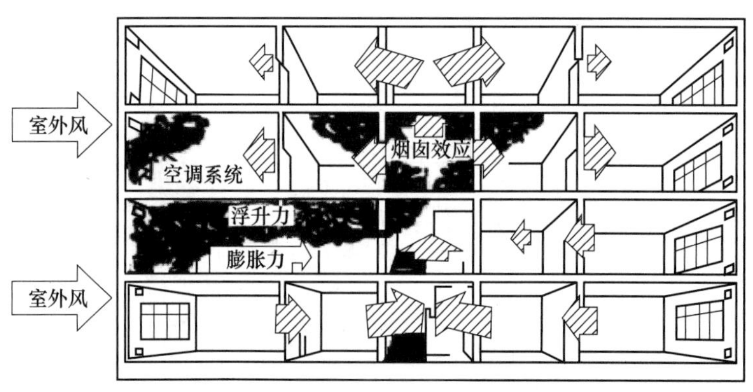

图 3-1　烟气流动的驱动力

3.1.1 浮升力引起的烟气流动

着火房间温度升高，空气和烟气的混合物密度减小，与相邻的走廊、房间或室外的空气形成密度差，具有向上的浮升力而引起烟气流动，如图 3-2 所示。实质上着火房间与走廊、邻室或室外中性面形成热压差，导致着火房间内的烟气与邻室或室外的空气相互流动，中性面的上部烟气向走廊、邻室或室外流动，而走廊、邻室或室外的空气从中性面以下进入。这是烟气在室内水平方向流动的原因之一。由于建筑物烟囱效应或风压的影响，窗洞的中性面将上移或下移，同样也影响室内洞口的中性面上移或下移。

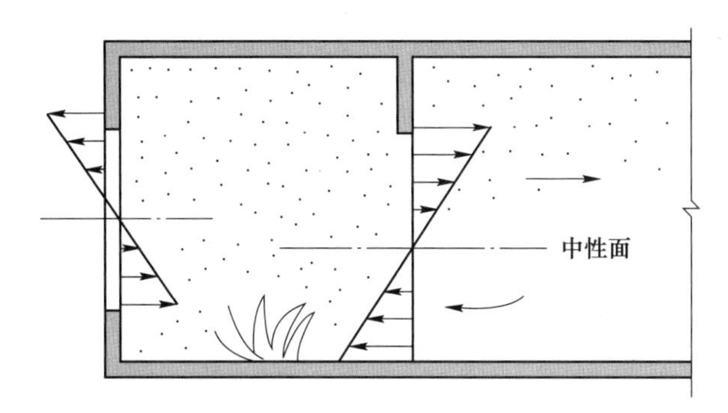

图 3-2 浮力作用下的烟气流动

由浮升力引起的着火房间与走廊、邻室或室外的热压差可写为：

$$\Delta p_{fT} = \frac{ghp_{atm}}{R}\left(\frac{1}{T_{out}} - \frac{1}{T_{in}}\right) \tag{3-1}$$

式中 Δp_{fT}——由浮升力引起的着火房间与外界的压差，Pa；

p_{atm}——绝对大气压力，Pa；

T_{out}——着火房间外气体的热力学温度，K；

T_{in}——着火房间内气体的热力学温度，K；

h——中性面以上的距离，m，此处中性面指的是着火房间内外压力相等处的水平面；

R——气体常数。

式（3-1）适用于着火房间内温度恒定的情况。当外界压力为标准大气压时，该式可进一步写为：

$$\Delta p_{fT} = K_s h\left(\frac{1}{T_{out}} - \frac{1}{T_{in}}\right) \tag{3-2}$$

式中 K_s——修正系数，$K_s = 3460\ \text{Pa} \cdot \text{K/m}$。

图 3-3 中给出了不同的烟气温度对应的浮升力值。

【例 3-1】 房间着火后烟气温度为 800 ℃，门洞高 2.5 m，走廊内温度为 20 ℃，求门洞上端的内外热压差。

【解】 假设中性面在门洞的一半，利用式（3-2）有：

$$\Delta p_{fT} = \left[3460 \times \left(\frac{1}{273 + 20} - \frac{1}{273 + 800}\right) \times 1.25\right]\ \text{Pa} = 10.7\ \text{Pa}$$

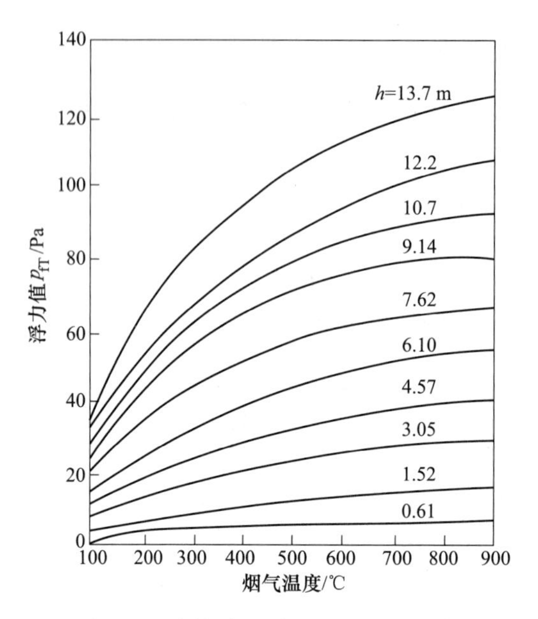

图 3-3 不同烟气温度对应的浮升力值

由此可见，在门洞的上端，内外有 10.7 Pa 的压差使烟气向走廊流动。

烟气在走廊内流动过程中受顶棚和墙壁的冷却作用，靠墙的烟气将逐渐下降，形成走廊的周边都是烟气的现象。浮力作用还将使烟气通过楼板上的缝隙向上层渗透。随着烟气的流动和烟气的浓度被稀释，浮升力的作用会逐渐减弱。

3.1.2 烟囱效应引起的烟气流动

当建筑物室内发生火灾时，室内外存在明显的温差，在烟气和空气的密度差作用下引起垂直通道内（楼梯间、电梯井、强弱电桥架等）的空气向上（或向下）流动，从而携带烟气向上（或向下）传播，这种现象称为正（逆）烟囱效应，如图 3-4 所示。

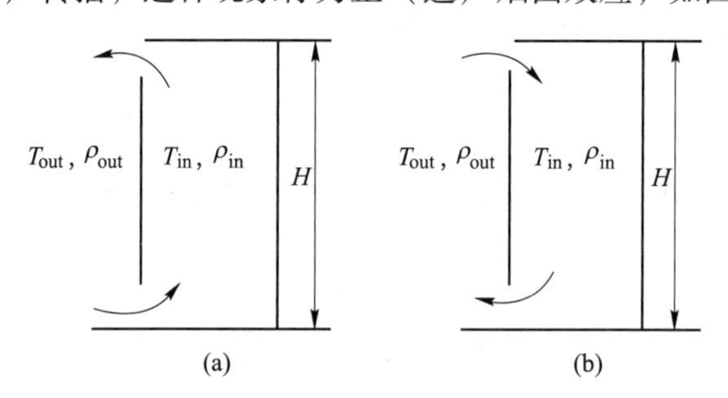

图 3-4 正烟囱效应和逆烟囱效应时的气体流动

（a）$T_{out}<T_{in}$；（b）$T_{out}>T_{in}$

现结合图 3-4（a）讨论烟囱效应的计算。设竖井高 H，内外温度分别为 T_{in} 和 T_{out}，ρ_{in} 和 ρ_{out} 分别为空气在温度 T_{in} 和 T_{out} 时的密度，g 是重力加速度（对于一般建筑物的高度而言，可认为重力加速度不变）。

在着火房间，Δp_T 的高度形成压力中性平面（neutral plane，简称中性面），令中性面

离地面的高度为 H_N，则

$$\Delta p_T = (\rho_{in} - \rho_{out})gH_N = 0 \tag{3-3}$$

则在该建筑内部和外部高 h 处的压力分别为：

$$p_{in}(h) = p_0 - \rho_{in}gh \tag{3-4}$$

$$p_{out}(h) = p_0 - \rho_{out}gh \tag{3-5}$$

因而，在高 h 处的内外压力差为：

$$\Delta p_T = (\rho_{in} - \rho_{out})gh \tag{3-6}$$

在建筑物的防排烟设计中，建筑物内外的压差变化与绝对大气压力相比要小得多，因此可根据理想气体定律，用 p_{atm} 来计算烟气的密度。一般认为烟气也遵循理想气体定律，再假设烟气的分子量与空气的平均分子量相同，即等于 0.0289 kg/mol，则式（3-6）可写为：

$$\Delta p_T = \frac{ghp_{abs}}{R}\left(\frac{1}{T_{out}} - \frac{1}{T_{in}}\right) \tag{3-7}$$

式中 p_{abs}——绝对大气压力，Pa；

T_{out}——外界空气的热力学温度，K；

T_{in}——室内空气（竖井）的热力学温度，K；

R——气体常数，与气体的种类有关。

在标准大气压下，即 $p_{abs} = 101325$ Pa，空气 $R = 287.1$ J/(kg · K)，$g = 9.8$ m/s^2，式（3-7）改写为：

$$\Delta p_T = K_s h\left(\frac{1}{T_{out}} - \frac{1}{T_{in}}\right) \tag{3-8}$$

式中 h——中性面以上的距离，m；

K_s——修正系数，$K_s = 3460$。

图 3-5 中给出了通常温度范围内烟囱效应引起的压力值。

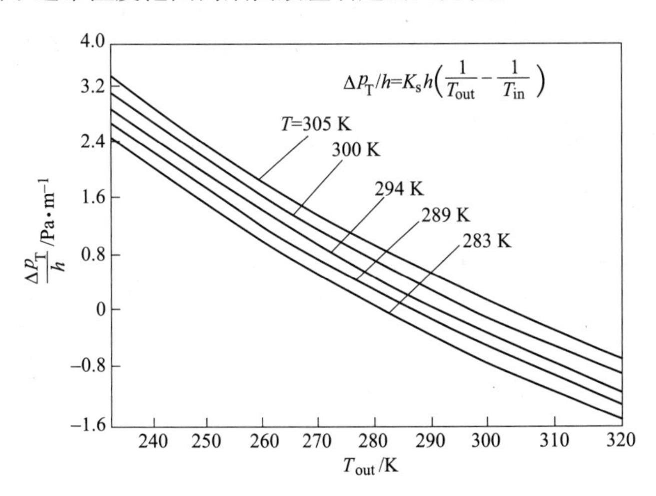

图 3-5 烟囱效应的压力计算图

烟囱效应是建筑火灾中烟气流动的主要因素。在正烟囱效应作用下，如果火灾发生在中性面之下，烟气将随建筑物中的空气流入竖井，并沿竖井上升。烟气流入竖井后使井内气温升高，产生的浮力作用增大，竖井内上升气流加强。一旦烟气上升到中性面以上，烟气便可由竖井流出，进入建筑物上部各楼层，然后随气流通过各楼层的外墙开口排至室外；如果楼层间的缝隙可以忽略，则中性面以下的楼层，除了着火层外都将没有烟气进入；如果楼层上下之间存在缝隙，则着火层所产生的烟气将向上一层渗漏，中性面以下楼层的烟气将随空气进入竖井向上流动，如图 3-6（a）所示。如果火灾发生在中性面之上，由正烟囱效应引起的空气流从竖井进入着火层能够阻止烟气流进竖井，如图 3-6（b）所示。当楼层间存在缝隙时，如果着火层的燃烧强烈，热烟气的浮力克服了竖井内的烟囱效应，则烟气仍可进入竖井继而流入上层楼层，如图 3-6（c）所示。着火房间中的烟气将随着建筑物中的气流通过外墙开口排至室外。

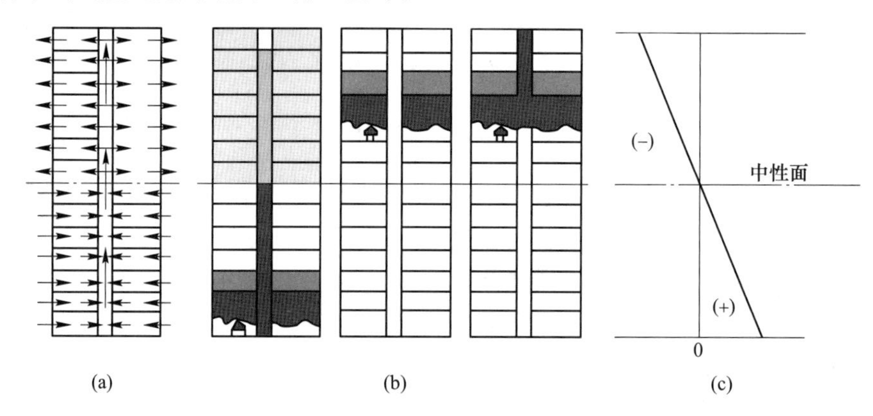

图 3-6 建筑物中正烟囱效应引起的烟气流动

（a）空气流；（b）烟气流动；（c）压差 Δp_{T}

逆烟囱效应作用下，如果火灾发生在中性面之上，火灾开始阶段烟气温度较低，烟气将随着建筑物中的空气流入竖井，烟气流入竖井后虽然使井内的气温有所升高，但仍然低于外界空气温度，竖井内气流方向朝下，烟气被带到中性面以下，然后随气流进入各楼层中。随着火灾发展，高温烟气进入竖井后将导致井内气温高于室外气温，浮力作用克服了竖井内的逆烟囱效应，则烟气在竖井内转而向上流动。

3.1.3 膨胀力引起的烟气流动

温度升高引起气体膨胀是影响烟气流动较重要的因素。若着火房间只有一个小的墙壁开口与建筑物其他部分相连时，烟气将从开口的上部流出，外界空气将从开口下部流进。由于燃料燃烧所增加的质量与流入的空气质量相比很小，一般将其忽略；再假设烟气的热性质与空气相同，则烟气流出与空气流入的体积流量之比可表达为热力学温度之比：

$$\frac{Q_{\mathrm{out}}}{Q_{\mathrm{in}}}=\frac{T_{\mathrm{out}}}{T_{\mathrm{in}}} \tag{3-9}$$

式中 Q_{out}——从着火房间流出的烟气体积流量，$\mathrm{m^3/s}$；

Q_{in}——流入着火房间的空气流量，$\mathrm{m^3/s}$；

T_{out}——从着火房间流出烟气的热力学温度，K；

T_{in}——流入着火房间空气的热力学温度，K。

若流入空气的温度为20 ℃，当烟气温度为250 ℃时，烟气热膨胀的系数为1.8；当烟气温度为500 ℃时，热膨胀的系数为2.6；当烟气温度达到600 ℃时，其体积约膨胀到原体积的3倍。由此可见，火灾燃烧过程中，从体积流量来说，因膨胀而产生大量体积烟气。若着火房间的门窗开着，由于流动面积较大，烟气膨胀引起的开口处的压差较小，可忽略。但是如果着火房间门窗关闭，并假定其中有足够多的氧气支持较长时间的燃烧，则烟气膨胀引起的压差将使烟气通过各种缝隙向非着火区流动。

3.1.4 外界风作用下的烟气流动

风的存在可在建筑物的周围产生压力分布，而这种压力分布能够影响建筑物内的烟气流动。风的作用受到多种因素的影响，包括风速、风向、建筑物高度和几何外形及邻近建筑物等。一般说来，风朝建筑物吹过来会在建筑物的迎风侧产生较高的滞止压力，这可增强建筑物内的烟气向下风向的流动。压力差的大小与风速的平方成正比，即

$$\Delta p_{wT} = \frac{1}{2}C_w\rho_{out}v^2 \tag{3-10}$$

式中 Δp_{wT}——风作用到建筑物表面产生的附加压力，Pa；

ρ_{out}——室外空气的密度，kg/m^3；

v——室外风速，m/s；

C_w——风压系数（无量纲），取值参考表3-1。

表3-1 矩形建筑物各壁面的平均压力系数

建筑物的高宽比	建筑物的长宽比	风向角/(°)	不同墙壁上的风压系数			
			正面	背面	侧面	侧面
$H/W\leqslant0.5$	$1<L/W\leqslant1.5$	0	+0.7	-0.2	-0.5	-0.5
		90	-0.5	-0.5	+0.7	-0.2
	$1.5<L/W\leqslant4$	0	+0.7	-0.25	-0.6	-0.6
		90	-0.5	-0.5	+0.7	-0.1
$0.5<H/W\leqslant1.5$	$1<L/W\leqslant1.5$	0	+0.7	-0.25	-0.6	-0.6
		90	-0.6	-0.5	+0.7	-0.25
	$1.5<L/W\leqslant4$	0	+0.7	-0.3	-0.7	-0.7
		90	-0.5	-0.5	+0.7	-0.1
$1.5<H/W\leqslant6$	$1<L/W\leqslant1.5$	0	+0.8	-0.25	-0.8	-0.8
		90	-0.8	-0.8	+0.8	-0.25
	$1.5<L/W\leqslant4$	0	+0.7	-0.4	-0.7	-0.7
		90	-0.5	-0.5	+0.8	-0.1

注：H为屋顶高度，L为建筑物的长边，W为建筑物的短边。

若使用标准大气压状态下的空气物理量，则式（3-10）可写为：

$$\Delta p_{wT} = 177C_wv^2/T_0 \tag{3-11}$$

式中 T_0——环境温度，K。

例如，若温度为 293 K 的风以 7 m/s 的速度吹到建筑物表面，将产生 30 Pa 的压力差，显然它要影响建筑物内燃烧或烟囱效应引起的烟气流动。图 3-7 为不同室外风速对建筑物产生的风压值。

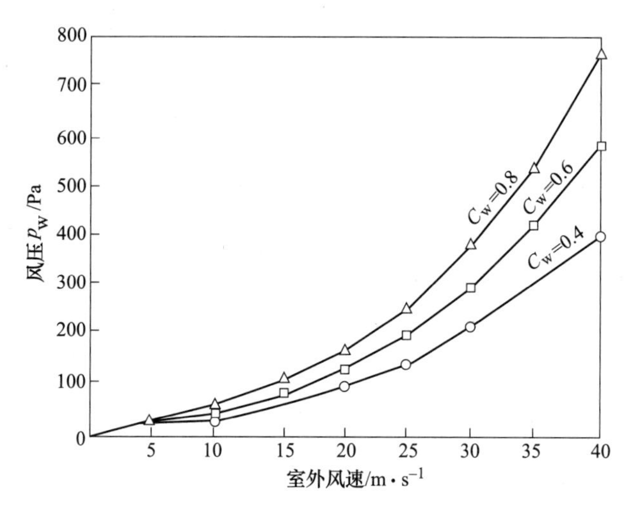

图 3-7 不同室外风速对建筑物产生的风压值

通常风压系数 C_w 的值为−0. 8～+0. 8。迎风墙为正，背风墙为负。C_w 为正，表示该处的压力比大气压力升高了 Δp_w；C_w为负，表示该处的压力比大气压力减少了 Δp_w。此系数的大小决定于建筑物的几何形状及当地的挡风状况，并且在墙壁表面的不同部位有不同的值，如图 3-8 所示。表 3-1 中给出了附近没有障碍物时，矩形建筑物的前后壁面上压力系数的平均值。

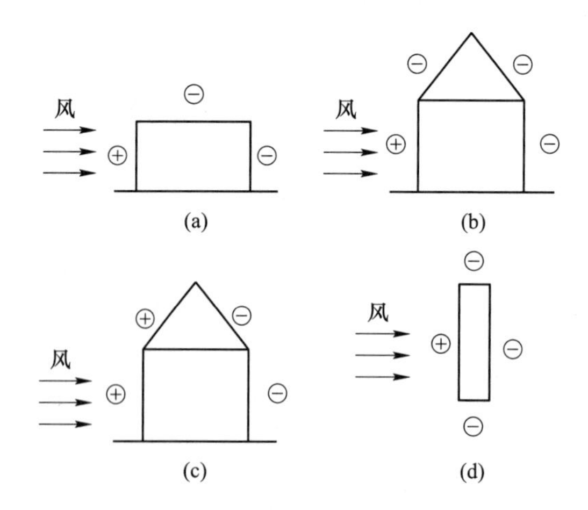

图 3-8 建筑物在风力作用下的压力分布

由风引起的建筑物两个侧面的压差为：

$$\Delta p_{wT} = \frac{1}{2}(C_{w1} - C_{w2})\rho_0 v^2 \tag{3-12}$$

式中 C_{w1}，C_{w2}——迎风墙和背风墙的压力系数，其他符号的意义同前式。

上述各计算公式都用到风速 v。风速随高度的变化可用下式表示：

$$\frac{v}{v_0} = \left(\frac{Z}{Z_0}\right)^n \tag{3-13}$$

式中 Z——测定风速 v 时所在的高度，m；

Z_0——参考高度，m，机场和气象站等一般在离地高度 10 m 处测风速，本书亦将参考高度取为 10 m；

v——测量高度 Z 处的实际风速，m/s；

v_0——参考高度 Z_0 处的风速，m/s；

n——风速指数，无量纲；

气象测试资料表明，不同地形条件、不同地区的大气边界层厚度差别很大，因而应采用不同的风速指数；在平坦地带（如空旷的野外），风速指数可取 0.16 左右；在不平坦的地带（如周围有树木的村镇），风速指数可取 0.28 左右；在很不平坦的地带（如市区），风速指数约为 0.40。

在设计防排烟系统时，涉及如何选择参考风速的问题。有资料指出，大部分地区的平均风速为 2~7 m/s，但此值对于防排烟系统的设计未必适用。大量证据表明，在约半数以上的火灾中，实际风速大于此值。建筑设计部门一般把当地的最大风速作为建筑安全设计参考值，其值常取为 30~50 m/s。但对防排烟系统来说，此值又显得太大了，因为发生火灾的同时又遇到如此大风的概率太小了。在没有更理想的结果前，建议在设计防排烟系统时，将参考风速取为当地平均风速的 2~3 倍。

对于封闭性较好且外部门窗均关闭的高层建筑，就是在较高楼层、外部风较大的情况下，其对高层建筑内部气流的流动影响也比较小。但是，高层建筑发生火灾往往出现外窗玻璃破碎，在这种情况下，若破碎的外窗处于正迎风面，大量外界新鲜空气在高风压的作用下进入高层建筑内部，将驱动整个高层建筑内热烟气迅速流动，使火灾迅速蔓延，给建筑内人员的安全疏散及消防人员的灭火带来极大影响。若破碎的外窗处于背风面，则外部风压在高层建筑背风面产生的强大负压会将热烟气从高层建筑内抽出，为建筑内人员的安全疏散赢得宝贵时间。

3.1.5 通风空调系统引起的烟气流动

现代建筑中大多安装了采暖、通风和空气调节系统（heat ventilation and air condition，简称 HVAC）。在火灾情况下，即使风机不开动，HVAC 系统的管道也能成为烟气流动的通道。在前面所说的几种力（尤其是烟囱效应）的作用下，烟气将会沿管道流动，从而促使烟气在整个楼内蔓延。若此时 HVAC 系统仍在工作，HVAC 系统能将烟气送到建筑物的其他部位，从而使尚未发生火灾的空间也受到烟气的影响。对于这种情况，一般认为，应立即关闭 HVAC 系统管道的防火阀和风机，切断着火区与其他部位的联系。这种方法虽然防止了向着火区的供氧及在机械作用下烟气进入通风管的现象，但并不能避免由于压差等因素引起的烟气沿通风管道扩散。

3.2 烟气孔口等效流通面积

烟气从出口向外蔓延的规律遵从流体孔口流动规律。与开口壁的厚度相比，开口面积很大的孔洞（如门窗洞口）的气体流动，称为孔口流动，如图 3-9 所示。从出口（开口面积为 A）喷出的气流发生缩流现象，流体发生缩流后的截面面积变为 A'。故引入收缩系数 α，则 $\alpha = A'/A$。由流体力学试验得知，α 的一般取值为 0.62~0.64，一般圆形薄壁小孔口的 α=0.62~0.64。

那么通过孔口处的容积流量 Q(m^3/s) 为：

$$Q = \alpha A v \tag{3-14}$$

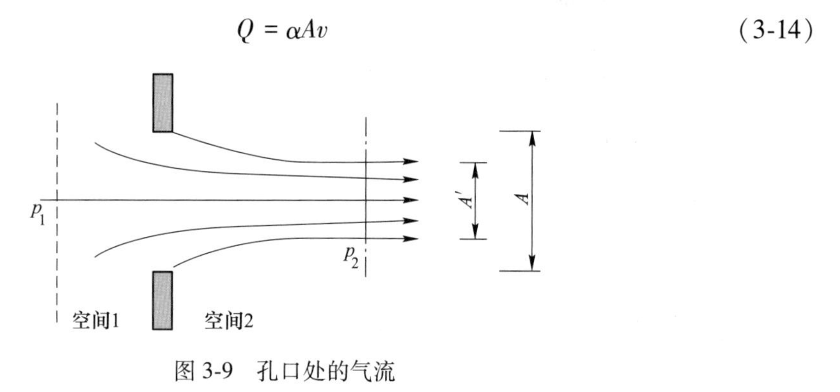

图 3-9 孔口处的气流

一个系统中烟气蔓延的流动路径可以是相互并联、串联，或是串、并联相结合。对于给定的流动系统，其等效流通面积定义为在同样压差情况下与多个烟气出口造成同样流动的单一开口的面积。这与电路理论中等效电阻的概念相类似。因为求得等效流通面积后，就可根据式（3-14）简单地求出系统的烟气流量，所以等效流通面积的概念在烟气控制系统的分析中非常有用。

根据伯努利方程（不考虑孔口入口处的缩流阻力和孔口内的摩擦阻力），有：

$$p_1 = p_2 + \frac{1}{2}\rho v^2 \tag{3-15}$$

则烟气总流量 Q、开口两侧总压差 Δp($\Delta p = p_1 - p_2$) 和等效流通面积 A_e 之间的关系式为：

$$Q = \alpha A_e (2\Delta p/\rho)^{\frac{1}{2}} \tag{3-16}$$

式中 α——收缩系数；

A_e——孔口等效流通面积，m^2；

Δp——开口两侧总压差，Pa；

ρ——流过孔口的气体密度，kg/m^3；

v——烟气通过孔口的流速，m/s。

对于多数烟气控制计算来说，可以假定通过某一孔口的烟气温度不变和收缩系数相同。下面分别讨论各种情形下等效流通面积的计算。

3.2.1 并联流动

如图 3-10（a）所示，当烟气从正压区间的若干个门窗流出进入非正压区时，这几扇门窗就构成并联式的气流通路。并联式气流通路，可以简化为图 3-10（b）。

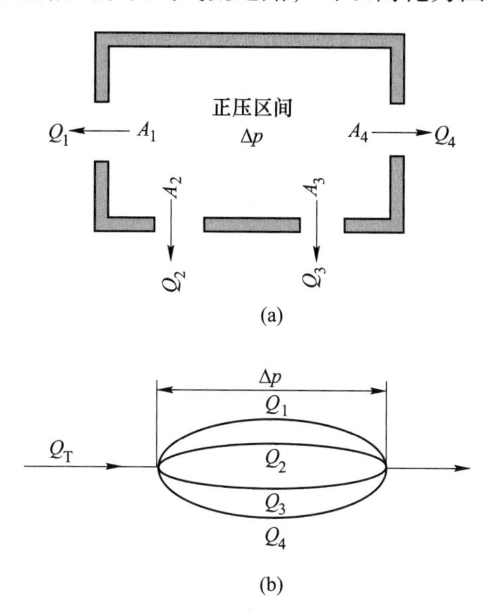

图 3-10　并联气流通路

图 3-10 中气体的正压区间/加压空间有 4 个并联出口，每个出口的压差 Δp 都相同，总流量 Q_T 为 4 个出口的流量之和：

$$\Delta p_T = \Delta p_1 = \Delta p_2 = \Delta p_3 = \Delta p_4 \tag{3-17}$$

$$Q_T = Q_1 + Q_2 + Q_3 + Q_4 \tag{3-18}$$

根据式（3-16），可以写出 4 个并联出口流量和流通面积的关系式。

$$Q_1 = \alpha_1 A_1 (2\Delta p_1/\rho)^{\frac{1}{2}} \tag{3-19}$$

$$Q_2 = \alpha_2 A_2 (2\Delta p_2/\rho)^{\frac{1}{2}} \tag{3-20}$$

$$Q_3 = \alpha_3 A_3 (2\Delta p_3/\rho)^{\frac{1}{2}} \tag{3-21}$$

$$Q_4 = \alpha_4 A_4 (2\Delta p_4/\rho)^{\frac{1}{2}} \tag{3-22}$$

设各开口的收缩系数相等，$\alpha = \alpha_1 = \alpha_2 = \alpha_3 = \alpha_4$，将式（3-19）~式（3-22）代入式（3-18）中得：

$$A_e = A_1 + A_2 + A_3 + A_4 \tag{3-23}$$

若独立的并行出口有 n 个，则等效流通面积就是各出口的流通面积的代数和，即

$$A_e = \sum_{i=1}^{n} A_i \tag{3-24}$$

3.2.2 串联流动

图 3-11 所示的正压区间有四个串联出口。通过每个出口的体积流量 Q 是相同的，从

加压空间到外界的总压差 Δp_T，是经过四个出口的压差 Δp_1、Δp_2、Δp_3、Δp_4 之和：

$$Q_T = Q_1 = Q_2 = Q_3 = Q_4 \tag{3-25}$$

$$\Delta p_T = \Delta p_1 + \Delta p_2 + \Delta p_3 + \Delta p_4 \tag{3-26}$$

由式（3-16），可得：

$$\Delta p_T = \frac{\rho}{2}[Q_T/(\alpha A_e)]^2 \tag{3-27}$$

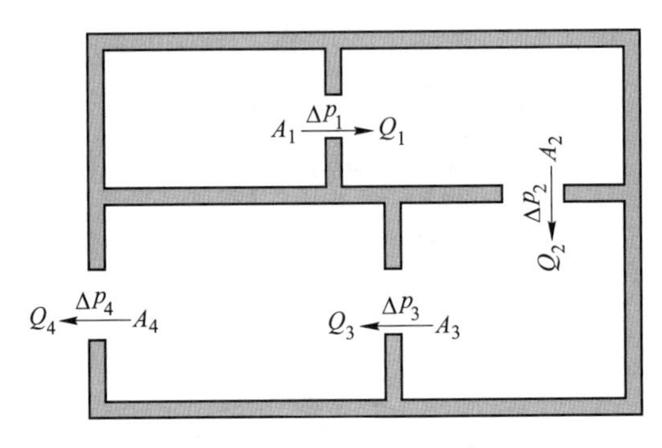

图 3-11 串联气流通路

类似地，可以写出四个串联出口压差和流量、流通面积的关系式：

$$\Delta p_1 = \frac{\rho}{2}[Q_1/(\alpha_1 A_1)]^2 \tag{3-28}$$

$$\Delta p_2 = \frac{\rho}{2}[Q_2/(\alpha_2 A_2)]^2 \tag{3-29}$$

$$\Delta p_3 = \frac{\rho}{2}[Q_3/(\alpha_3 A_3)]^2 \tag{3-30}$$

$$\Delta p_4 = \frac{\rho}{2}[Q_4/(\alpha_4 A_4)]^2 \tag{3-31}$$

设各开口的流通系数相等，$\alpha = \alpha_1 = \alpha_2 = \alpha_3 = \alpha_4$，将式（3-27）~式（3-31）代入式（3-26）中，得：

$$A_e = (1/A_1^2 + 1/A_2^2 + 1/A_3^2 + 1/A_4^2)^{-\frac{1}{2}} \tag{3-32}$$

以此类推，可以得到 n 个出口串联时的等效流通面积为：

$$A_e = \left[\sum_{i=1}^{n}(1/A_i^2)\right]^{-\frac{1}{2}} \tag{3-33}$$

在烟气控制系统中，两个串联出口最为常见，其等效流通面积常写为：

$$A_e = A_1 A_2 / \sqrt{A_1^2 + A_2^2} \tag{3-34}$$

3.2.3 混联流动

混联流动在计算其等效流通面积时，应首先分析气体在流动过程中的流动路径，根据流动路径分析其中的串并联关系，然后利用以上的串并联基本公式，逐步计算即可得出混联流动的等效流通面积。图 3-12 为一并、串混联系统。

A_2与 A_3并联，组合等效流通面积为：

$$A_{23e} = A_2 + A_3 \tag{3-35}$$

A_4与A_5也是并联，其等效流通面积为：

$$A_{45e} = A_4 + A_5 \tag{3-36}$$

这两个等效流通面积又与A_1串联，所以系统的总等效流通面积为：

$$A_e = (1/A_1^2 + 1/A_{23e}^2 + 1/A_{45e}^2)^{-\frac{1}{2}} \tag{3-37}$$

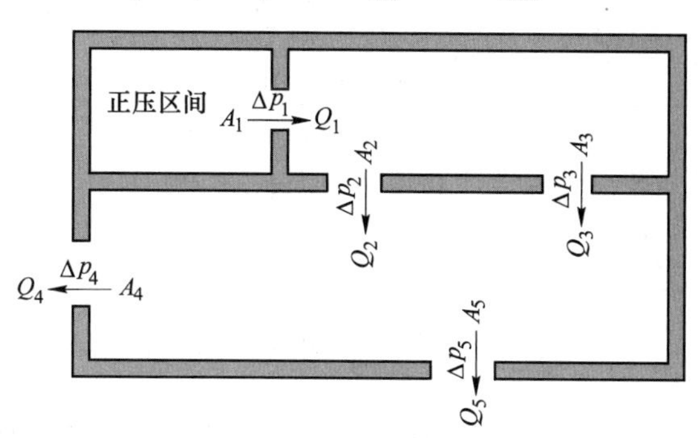

图 3-12　混联气流通路

3.3　压力中性面

中性面理论不仅适用于正常情况下建筑物的通风，而且适用于火灾情况下建筑物的排烟。在防排烟工程中，确定了压力中性面的位置，就可确定其上下方烟气的不同流动状况，从而制定不同的烟气控制策略，实现烟气的有效控制。

在发生火灾时，着火房间内的气体温度总是高于室外空气的温度，故本节主要讨论正烟囱效应下中性面位置的确定方法，并可采用有效面积法将其扩展到建筑物中性面的分析。使用烟气流动的串联模型，根据中性面的位置，可以估计流过建筑物的气体流速和压差。

3.3.1　具有连续侧向开缝竖井

假设一个竖井（与地面相通的垂直通道），从其顶部到底部有连续的宽度相同的侧向开缝与外界连通，由于竖井内温度高于竖井外温度，则由正烟囱效应而引起的该竖井内气流状况如图 3-13 所示。

竖井侧向开口高度为H(m)，中性面N到竖井下缘的垂直距离为H_N(m)，室内外气体温度分别为T_{in}、T_{out}。则在距中性面N上方垂直距离h处的竖井内外压力差为：

$$\Delta p = |\rho_{out} - \rho_{in}|gh \tag{3-38}$$

从h处起向上取微元高dh，设w为竖井开口宽度。根据流量平方根法则，通过该微元面积向外排出的气体质量流量为：

$$dm_{out} = \alpha w\sqrt{2\rho_{in}\Delta p}\ dh = \alpha w\sqrt{2\rho_{in}bh}\ dh \tag{3-39}$$

其中：

$$b = gp_{otm}(1/T_{out} - 1/T_{in})/R \tag{3-40}$$

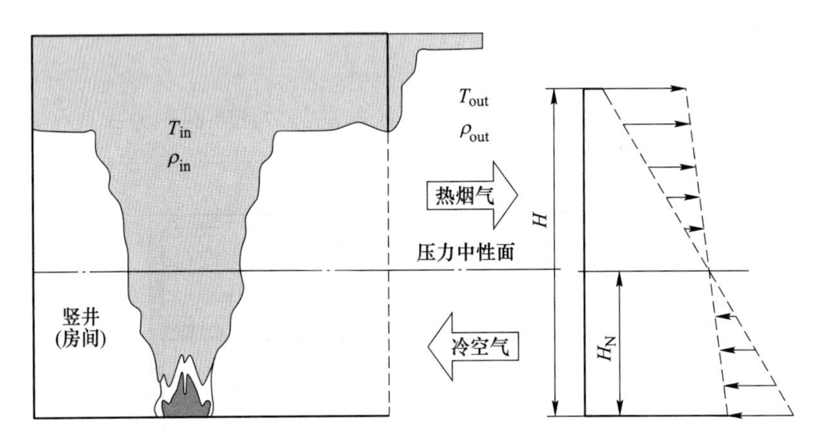

图 3-13　与外界具有连续开缝竖井的气流状况

则从竖井中性面至上缘之间的开口面积中排出的气体质量流量为：

$$m_{out} = \int_0^{H-H_N} dm_{out} = \int_0^{H-H_N} \alpha w \sqrt{2\rho_{in} bh}\ dh \tag{3-41}$$

积分得：

$$m_{out} = \frac{2}{3}\alpha w (H - H_N)^{\frac{3}{2}} \sqrt{2\rho_{in} b} \tag{3-42}$$

同理，可以得到从竖井中性面至下缘之间的开口面积中流入的空气质量流量为：

$$m_{in} = \frac{2}{3}\alpha w H_N^{\frac{3}{2}} \sqrt{2\rho_{out} b} \tag{3-43}$$

式中　α——竖井的收缩系数；

ρ_{out}——外界空气的密度，kg/m^3；

ρ_{in}——室内空气的密度，kg/m^3。

假设竖井除了连续开缝与大气相通外，其余各处密封均较好，则流入与流出房间的烟气流量相等，可近似认为 $m_{in} = m_{out}$。联立式（3-42）和式（3-43），消去相同的项，根据理想气体定律（$p_{atm}=\rho RT$）整理得：

$$\frac{H_N}{H} = \frac{1}{1 + (T_{in}/T_{out})^{\frac{1}{3}}} \tag{3-44}$$

式中　T_{in}——竖井内空气的温度，K；

T_{out}——外界空气的温度，K。

顺便指出，大开口房间的压力中性面与上述具有连续侧向开缝的竖井类似。火灾初期，室内气体分为上部热烟气层和下部冷空气层，因而室内压力分布由两段斜率不同的直线组成，下半段直线与室外压力分布线平行，室内外压力分布线没有交点，不存在压力中性面；随着火灾的发展，热烟气层逐渐变厚，室内压力分布线上半段随之变长，并与室外压力分布线相交，交点所在的水平面即为压力中性面；发生轰燃后，室内气体不再分层，压力分布线成为一条直线，其发展过程如图 3-14 所示。

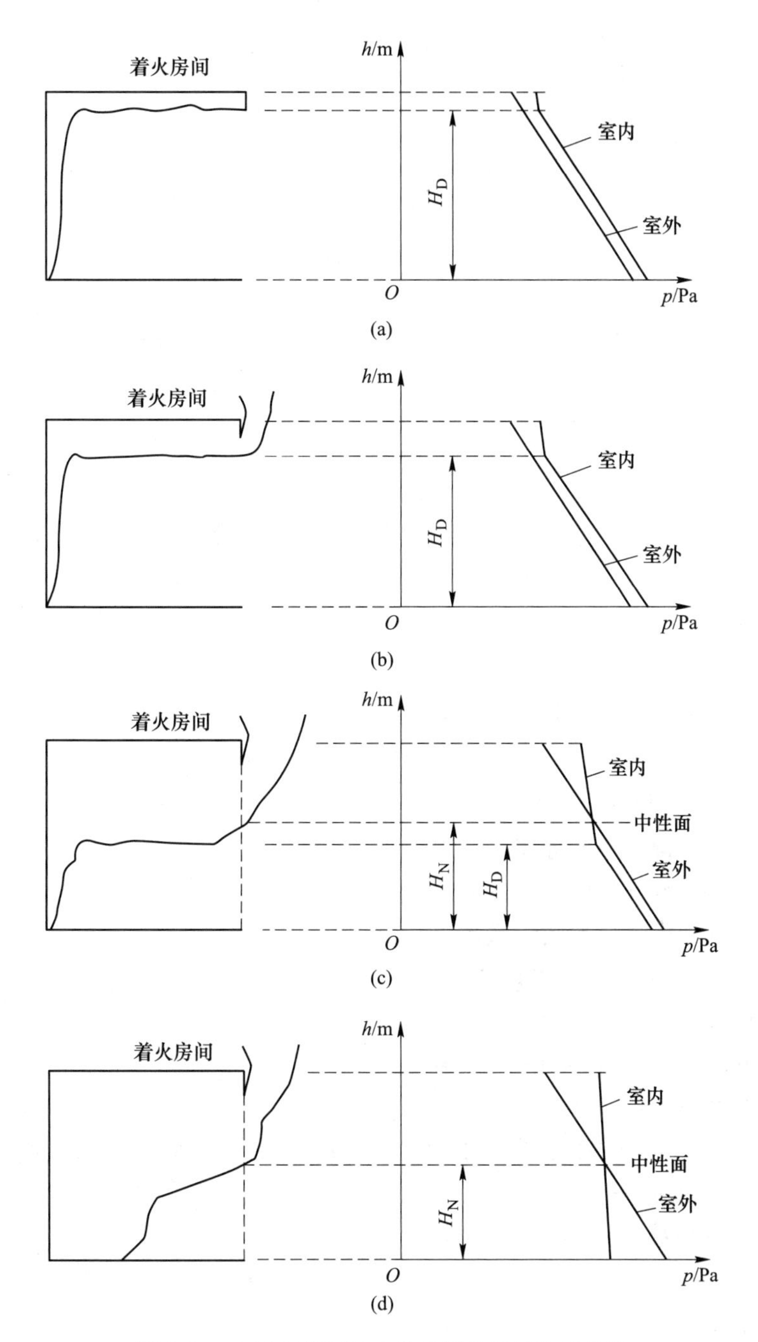

图 3-14 大开口房间压力分布线发展过程示意图

(a) 烟气未流出开口时的室内外压力分布；(b) 烟气刚开始流出开口时的室内外压力分布（这个阶段仅持续很短时间）；(c) 室内烟气分层时的室内外压力分布；(d) 烟气充满房间时的室内外压力分布

3.3.2 具有上下侧向开口的竖井

设某竖井具有上、下两个侧向开口，由正烟囱效应而引起的该竖井内气流状况如图 3-15 所示（此种情况类似于着火房间与室外具有上下两个开口）。

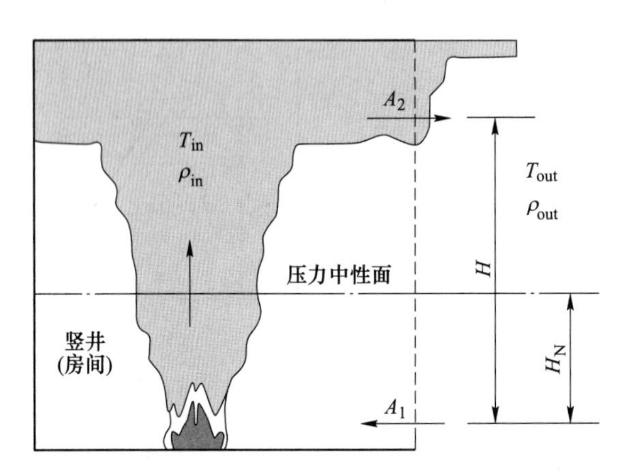

图 3-15　具有上下双开口竖井的气流状况

为了简化分析，假设两个侧向开口间的距离比开口本身的尺寸大得多，这样可忽略沿开口自身高度的压力变化。根据流量平方根法则，当 $T_{in}>T_{out}$时，通过下部流入口流进室内的空气质量流量为：

$$m_{in} = \alpha_1 A_1 \sqrt{2\rho_{out}\Delta p_1} \tag{3-45}$$

通过上部排出口流出的气体质量流量为：

$$m_{out} = \alpha_2 A_2 \sqrt{2\rho_{in}\Delta p_2} \tag{3-46}$$

式中　A_1——竖井下部开口的面积，m^2；

A_2——竖井上部开口的面积，m^2；

α_1——竖井下部开口的收缩系数；

α_2——竖井上部开口的收缩系数；

ρ_{in}——竖井内部空气的密度，kg/m^3；

ρ_{out}——竖井内部空气的密度，kg/m^3；

Δp_1——竖井下部开口处的内外压力差，Pa；

Δp_2——竖井上部开口处的内外压力差，Pa。

图 3-15 中 H_N为中性面到竖井下部开口中心位置处的垂直距离（m）。在中性面处，竖井内外压力相等，即 $p_{Nin}=p_{Nout}$。

在竖井下部开口处，竖井内压力为：

$$p_{1in} = p_{Nin} + \rho_{in} g H_N \tag{3-47}$$

竖井外压力为：

$$p_{1out} = p_{Nout} + \rho_{out} g H_N \tag{3-48}$$

则竖井下部开口处的内外压差为：

$$\Delta p_1 = |p_{1in} - p_{1out}| = |\rho_{in} - \rho_{out}| g H_N \tag{3-49}$$

在竖井上部开口处，竖井内压力为：

$$p_{2in} = p_{Nin} - \rho_{in} g (H - H_N) \tag{3-50}$$

竖井外压力为：

$$p_{2out} = p_{Nout} - \rho_{out} g (H - H_N) \tag{3-51}$$

则竖井上部开口处的内外压差为：

$$\Delta p_2 = |p_{2in} - p_{2out}| = |\rho_{out} - \rho_{in}|g(H - H_N) \tag{3-52}$$

由于流量连续，即 $m_{in}=m_{out}$，故

$$\alpha_1 A_1 \sqrt{2g\rho_{out}|\rho_{in} - \rho_{out}|H_N} = \alpha_2 A_2 \sqrt{2g\rho_{in}|\rho_{out} - \rho_{in}|(H - H_N)} \tag{3-53}$$

两边平方，根据理想气体定律移项整理得到：

$$\frac{H_N}{H} = \frac{1}{1 + (T_{in}/T_{out})(\alpha_1 A_1/\alpha_2 A_2)^2} \tag{3-54}$$

一般竖井上下开口的结构形式基本相同，可认为其流量系数相近，即 $\alpha_1 = \alpha_2$，则式（3-54）简化为：

$$\frac{H_N}{H} = \frac{1}{1 + (T_{in}/T_{out})(A_1/A_2)^2} \tag{3-55}$$

式（3-55）表明了中性面位置与上下开口面积、竖井内气体温度及外界空气温度之间的关系。显而易见，火灾温度越高，中性面越往下移；下部开口面积增大，中性面亦往下移。中性面下移，有利于对外排烟，所以，在进行自然排烟设计时，应适当加大竖井底部的开口面积，这样有利于上层的对外排烟。

3.3.3 具有连续侧向开缝和一个上部侧向开口的竖井

设某竖井具有连续侧向开缝和一个上部侧向开口，则竖井内由正烟囱效应所引起的气流流动状况如图 3-16 所示（此种情况类似于着火房间通向室外的单个门窗开启，且有一个上部开口）。

设上部侧向开口的面积为 A_V，其中心到地面的高度为 H_V。开口位于中性面之下时也可作类似分析。为简化起见，认为开口的自身高度与竖井高 H 相比很小，这样可认为流体流过开口时的压力差不变。

流出房间的烟气质量是由门孔中性面至上缘之间的开口面积中流出的烟气质量与由上部开口流出的烟气质量之和，即

$$m_{out} = \frac{2}{3}\alpha w (H - H_N)^{3/2}\sqrt{2\rho_{in} b} + \alpha A_V \sqrt{2\rho_{in} b(H_V - H_N)} \tag{3-56}$$

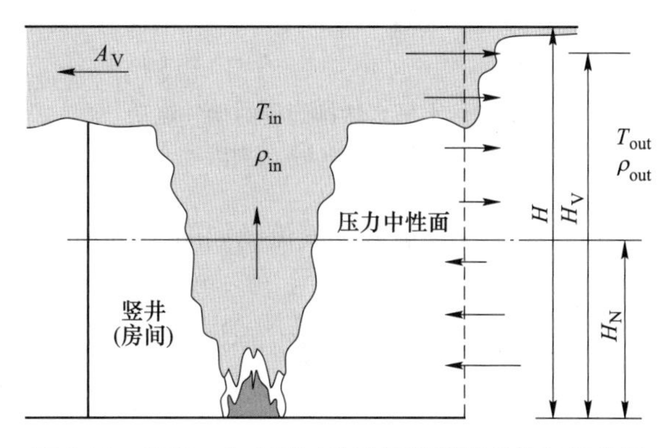

图 3-16 具有一个上开口及连续开缝竖井的气流状况

同理，可以得到从窗孔中性面至下缘之间的开口面积中流入的空气质量流量为：

$$m_{\text{in}} = \frac{2}{3}\alpha w H_{\text{N}}^{\frac{3}{2}} \sqrt{2\rho_{\text{out}} b} \tag{3-57}$$

根据质量守恒原理，流出房间的烟气质量应等于流入的质量，即 $m_{\text{in}} = m_{\text{out}}$。联立式（3-56）和式（3-57），消去相同的项，并将理想气体定律关于密度和温度的关系代入，得：

$$\frac{2}{3}w\,(H - H_{\text{N}})^{\frac{3}{2}} + A_{\text{V}}\,(H_{\text{V}} - H_{\text{N}})^{\frac{1}{2}} = \frac{2}{3}wH_{\text{N}}^{\frac{3}{2}}\,(T_{\text{in}}/T_{\text{out}})^{\frac{1}{2}} \tag{3-58}$$

当 $A_{\text{V}} \neq 0$ 时，此式可进一步整理为：

$$\frac{2}{3} \times \frac{wH\,(H - H_{\text{N}})^{\frac{3}{2}}}{A_{\text{V}}H} + (H_{\text{V}} - H_{\text{N}})^{\frac{1}{2}} = \frac{2}{3} \times \frac{wHH_{\text{N}}^{\frac{3}{2}}T_{\text{in}}^{\frac{1}{2}}}{A_{\text{V}}HT_{\text{out}}^{\frac{1}{2}}} \tag{3-59}$$

对于较大的开口，比值 wH/A_{V} 趋近于零。而当 wH/A_{V} 接近于零时，式（3-59）中的第一、三项接近于零，于是得到 $H_{\text{N}} = H_{\text{V}}$，这样中性面就位于上部开口处。显然，由上述各式决定的中性面位置受流通面积影响较大，而受温度影响较小。

无论开口在中性面上部还是下部，其位置将位于式（3-55）所给的无开口时的高度与开口高度 H_{V} 之间。wH/A_{V} 的值越小，中性面的位置就越接近于 H_{V}。

3.3.4 顶部水平开口的竖井

建筑物顶部开设水平排烟口也是一种最普遍的自然排烟方式。但是受压差的影响，流动的方向有单向和双向两种情况，如图 3-17 所示。由于火灾情况下，室内压力高于室外，因此，认为水平开口处仅存在单向流动。

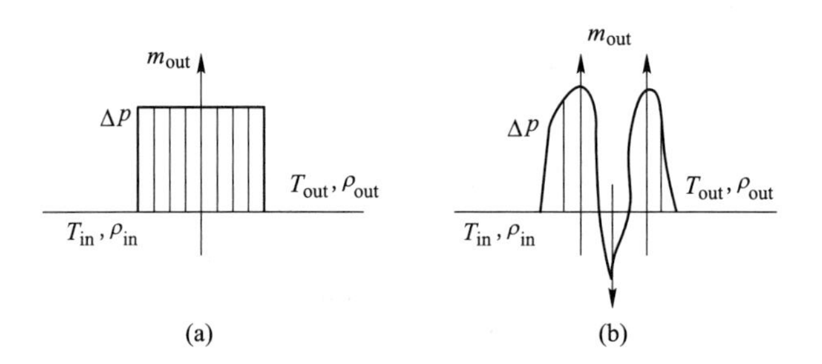

图 3-17　水平自然排烟口的烟气流动
（a）单向流动；（b）双向流动

某房间顶部有一排烟口，发生火灾后其烟气流动如图 3-18 所示。

顶部排烟口流速为：

$$v = \sqrt{\frac{2\Delta p}{\rho_{\text{in}}}} \tag{3-60}$$

上部开口：

$$\Delta p_{\text{u}} = (H - H_{\text{N}})(\rho_{\text{out}} - \rho_{\text{in}})g \tag{3-61}$$

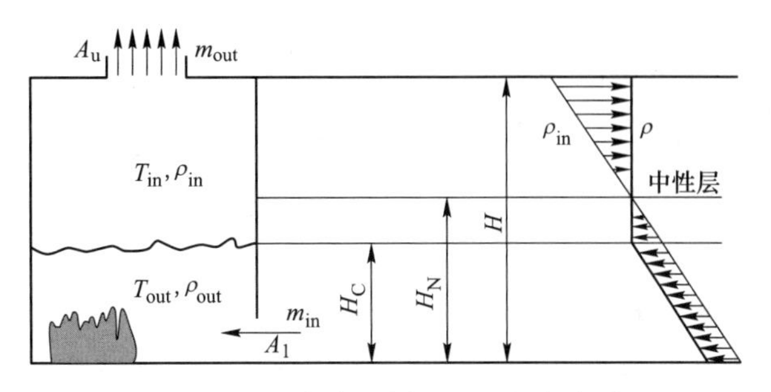

图 3-18 顶部自然排烟口的烟气流动

下部开口：

$$|\Delta p_1| = (H_N - H_C)(\rho_{out} - \rho_{in})g \tag{3-62}$$

式中 Δp_u，Δp_1——顶部水平开口和下部竖直开口处压差，Pa；

H，H_N，H_C——房间高度、中性面高度和冷空气层高度，m。

结合式（3-60）~式（3-62），可以得到烟气和空气的质量流量：

$$m_{out} = \alpha A_u \rho_{in} \sqrt{\frac{2(H - H_N)(\rho_{out} - \rho_{in})g}{\rho_{in}}} \tag{3-63}$$

$$m_{in} = \alpha A_1 \rho_{out} \sqrt{\frac{2(H_N - H_C)(\rho_{out} - \rho_{in})g}{\rho_{out}}} \tag{3-64}$$

式中 m_{out}——流出顶棚的烟气流量，kg/s；

A_u，A_1——水平排烟口面积和竖直进风口面积，m^2。

根据质量平衡原则，即进入着火房间的空气流量等于流出顶部排烟口的烟气流量 $m_{in} = m_{out}$，因此，可得到中性面高度 H_N 的表达式：

$$H_N = \frac{A_u^2 \rho_{in} H + A_1^2 \rho_{out} H_C}{A_1^2 \rho_{out} + A_u^2 \rho_{in}} \tag{3-65}$$

将烟气和空气都视为理想气体则由理想气体定律可知：

$$\rho_{out} T_{out} = \rho_{in} T_{in} \tag{3-66}$$

将中性面高度及式（3-65）代入式（3-63）和式（3-64），得到的烟气流量和空气流量为：

$$m_{in} = m_{out} = \frac{\alpha A_u \rho_{out} \sqrt{2g(H - H_C)(T_{in} - T_{out})T_{out}}}{\sqrt{T_{in}(T_{in} + T_{out} A_u^2 / A_1^2)}} \tag{3-67}$$

式（3-67）可以写为：

$$m_{out} = \alpha A_u \rho_{out} (2gd)^{\frac{1}{2}} \left(1 + M^2 \frac{T_{out}}{T_{in}}\right)^{-\frac{1}{2}} \left[\frac{T_{out}(T_{in} - T_{out})}{T_{in}^2}\right]^{\frac{1}{2}} \tag{3-68}$$

式中 d——烟气层设计厚度，m，$d = H - H_C$。

$M = A_u / A_1$，$A_u = 1.0 \sim 2.0 A_1$，即 M 取值为 1.0~2.0。

式（3-68）有如下适用条件：烟气层温度不变（设计时可取最大值）；空气层状态近似为与外界环境相同；不考虑外部风的影响。

在已知烟气质量流量、进风口面积和冷空气层高度的条件下可由式（3-68）得到顶部排烟口的面积。

3.3.5 中性面以上楼层内的烟气浓度

火灾烟气蔓延到建筑物的上部楼层后，空气中的有害污染物浓度也将发生变化。在某些需要考虑烟气控制的情况下，人们需对这些物质的影响有所认识。现结合中性面以上楼层讨论其估算方法。

尽管有害污染物的浓度在不断变化，但仍近似认为烟气的质量流量是稳定的。中性面位置可由前面讨论的方法确定，并设外界温度低于竖井内的温度（$T_{out}<T_{in}$）。因为楼层之间没有缝隙，所以由竖井流进各层的质量流量等于从各层流到外界的质量流量，这一质量流量可表达为：

$$m = \alpha A_c \sqrt{2\rho_{in}\Delta p} \tag{3-69}$$

式中 m——质量流量，kg/s；

α——收缩系数，无量纲，一般约为 0.65；

A_c——竖井与外界间的等效流通面积，m^2；

ρ_{in}——竖井内气体密度，kg/m^3；

Δp——竖井与外界的压差，Pa。

式（3-33）表示的计算等效流通面积的方法仅适用于两条路径串联且流体温度相同的情况，但这种分析可扩展到流体温度不同的情况。

$$A_c = \left(\frac{1}{A_s^2} + \frac{T_f}{T_s} \times \frac{1}{A_a^2}\right)^{-\frac{1}{2}} \tag{3-70}$$

式中 A_c——竖井与外界的等效流通面积，m^2；

A_s——竖井与房间的等效流通面积，m^2；

A_a——房间与外界的等效流通面积，m^2；

T_f——楼层内的温度，K；

T_s——竖井内的温度，K。

压差由烟囱效应方程给出：

$$\Delta p = K_s\left(\frac{1}{T_{out}} - \frac{1}{T_s}\right) Z \tag{3-71}$$

式中 T_{out}——外界空气的温度，K；

T_s——竖井内气体的温度，K；

Z——中性面以上的距离，m；

K_s——系数，当外界压力为标准大气压时，K_s 取值为 3460。

在中性面以上的某一楼层中，污染物的质量守恒方程为：

$$\frac{dC_f}{dt} = \frac{m}{V_f\rho_f}(C_s - C_f) \tag{3-72}$$

式中 C_f——中性面以上某楼层内污染物浓度；

C_s——竖井内污染物浓度；

t——时间，s；

m——质量流量，kg/s；

V_f——该楼层容积，m^3；

ρ_f——该楼层内的气体密度，kg/m^3。

C_f和C_s可用任意适当的量纲表示，但两者量纲统一。

此微分方程的解为：

$$C_f = C_s(1 - e^{-\lambda t}) \tag{3-73}$$

而

$$\lambda = \frac{m}{V_f \rho_f} \tag{3-74}$$

【例 3-2】 请按图 3-4（a）所示的结构形式讨论中性面以上任一楼层内有毒气体浓度的计算。设竖井内 CO 的含量（体积分数）为 1%，外界空气温度 $t_{out}=-18$ ℃，竖井内气体温度 $t_{in}=93$ ℃，某楼层在中性面以上的高度 $Z=18.3$ m，该层内气体温度 $t_f=21$ ℃，竖井与房间的开口面积 $A_s=0.186$ m^2，房间与外界之间的开口面积 $A_a=0.279$ m^2，该层容积 $V_f=561$ m^3，求该楼层内的 CO 浓度。

【解】 气体密度由理想气体定律计算，设 p 是大气压力（101325 Pa），气体常数 $R=287.0$ J/(kg·K)，可得密度 $\rho_s=0.964$ kg/m^3，$\rho_f=1.20$ kg/m^3。根据式（3-70）可算出 $A_c=0.160$ m^2，由式（3-71）可得 $\Delta p=0.75$ Pa，由式（3-72）可得 $m=1.25$ kg/s，由式（3-74）可得 $\lambda=0.1831$ s^{-1}。

该楼层内 C_{CO}随时间的变化由式（3-73）计算，部分结果如表 3-2 所示。

表 3-2 有毒气体含量计算结果

时间/min	C_{CO}	C_{CO}（平均）	时间/min	C_{CO}	C_{CO}（平均）	时间/min	C_{CO}	C_{CO}（平均）
0	0	0	8	5851×10^{-6}	5341	16	8279×10^{-6}	8067
2	1974×10^{-6}	987×10^{-6}	10	6670×10^{-6}	6261×10^{-6}	18	8618×10^{-6}	8449×10^{-6}
4	3559×10^{-6}	2767×10^{-6}	12	7328×10^{-6}	6999×10^{-6}	20	8891×10^{-6}	8755×10^{-6}
6	4830×10^{-6}	4195×10^{-6}	14	7855×10^{-6}	7919×10^{-6}			

3.4 烟气流动预测模型

烟气生成速率的计算是进行排烟量计算和风机选型的基础。烟气的生成速率受火灾规模、平均火焰高度、材料特性和建筑空间特性等诸多因素的影响。在一定的建筑空间和火灾规模条件下，烟气生成速率主要取决于烟羽流的质量流量。烟羽流的生成速率由可燃物的质量损失速率、燃烧所需的空气量及上升过程中卷吸的空气量三部分决定。其中，可燃物的质量损失速率和燃烧所需的空气量是一定的，因此，在一定高度上烟羽流的生成速率主要取决于烟羽流对周围空气的卷吸能力。一般情况下，卷吸进羽流的空气量远远超过燃烧产物量，因此，烟气主要由空气组成。由于燃烧产物和空气相比数量很小，在计算烟气生成速率时可以忽略。烟气生产速率因素构成如图 3-19 所示。

火灾烟气生成速率的计算一般都基于一定的羽流模型，下面分别予以简要介绍。

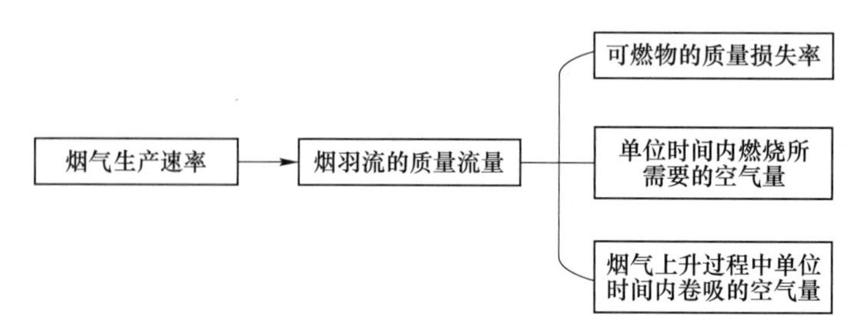

图 3-19 烟气生产速率因素构成

3.4.1 NFPA92B 的羽流模型

美国消防协会发布的《商业街、中庭及大空间烟气控制系统设计指南》（NFPA92B）中推荐的火灾烟气生成速率计算式为：

$$m = 0.071Q_c^{\frac{1}{3}}Z^{\frac{5}{3}} + 0.0018Q_c \qquad (Z > Z_1) \tag{3-75}$$

式中 m——在羽流的 Z 高度处烟气的产生速率，kg/s；

Q_c——火源热释放率中的对流换热部分，kW，通常 $0.6Q \leqslant Q_c \leqslant 0.8Q$，一般可取 $Q_c = 0.7Q$，Q 为火源热释放率（适用于液体池火和其他表面火，固体深位火灾等除外）；

Z——烟气层界面至可燃物表面的垂直高度 m，在一般情况下不计可燃物表面至地面的高度，故 Z 也可认为是烟气层界面至地面的垂直高度，用于人员疏散时，这里的地面是指疏散走道的地面；

Z_1——火焰的极限高度，m，按下式计算：

$$Z_1 = 0.166Q_c^{\frac{2}{5}} \tag{3-76}$$

式（3-75）由下式演变而来：

$$m = C_1Q_c^{\frac{1}{3}}(Z - Z_0)^{\frac{5}{3}}[1 + C_2Q_c^{\frac{2}{3}}(Z - Z_0)^{-\frac{5}{3}}] \tag{3-77}$$

$$Z_0 = 0.083Q_c^{\frac{2}{5}} - 1.02D \tag{3-78}$$

式中 D——火源的当量直径，m；

C_1——常数，取 0.071；

C_2——常数，取 0.026；

Z——羽流计算点离可燃物表面的垂直高度，m，通常把烟气层界面离疏散地面的高度作为计算点；

Z_0——从可燃物表面至虚点火源的垂直高度，m，虚点火源的位置如图 3-20 所示。

若虚点火源位于可燃物表面的上方时 Z_0 为正值，若虚点火源位于可燃物表面的下方时 Z_0 为负值。

将 $C_1=0.071$、$C_2=0.026$ 代入式（3-77）：

$$\begin{aligned} m &= 0.071Q_c^{\frac{1}{3}}(Z - Z_0)^{\frac{5}{3}} + 0.071Q_c^{\frac{1}{3}}(Z - Z_0)^{\frac{5}{3}} \times 0.026Q_c^{\frac{2}{3}}(Z - Z_0)^{-\frac{5}{3}} \\ &= 0.071Q_c^{\frac{1}{3}}(Z - Z_0)^{\frac{5}{3}} + 0.0018Q_c \end{aligned} \tag{3-79}$$

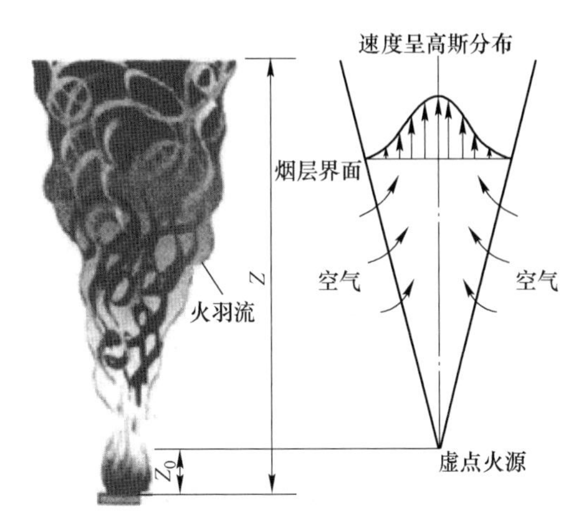

图 3-20 理想化羽流的虚点火源

因一般建筑火灾的 Z_0 值很小，可略去不计，则式（3-79）简化为式（3-75），即

$$m = 0.071Q_c^{\frac{1}{3}}Z^{\frac{5}{3}} + 0.0018Q_c$$

式（3-75）的适用条件如下。

（1）小面积火源的轴对称羽流（火源在房间中部）。

（2）烟气层界面高度 Z 大于火源极限高度。

（3）烟气层界面在火源上方较远处，而且烟气层界面高度 Z 大于火源当量直径的 5 倍。

当 $Z=Z_1$ 时，轴对称羽流在高度 Z 处的烟气的生产速率按下式计算：

$$m = 0.035Q_c \tag{3-80}$$

当 $Z<Z_1$ 时，轴对称羽流在高度 Z 处的烟气的生产速率按下式计算：

$$m = 0.032Q_c^{\frac{3}{5}}Z \tag{3-81}$$

另外，NFPA92B 还给出了预测烟气分层的高度 H 的计算公式：

$$H = 15.5Q_c^{\frac{2}{5}}t^{-\frac{3}{5}} \tag{3-82}$$

式中 H——火场上方可能发生烟气分层的高度，m；

Q_c——火源热释放率中的对流换热部分，kW；

t——火源周围环境空气温度与中庭顶部空气的温差，℃，取 10~15 ℃。

3.4.2 Thomas-Hinkley 羽流模型

Thomas 和 Hinkley 等人在大量试验和理论研究的基础上，提出大面积火源轴对称羽流的烟气生成速率的计算公式（3-83），该式在英国获得广泛使用。

$$m = C_eP_fY^{\frac{3}{2}} \tag{3-83}$$

式中 m——大面积火源轴对称羽流的烟气生产速率，kg/s；

C_e——烟的质量流量系数，kg/(s · $m^{5/2}$)，当顶棚高度远离火源时，C_e = 0.188 kg/(s · $m^{5/2}$)；火源发生在很大房间，当顶棚高度接近火焰表面时，

$C_e=0.21\ kg/(s\cdot m^{5/2})$；火源发生在小房间，并靠近房间开口时，$C_e=0.34\ kg/(s\cdot m^{5/2})$；

P_f——火源的周界长度，m；

Y——烟气层界面离地高度，m。

式（3-83）在运用时，火源的单位面积热释放率应在200~750 kW/m²的范围内，而且烟气层界面高度应小于2.5倍的火源周界长度P_f，这些条件下，烟气生成速率较为与试验相符。

式（3-83）由下式演变而来：

$$m=0.096P_f\rho_0Y^{\frac{3}{2}}(gT_0/T_f)^{\frac{1}{2}} \tag{3-84}$$

式中 m——火羽流在Y高度处的烟气生产速率，kg/s；

P_f——火源的周界长度，m；

ρ_0——周围空气的密度，kg/m³，取环境温度17 ℃时，$\rho_0=1.22\ kg/m^3$；

Y——烟气层界面离火源可燃物燃烧面的垂直高度，m，当不计可燃物表面至地面的高度时，Y也常称为“烟气层界面离地高度”；

g——重力加速度，m/s²；

T_0——周围环境空气的热力学温度，K，取$T_0=290$ K；

T_f——羽流中心火焰的热力学温度，K。

如令$\rho_0=1.22\ kg/m^3$，$T_0=290$ K，$T_f=1100$ K，$g=9.81\ m/s^2$，式（3-84）便可简化为：

$$m=0.188P_fY^{\frac{3}{2}} \tag{3-85}$$

当把0.188作为常数时，以符号C_e表示，则式（3-85）简化为式（3-83），即

$$m=C_eP_fY^{\frac{3}{2}}$$

按照以上公式计算得到的烟气生成率m，均为质量生成率（kg/s）。为方便确定排烟量，还应换算为体积生成率（m³/s），其换算式如下：

$$V=mT/(\rho_0T_0) \tag{3-86}$$

式中 V——烟气的体积生成率，m³/s；

m——烟气的质量生成率，kg/s；

ρ_0——环境温度下空气的密度，kg/m³，取$\rho_0=1.22\ kg/m^3$；

T_0——环境的平均温度，K，取$T_0=293$ K；

T——计算点高处的烟气平均温度，K。

$$T=\Delta T+T_0 \tag{3-87}$$

式中 ΔT——烟气平均温度与环境温度的差，K。

$$\Delta T=Q_c/(mc_p) \tag{3-88}$$

式中 Q_c——火源热释放率中的对流换热部分，kW；

m——烟气的质量生成率，kg/s；

c_p——烟气的比定压热容，kJ/(kg·K)，取1.02 kJ/(kg·K)。

此外，利用Hinkley计算公式推导出的、用以计算烟气层界面下降至离地Y高度时所

需时间的计算式，由于计算便捷，常用来作为控制疏散时间的依据。只有计算的人员疏散所需时间小于烟气层界面下降至离地 Y 高度时所需时间，疏散才是安全的。该计算公式如下：

$$t = 20 \times \frac{A}{P_f\sqrt{g}}\left(\frac{1}{\sqrt{Y}} - \frac{1}{\sqrt{H}}\right) \tag{3-89}$$

式中 t——烟气层界面下降至离地 Y 高度时所需时间，s；

P_f——火源的周界长度，m，圆形火源按火源当量直径 D 计算，矩形火源取四边长之和；

Y——预计的烟气层距离疏散地面的垂直高度，m，一般以最小清晰高度作为 Y 值，故：

$$Y = 1.6 + 0.1(H - h) \tag{3-90}$$

式中 H——顶棚至火源面的垂直高度，m；

h——疏散地面至火源面的垂直高度，m。

$0.1(H-h)$——考虑烟气对空气的污染等因素所取的安全裕度。

通常，疏散地面与室内地面的标高相同，不计火源的高度，故：

$$Y = 1.6 + 0.1H \tag{3-91}$$

式中 H——排烟空间的建筑高度，m。

圆形火源按火源当量直径 D 计算。

$$D = 2\left(\frac{Q}{\pi q}\right)^{\frac{1}{2}} \tag{3-92}$$

式中 D——火源直径当量，m；

Q——火源的热释放率，kW；

π——圆周率，取 3.14 计算；

q——火源单位面积的热释放率，kW/m^2，应在 200~750 kW/m^{2}取值，当限制可燃物时取小值，不限制时取大值。

采用 Hinkley 计算烟气层下降至离地 Y 高度的时间，使用起来非常方便，比用 NFPA92B 推荐的计算式计算起来更简单。NFPA92B 法需取时间步长，用反复计算的方法求得烟气层的增加厚度，一直计算到烟气层预期的高度，得到最终的时间。

所有计算火灾烟气生成速率的计算式，都是由烟羽流对空气的卷吸量推导而得的，尽管各计算式的试验条件不一定相同，使用范围也不完全一样，但计算式中影响烟气生成量的因素均有三个，即：火源热释放率 Q，烟气层界面高度 Z 或 Y，烟羽流流动的空间环境条件。

（1）火源热释放率是推动火羽流升腾的动力。火羽流升腾越高，卷吸空气量越多，烟气生成速率越大，所以火源热释放率与烟气生成速率成正比关系。有的计算式直接用热释放率计算，有的计算式则不用热释放率来反映火源的热特性，而采用火源的线性尺寸（如火源圆周长度）来反映，但它仍然反映了火源功率增长对烟气生成速率的影响。

（2）烟气层界面高度 Z（或 Y）也是影响烟气生成速率的重要因素。在受限空间内发生火灾时，只要不发生烟气大量流失，烟气层界面高度总会随时间推移而下降，最终将火羽流和火焰淹没。烟气层界面的下降，会使火羽流浸没在烟气层中，由于火羽流在空气中升腾的路径减小，卷吸的空气量也随之减小，因此，烟气层界面高度的下降，会导致火羽流的烟气生成速率减小。在所有烟气生成速率计算公式中，烟气层界面高度的下降都是使烟气生成速率减小和制约体系产烟的活跃因素。

（3）火羽流流动的环境空间条件是指火源发生在大空间、小空间或发生在大空间中部，羽流是轴对称型；火源发生在大空间靠墙、靠角时，羽流是不对称的，影响了羽流对空气的卷吸，也影响烟气生成速率。所以墙羽流、角羽流的产烟量显然小于轴对称羽流。但是当火源发生在靠近房间开口处时，由于火风压作用，会使羽流有条件卷吸更多空气而加大产烟量。

在运用各公式时应注意火灾部位的空间环境、火源特性、烟气层界面高度等与公式的设定条件是否接近。火源热释放率和烟气层界面高度对产烟体系的影响，取决于两者的相对变化率。通常所称“烟气层界面离地高度”，是把燃料高度略去不计，在多数情况下不会有差错。但当燃料有较大堆高时，应考虑燃料高度对烟气生成速率的影响。发生火灾人员疏散时，常用烟气层界面高度预测烟层下降时间对人员疏散安全的影响。这时应注意，在决定烟气层临界高度时，应考虑疏散走道与火源燃烧面的相对高程差对疏散安全的影响。

【例 3-3】 图 3-21 是一座展览中心的大小展厅的横剖面示意图。该展厅仅是展览中心的一部分，其纵向长度为 195 m，横向宽度为 72 m，由设在中部的凌空设备廊道分隔为大展厅和小展厅。设备廊道为钢筋混凝土结构，由钢筋混凝土柱支持。设备廊道既是空调设备和供配电设备安装的空间，也是屋面钢结构的生根部位。设备廊道纵向长 195 m，横向宽 6 m，地面离展厅地面高度为 6 m。设备廊道底面用不燃烧材料装修，用以安装空调管道。装修吊顶底面离地面高度为 3. 5 m。设定展厅的火焰为轴对称羽流，火源热释放率为 7400 kW，单位面积热释放率为 500 kW/m^2。

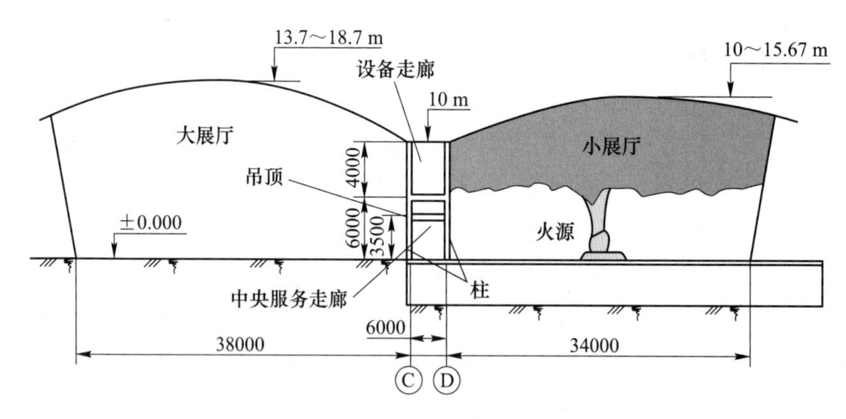

图 3-21　某展览中心的大小展厅的横剖面示意图（mm）

【解】 由于小展厅相对于大展厅容烟能力低，故以小展厅火灾为例，说明烟气生成速率计算式的应用。

$$Y = 1.6 + 0.1(H - h)$$

式中　Y——烟气层界面的临界高度，m，是从烟气层界面至离火源可燃物燃烧面的垂直高度，当不计可燃物表面至地面的高度时，也是烟气层界面离地的垂直高度；

H——小展厅钢屋架屋面至火源面的垂直高度，m，本例不计可燃物高度，故 H 为屋面至地面的高度，取 $H=12.8$ m；

h——疏散走道离火源面的垂直高度，m，本例的走道与地面平齐，可不计火源燃烧面的高度，故 $h=0$。

则　　$$Y = 1.6 + 0.1(H - h) = (1.6 + 0.1 \times 12.8)\,\text{m} = 2.88\ \text{m}$$

取　$Y=3$ m。

已知火源热释放率 7400 kW 及单位面积热释放率 500 kW/m²，求火源的当量直径 D。

$$D = 2\left(\frac{Q}{\pi q}\right)^{\frac{1}{2}}$$

式中　D——火源当量直径，m；

Q——火源的热释放率，kW，取 $Q=7400$ kW；

π——圆周率，取 3.14；

q——火源单位面积的热释放率，kW/m²，取 $q=500$ kW/m²。

故：$$D = 2\left(\frac{Q}{\pi q}\right)^{\frac{1}{2}} = 2\left(\frac{7400}{3.14 \times 500}\right)^{\frac{1}{2}}\text{m} = 4.34\ \text{m}$$

已知 $Y=3$ m、$D=4.34$ m，故 $Y<2.5P_f$。所以采用 Hinkley 公式计算烟气层界面下降至临界高度时所需时间 t。

$$t = 20 \times \frac{A}{P_f\sqrt{g}}\left(\frac{1}{\sqrt{Y}} - \frac{1}{\sqrt{H}}\right)$$

式中　A——小展厅地面面积，m²，取 $A=6780$ m²；

P_f——火源的周界长度，m，因火源的热释放率为 7400 kW 时，其火源当量直径为 4.34 m，故其圆形火源周界长度为 13.63 m；

Y——预计烟气层界面的临界高度，m，取 $Y=3$ m；

H——钢结构屋面的平均高度，m，取 $H=12.8$ m；

g——重力加速度，m/s²，取 $g=9.81$ m/s²。

$$t = \left[20 \times \frac{6780}{13.63 \times \sqrt{9.81}} \times \left(\frac{1}{\sqrt{3}} - \frac{1}{\sqrt{12.8}}\right)\right]\text{s} = 943\ \text{s}$$

计算表明，烟气层界面下降至临界高度的时间为 943 s，而模拟计算的小展厅人员疏散完成时间为 657 s，因此人员可安全疏散。

还可以利用 Hinkley 关于轴对称型羽流烟气生成计算公式，确定该展厅需要的最小排烟量 m：

$$m = 0.188P_fY^{\frac{3}{2}}$$

已知 $P_f=13.63$ m（因 $D=4.34$ m），设定 $Y=4$ m。因需要将烟气层界面高度维持在离地 4 m 的高度，使机械排烟系统工作时烟气层界面不低于设备廊道的吊顶高度，以防止烟气层界面低于设备廊道底部而侵入隔离带进入大展厅，保证人员安全。故：

$$m = 0.188P_fY^{\frac{3}{2}} = (0.188 \times 13.63 \times 4^{\frac{3}{2}})\,\text{kg} = 20.5\ \text{kg/s}$$

按 NFPA93B 计算得到的烟气的生成率为 21.7 kg/s，与本式计算结果相近。将烟气的质量生成量按下式换算为体积生成率：

$$V = mT/(\rho_0 T_0)$$

已知：

$$m = 20.5\ \mathrm{kg/s}$$

$$\rho_0 = 1.22\ \mathrm{kg/m^3}$$

$$T_0 = 293\ \mathrm{K}$$

因

$$T = \Delta T + T_0$$

$$\Delta T = Q_c/(mc_p)$$

$$c_p = 1.02\ \mathrm{kJ/(kg \cdot K)}$$

$$\Delta T = [5180/(20.5 \times 1.02)]\ \mathrm{K} = 247.7\ \mathrm{K}$$

故：

$$T = \Delta T + T_0 = (247.7 + 293)\ \mathrm{K} = 541\ \mathrm{K}$$

将 m、ρ_0、T_0、T 代入：

$$V = mT/(\rho_0 T_0) = \frac{20.5 \times 541}{1.22 \times 293}\ \mathrm{m^3/s} = 31\ \mathrm{m^3/s}$$

进行烟气生成速率的计算应当明确以下 3 点。

（1）每秒烟气增量，仅指火源的火羽流在计算条件下卷吸空气的烟气增量。

（2）火源的热释放率或火源周界长度能被控制而不增长。

（3）烟气层界面高度保持 4 m 不变，在此之前蓄烟池中的烟气不发生流失。

在上述三个条件下，如果能及时启动排烟设施，保证排烟设施的排烟量不小于 31 $\mathrm{m^3/s}$ 时，烟气层界面高度在理论上是不会下降至低于 4 m 的高度的。在这里必须有措施能保证火源热释放率或火源面积能被控制在计算条件之下，而且这些措施能在不迟于排烟风机启动之前产生作用。例如本例中取用的火源周界长度 P_f 是按火灾增长系数 $a = 0.08241$ 和火灾持续时间 300 s 时的火源热释放率 7400 kW 及单位面积热释放率 500 $\mathrm{kW/m^2}$ 计算得到的，只有火源特征参数 Q_c 或 P_f 保持不变，排烟风机才能保证烟气层界面高度不低于 4 m 的高度。

当需要保持的烟气层界面高度越高时，由于火羽流与空气的接触面大，卷吸的空气量多，火羽流的每秒烟气增量就大。例如，在本例中，若要维持烟气层界面高度为 6 m，其排烟量为 37.6 kg/s 或 45 $\mathrm{m^3/s}$。这就表明，当火源特征参数 Q_c 或 P_f 保持不变，烟气层界面越高，维持这一高度所需的排烟量越大；反之，越小。

计算出的烟气生成率数值，是指计算条件下火羽流柱的烟气生成量，当把它作为排烟量时，还应考虑排烟空间的具体环境和灭火设施的启动对烟气增量的影响而予以修正。

（1）烟气生成量公式中只考虑了火羽流的卷吸成烟量。然而顶棚射流和热烟流动时仍然要卷吸空气生成一定的烟，因此实际的烟气增量比计算略大。

（2）建筑蓄烟池可能发生漏烟；排烟风机也可能提前启动，这些都能使烟气流失，延缓烟气层界面下降到预定高度的时间，影响预期的烟气增量。

（3）灭火设备也可能不按预定时间启动，或启动后不能将火势控制在预期的目标值上，促使烟气增量的增大。

（4）排烟管道的漏风量。对于一个系统为两个或两个以上防烟分区服务的排烟风机，按最大一个防烟分区每平方米不小于 120 m^3/h 计算排烟量，已考虑了长管道的漏风损失；但对负担一个防烟分区排烟的排烟风机的排烟量则没有考虑管道漏风损失。

因此，要准确计算出烟气的生成量，应根据实际情况，综合考虑上述因素，对模型进行修正。

3.5 烟气控制的方式

烟气控制的主要目的是在建筑物内创造无烟或烟气含量极低的疏散通道或安全区。烟气控制的实质是控制烟气合理流动，也就是使烟气不流向疏散通道、安全区和非着火区，而向室外流动。

控制烟气有“防烟”和“排烟”两种方式。“防烟”是防止烟的进入，是被动的；相反，“排烟”是积极改变烟的流向，使之排出户外，是主动的，两者互为补充。防烟措施主要有两种：（1）限制烟气的产生量；（2）设置机械加压送风防烟系统。烟气控制的具体方式有隔断或阻挡、自然排烟、机械防烟、机械排烟、空气流、非火源区的烟气稀释等。排烟措施主要有两种：（1）充分利用建筑物的结构进行自然排烟；（2）利用机械装置进行机械排烟。其中，机械加压送风防烟系统和机械排烟系统均需要通过管道送风和排风。一个设计优良的机械排烟系统在火灾中能排出 80%的热量，使火灾温度大大降低，对人员安全疏散和灭火起到重要作用。因而防排烟系统的管路设计非常重要，设计适当才能在火灾发生时起重要作用，最大限度地减少人员伤亡和财产损失。防排烟系统的管路设计主要涉及风道的设计计算、风道中流动阻力计算、正压风道均匀送风设计、风道压力分布规律等。

3.5.1 隔断或阻挡

隔断或阻挡防烟是指在烟气扩散流动的路线上设置某些耐火性能好的构件（如隔墙、隔板、楼板、梁、挡烟垂壁等）把烟气阻挡在某些限定区域，不让它流到可对人对物产生危害的地方。这种方法适用于建筑物与起火区没有开口、缝隙和漏洞的区域。

3.5.1.1 挡烟垂壁分类

挡烟垂壁是指安装在吊顶或楼板下或隐藏在吊顶内，火灾时能够阻止烟和热气体水平流动的垂直分隔物。挡烟垂壁主要用来划分防烟分区，由夹丝玻璃、不锈钢、挡烟布、铝合金等不燃材料制成，并配以电控装置。挡烟垂壁按活动方式可分为卷帘式挡烟垂壁和翻板式挡烟垂壁。挡烟垂壁常常设置在烟气扩散流动路线上烟气控制区域的分界处，有时也在同一防烟分区内采用，以便和排烟设备配合进行更有效的排烟。根据挡烟垂壁的材质不同可将常用的挡烟垂壁分为以下几种。

（1）高温夹丝防火玻璃型。高温夹丝防火玻璃又称安全玻璃，玻璃中间镶有钢丝。在欧美国家，夹丝玻璃在挡烟垂壁上得到了广泛的运用，它的一个最大的特点就是遇到外力冲击破碎时，破碎的玻璃不会脱落或整个塌下而伤人，因而具有很强的安全性。

（2）单片防火玻璃型。单片防火玻璃是一种单层玻璃构造的防火玻璃。在一定的时间内能保持耐火完整性、阻断迎火面的明火及有毒、有害气体，但不具备隔温绝热功效。单片防火玻璃型挡烟垂壁一个最大的特点就是美观，其广泛地使用在人流、物流不大，但对装饰的要求很高的场所，如高档酒店、会议中心、文化中心、高档写字楼等，其缺点就是挡烟垂壁遇到外力冲击发生意外时，整个挡烟垂壁会发生垮塌击伤或击毁下方的人员或设备。图 3-22 为玻璃挡烟垂壁。

图 3-22　玻璃挡烟垂壁

（3）双层夹胶玻璃型。夹胶防火玻璃型是综合了单片防火玻璃型和高温夹丝防火玻璃型的优点的一种挡烟垂壁。它是由两层单片防火玻璃中间夹一层无机防火胶制成的。它既有单片防火玻璃型的美观度又有高温夹丝防火玻璃型的安全性，是一种比较完美的固定式挡烟垂壁，但其造价较高。

（4）板型挡烟垂壁。板型挡烟垂壁用涂碳金钢砂板等不燃材料制成。板型挡烟垂壁造价低，使用范围主要是车间、地下车库、设备间等对美观要求较低的场所，如图 3-23 所示。

图 3-23　板型挡烟垂壁

（5）挡烟布型挡烟垂壁。挡烟布是以耐高温玻璃纤维布为基材，经有机硅橡胶压延或刮涂而成，是种高性能，多用途的复合材料。挡烟布型挡烟垂壁（见图 3-24）的使用场所和板型挡烟垂壁的场所基本相同，价格也基本相同。

图 3-24　挡烟布型挡烟垂壁

挡烟垂壁的命名采用如图 3-25 所示方法。

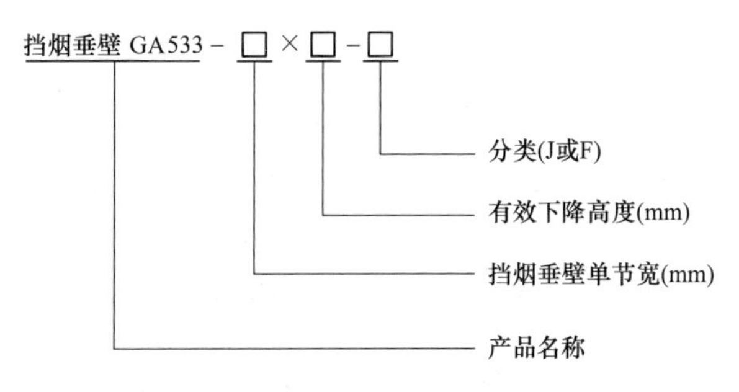

图 3-25　挡烟垂壁的命名

其中卷帘式挡烟垂壁以符号 J 表示，翻板式挡烟垂壁以符号 F 表示。

挡烟垂壁的有效下降高度应不小于 500 mm，卷帘式挡烟垂壁的单节宽度应不大于 6000 mm，翻板式挡烟垂壁的单节宽度应不大于 2400 mm。

【示例 3-1】 挡烟垂壁 GA 533-4000 mm×600 mm-J

表示符合 GA 533 要求，单节宽度为 4000 mm，有效下降高度为 600 mm 的卷帘式挡烟垂壁。

【示例 3-2】 挡烟垂壁 GA 533-2400 mm×500 mm-F

表示符合 GA 533 要求，单节宽度为 2400 mm，有效下降高度为 500 mm 的翻板式挡烟垂壁。

3.5.1.2　挡烟垂壁设计原理

挡烟垂壁从顶棚向下的下垂高度 h_0 一般距顶棚面要在 50 cm 以上，称为有效高度。当室内发生火灾时，所产生的烟气由于浮力作用而聚集在顶棚下面，随时间的推移，烟层越来越厚。当烟层厚度小于挡烟垂壁的有效高度 h_0，烟气就被阻挡在垂壁和墙壁所包围的区域内而不能向外扩散，如图 3-26（a）所示。有时，即使烟层厚度小于挡烟垂壁的有效高

度 h_0，当烟气流动高于一定速度时，由于反浮力壁面射流的形成，烟层可能克服浮力作用而越过挡烟垂壁的下缘继续水平扩散。当挡烟垂壁的有效高度 h_0小于烟气层厚度 h 或小于烟气层厚度 h 与其下降高度Δh 之和时，挡烟垂壁防烟失效，如图 3-26（b）所示。

烟气流动的动能与所克服的浮力有如下关系：

$$\frac{\rho_y v_y^2}{2} \geqslant (\rho_k - \rho_y) g \Delta h \tag{3-93}$$

式中　v_y——烟气水平流动的速度，m/s；

ρ_y——烟气的密度，kg/m^3；

ρ_k——空气的密度，kg/m^3；

Δh——烟气层下降的高度，m。

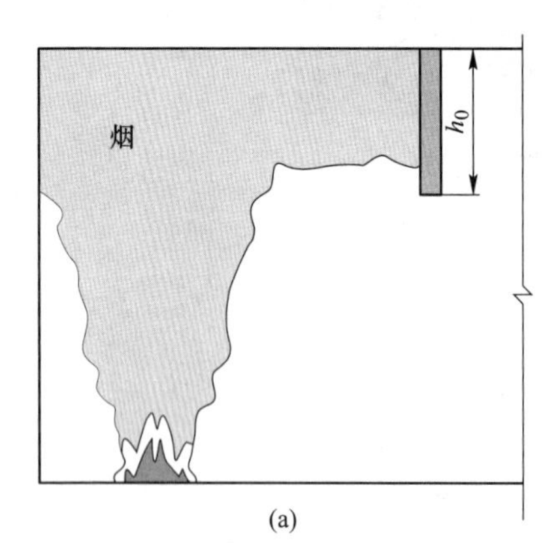

(a)

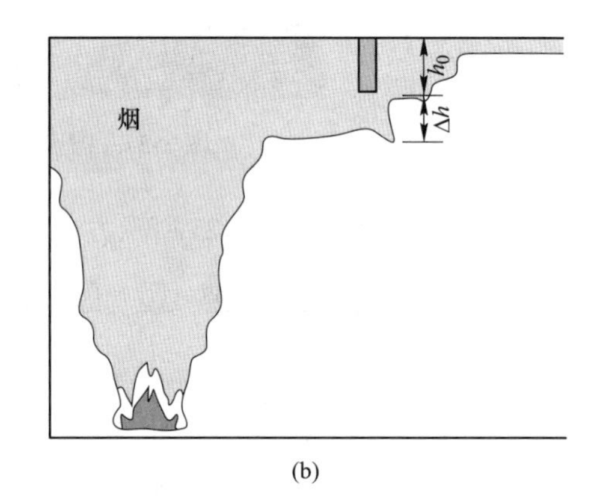

(b)

图 3-26　挡烟垂壁的作用机理

烟气层的下降高度 Δh 与烟气的温度有很大关系，由式（3-93）可以看出，在相同的流速下，烟气温度越低，烟气下降的高度越大。当挡烟垂壁的有效高度小于烟气层厚度 h 及其下降高度 Δh 时，其防烟是无效的，故挡烟分隔体凸出顶棚的高度应尽可能大。

3.5.2　自然排烟

这种方式利用墙面、天花板、中庭或天井顶部的开口让烟由风管或直接排出建筑物外。此开口平常时可由挡板控制开或关，遇有火灾时则自动或人工手动开启，以将室内的烟排出。图 3-27 为自然排烟图示。

自然排烟设计时，经常配合其他烟控方法将烟排出，与挡烟垂壁的设置配合、储烟区的规划等，以此对烟作更有效地控制。另外，若在进入楼梯间前设置前室，且其墙壁是外墙的话，则可于外墙上设排烟口，使欲进入楼梯间的烟，能在楼梯间前室就自然排出，以保持楼梯间为无烟状态，让人顺利逃生。

图 3-28 是利用可开启的外窗进行排烟，如果外窗不能开启或无外窗，可以专设排烟口进行自然排烟。专设的排烟口也可以是外窗的一部分，但它在火灾时可以人工开启或自动开启。开启的方式也有多样，如可以绕一侧轴转动，或绕中轴转动等。

自然排烟的优点是：构造简单、经济，不需要专门的排烟设备及动力设施；运行维修费用低，排烟口可以兼做平时通风换气使用，避免设备的闲置；对于顶棚较高的房间（中

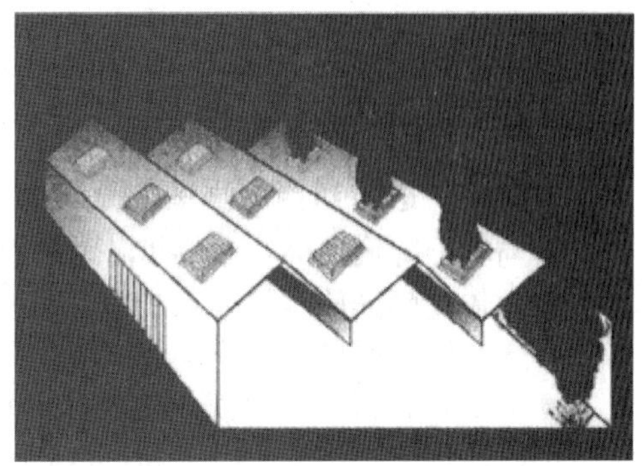

图 3-27 自然排烟图示

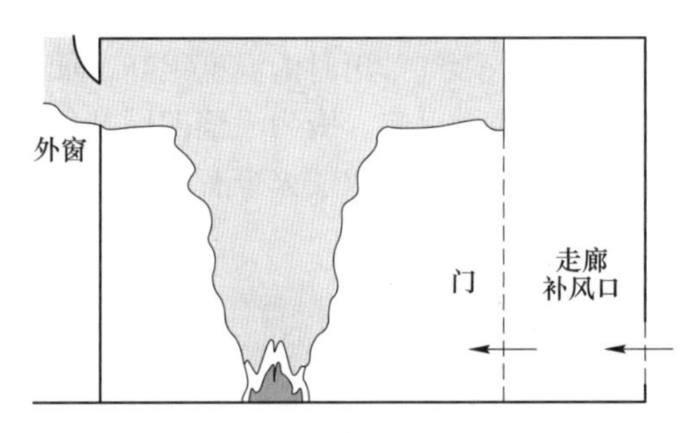

图 3-28 窗户自然排烟的典型现象

庭)，若在顶棚上开设排烟口，自然排烟的效果很好。其缺点是：排烟的效果不稳定；对建筑设计的制约；存在着火灾通过排烟口向紧邻上层蔓延的危险性等。

3.5.2.1 自然排烟的效果不稳定

由于自然排烟是利用热烟气的浮力作用、室内外温差引起的热压作用和外部风力作用，而这些因素本身又是不稳定的，譬如火灾时烟气温度随时间发生变化、室外风向和风速随季节变化、高层建筑的热压作用随季节发生变化等，这就导致自然排烟的效果不稳定。特别是排烟口设置在建筑物的迎风面时，不仅排烟效果大大降低，还可能出现烟气倒灌现象，并使烟气扩散蔓延到未着火的区域，如图 3-29 所示。

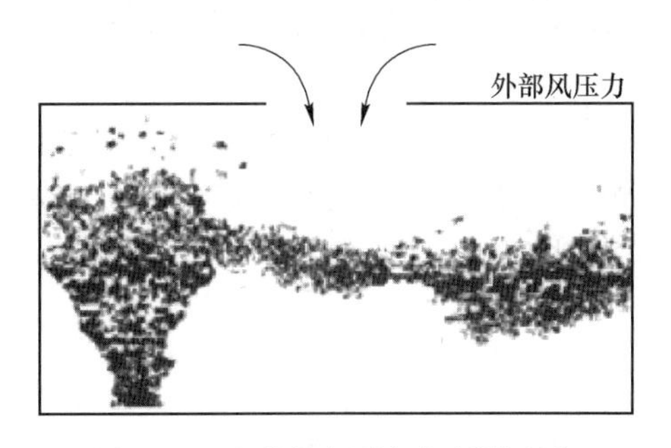

图 3-29 自然排烟时烟气倒灌现象

3.5.2.2 对建筑设计的制约

由于自然排烟是通过外墙或顶棚上的外窗或专用的排烟口将烟气直接排至室外，所以需要排烟的房间必须靠室外，而且房间的进深不能太大，且排烟口还需要一定的开窗面积。这样，即使有明确要求作分隔的房间，也必须设置外窗或排烟口，所以带来诸如隔声、防尘、防雨等问题。

由于自然排烟是依靠浮力通过可开启的外窗、排烟竖井将烟气排出，这就要求烟气流动距离不能太长，以免浮力降低，导致烟气滞留室内。

另外，建筑排烟使用自然排烟方式时，其设置高度是个必须考虑的问题。随着烟气的上升，其浮力下降后，出现“层化现象”，这将不利于排烟。因此，我国规定可以采用自然排烟的中庭的最大高度是 12 m。但目前关于自然排烟的最大高度还没有形成统一的认识，例如，日本对自然排烟没有限定高度，关于自然排烟系统的设计使用也未限定高度。

3.5.2.3 存在火势蔓延至上层的可能性

由外窗或排烟口向外排烟时，当烟气排出时的温度很高，如果烟气中含有大量未燃尽的可燃物质，则烟气排至室外后会形成火焰。因为火焰四周补气条件不同，靠近外墙面的火焰内侧，空气得不到补充，造成负压区，致使火焰有扑向墙壁面的贴壁现象，如图 3-30 所示。

图 3-30 烟气贴壁现象

此外，起火建筑物从外墙口喷出的热烟气和火焰，能通过辐射把火灾传播给相当距离内的相邻建筑。因此在建筑物之间设置防火间距，主要是为了避免热辐射对相邻建筑产业威胁。

3.5.2.4 补风的影响

自然排烟系统有效性的前提条件之一就是要确保充分的补风量。排烟口打开后，以可靠的方式迅速进风是必需的。排烟过程是烟气与空气的对流置换过程，从理论上讲，自然排烟系统的进、出空气量一样，该系统才是正常的系统。补风最简单的办法是通过直接通向外部的开口，例如敞开的门或窗户；从实用的角度看，进风口可设计成下述的任一种或几种组合的方式。

（1）利用邻近的非着火区域的进风口向着火区域自然送风。

（2）在着火区域的下部空间开设入风口，使其与上部的排烟口实现气流循环。

（3）在建筑的相关部位设置若干可在火灾中自动开启的门，以保证外部新鲜空气的流入。

为了能达到建筑排烟系统的设计功能，需要在低水平位置有大量的新鲜空气进口。目前国内外还没有关于补风口面积的具体规定。有试验结果表明，当上部热层温度高于环境温度 400 ℃时，进风与排烟面积比为 1∶1，排烟流量可达到预定流量的 80%；面积比为 2∶1 时可达到 90%。当上部热层温度相对较低时，例如高于环境温度 200 ℃，如果进风与排烟面积比为 1∶1，可达到预定排烟流量的 70%，面积比为 2∶1 时则可达到 90%。

另外，在实际火灾情况中，可以用于补风的开口在发生火灾时通常不能全部用于补风，往往被疏散人流或门窗堵塞，所以在设定自然排烟的自然补风面积时，应注意，用于补风的开口总面积不应小于自然排烟口面积。

3.5.3 加压防烟

加压防烟是采用强制性送风的方法，使疏散路线和避难所空间维持一定的正压值，防止烟气进入的一种方式。即在建筑物发生火灾时，对着火区以外的走廊、楼梯间等疏散通道或避难场所进行加压送风，使其保持一定的正压，以防止烟气侵入。此时着火区应处于负压，着火区开口部位必须保持如图 3-31 所示的压力分布，即开口部位不出现中性面，开口部位上缘内侧压力的最大值不能超过外侧加压疏散通道的压力。

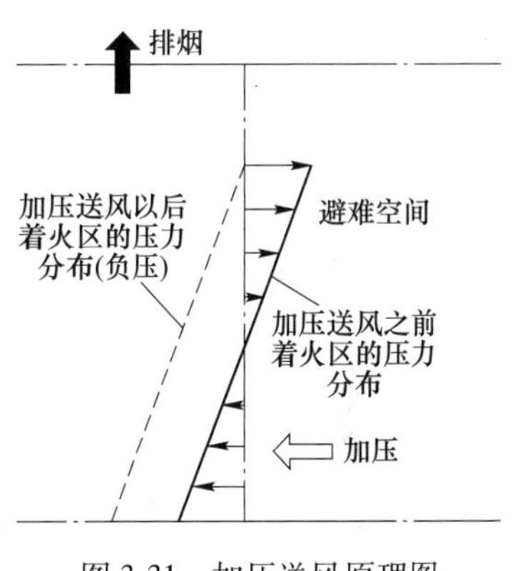

图 3-31　加压送风原理图

加压送风防烟主要有两种机理：一种是使用风机可在防烟分隔物的两侧造成压力差从而抑制烟气；另一种是直接利用空气流阻挡烟气。

加压送风采用的主要方式有两种：当建筑物某墙上的门关闭时，假设门的左侧是疏散通道或避难区，通过风机可使该侧形成一定的正压，以阻止门右侧的热烟气通过各种建筑缝隙（诸如建筑结构缝隙、门缝等）侵入到正压侧［见图 3-32（a）］；若门开放着时，空气以一定风速从门洞流过以烟气进入疏散通道或避难区，如图 3-32（b）所示。

在挡烟物两边形成一定的压差称为加压。加压的结果是使空气在门缝和建筑结构缝隙中正向流动，从而阻止热烟气通过这些缝隙逆向蔓延。实际上，对有较大开口的挡烟物而言，在设计计算和验收试验过程中，空气流速都是很容易控制的物理量。而当挡烟物只有很小的缝隙时，在实际过程中要想确定缝隙中的空气流速是十分困难的，在这种情况下选择压差作为烟气控制的设计参数则相当方便。因此在不同情况下，对上述两个原则应作单独考虑。

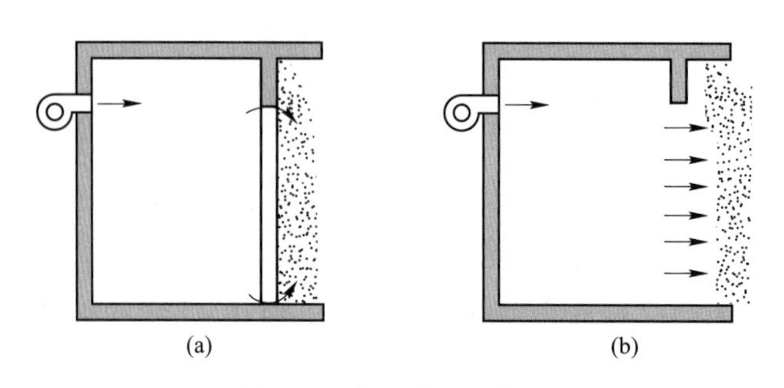

图 3-32 加压防烟示意图

(a) 门关闭时；(b) 门开启时

3.5.3.1 加压

通过建筑结构缝隙、门缝以及其他流动路径的空气体积流率正比于这些路径两端压差的 n 次方。对于几何形状固定的流动路径，理论上 n 在 0.5~1.0 的范围内。对于除极窄的狭缝以外的所有流动路径，均可取 $n=0.5$。根据伯努利方程，可以近似地计算出通过门缝等的空气泄漏量：

$$W = CA\left(\frac{2\Delta p}{\rho}\right)^{\frac{1}{2}} \tag{3-94}$$

式中 A——流动面积，m^2，通常等于流动路径的截面积；

Δp——流动路径两端的压差，Pa；

ρ——流动空气的密度，kg/m^3；

C——流动系数，它取决于流动路径的几何形状及流动的湍流度等，其值通常在 0.6~0.7 的范围内。

若 C 取 0.65，ρ 取 1.2 kg/m^3，则上述方程可表示为：

$$W = K_f A \Delta p^{\frac{1}{2}} \tag{3-95}$$

式中，系数 $K_f=0.839$。也可利用图 3-33 来确定空气体积流率。例如关闭的门周围缝隙的面积为 0.01 m^2，两边压差为 2.5 Pa 时，空气体积流量约为 0.013 m^3/s。当压差增至 75 Pa 时，空气体积流量增至 0.073 m^3/s。

在烟气控制系统的现场测试中，隔墙或关闭的门两边的压差常有 5 Pa 范围内的波动，这通常被认为是风的影响。另外供暖通风和空调系统以及其他原因也可能引起这种波动。压差的波动及其引起的烟气流动尚是目前有待研究的课题之一。从克服压差波动、烟囱效应、烟气浮力以及外部风影响的角度而言，烟气控制系统所能提供的压差应该足够大，然而在门等敞开的情况下，这是难以做到的。

3.5.3.2 空气气流

从理论上而言，合理利用空气气流能够有效地阻止烟气向任何空间蔓延。目前，采用气流来控制烟气流动的方法被普遍用于门口和走廊。托马斯（Thomas）提出了阻止烟气侵入走廊所需临界气流速度的经验计算式：

$$v_k = k\left(\frac{gE}{\rho w c_p T}\right)^{\frac{1}{3}} \tag{3-96}$$

式中 v_k——阻止烟气扩散的临界气流速度，m/s；

E——走廊中的能量进入速率，kW，取其为火源热释放率中的对流换热部分 Q_c；

w——走廊的宽度，m；

ρ——上游空气密度，kg/m³；

c_p——下游气体的比热容，kJ/(kg·℃)；

T——下游气体的热力学温度，K；

k——量纲为 1 的常数；

g——重力加速度，m/s²。

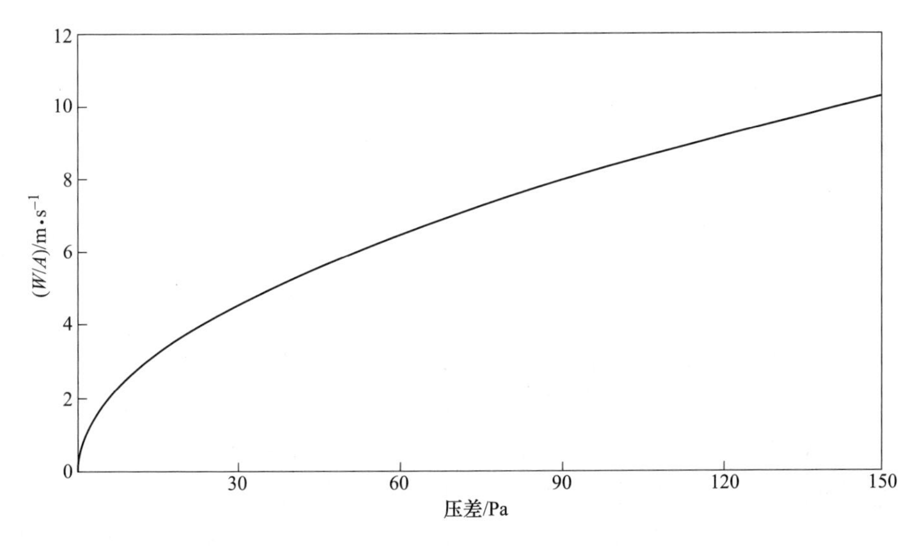

图 3-33 空气的体积流量与压差和缝隙面积关系图

考虑到距火区较远处物性参数在流动截面上的分布近似均匀，若取 $\rho = 1.3\ \mathrm{kg/m^3}$，$c_p = 1.005\ \mathrm{kJ/(kg \cdot ℃)}$，$T = 300\ \mathrm{K}$，$g = 9.81\ \mathrm{m/s^2}$，$k = 1$，则临界气流速度为：

$$v_k = k_v\left(\frac{Q_c}{w}\right)^{\frac{1}{3}} \tag{3-97}$$

系数 k_v 取 0.292。此计算式适用于火区在走廊以及烟气通过敞开的门、透气窗和其他开口进入走廊的情况。但是，它不适用于水喷淋作用下的火灾情况，因为这时上游空气和下游气体之间的温差很小。图 3-34 中给出了式（3-97）的图解。

例如，当 1.22 m 宽的走廊中烟气能量进入速率为 150 kW 时，可得到临界气流速度约为 1.45 m/s。而在同样走廊宽度的情况下，若烟气能量进入速率增至 2.1 MW，则得到临界气流速度约为 3.50 m/s。一般要求的气流速度越高，烟气控制系统设计的难度就越大，造价也越高。许多工程设计者认为，如果要求流经门的气流速度保持在 1.5 m/s 以上，则相应烟气控制系统的造价就会难以承受。

尽管空气气流的运用能够控制烟气蔓延，但这并不是最基本的方法，因为它需要大量的空气才能发挥效用。这里所谓“最基本的方法”，指通过在门、隔墙以及其他建筑构件两边产生压差来控制烟气蔓延。

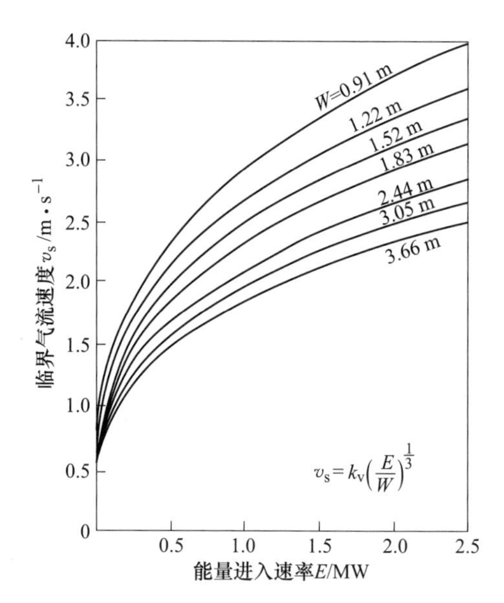

图 3-34　走廊内临界气流速度与走廊宽度和能量进入速率的关系

【例 3-4】 在宽为 1. 22 m、高为 2. 74 m 的走廊内有一处 150 kW 的火源（相当于一个纸篓着火），试计算阻止烟气逆流所需的空气流率。

【解】 由式（3-97）或图 3-34，可得出临界风速是 1. 45 m/s，而走廊的截面积为 1. 22 m×2. 74 m＝3. 34 m^2，空气流率等于截面积与速度的乘积，即约为 4. 7 m^3/s。

使用空气流将导致氧气的供入是人们普遍关心的问题。休盖特（Huggett）曾对多种天然与合成的固体材料燃烧时的 O_2消耗量做了计算。他发现在建筑火灾中绝大多数物质燃烧时，每消耗 1 kg 的 O_2所放出的热量约为 13. 1×10^6 J。O_2在空气中的质量比是 23. 3%，所以若 1 kg 空气中的 O_2全部消耗掉，约放出 3. 0 MJ 的热量。由此可以看出，阻止烟气逆流的空气量可支持相当强的火灾。在商用和住宅楼里经常堆放着许多可燃物（如纸、木板、家具等），一旦起火，其燃烧强度相当大。即使一般情况下楼内可燃物数量不太多，但在短期内存放较多的可燃物也经常发生（如楼房装修，货物交接等）。因此建议在建筑物内一般不要采用空气流来控制着火区的烟气。

3. 5. 3. 3　空气净化

在理想情况下，门只是在人员疏散时期内短暂敞开，那么就可以通过向被保护的区域供入新鲜空气达到稀释和净化空气的目的。然而实际上，火灾中的疏散门总是处于开启状态，因此通过提供足够强的空气流来阻止烟气经过敞开的门进入被保护区域的目的很难实现。

假设有一个由挡烟墙和可自动关闭的门与火区隔离的房间，当所有的门关闭时无烟气进入该房间。如果房间的一扇或多扇门窗处于敞开状态，而又没有足够强的空气流时，来自火区的烟气则会进入该房间。为了便于分析，假设整个房间中烟气浓度分布均匀。在所有的门又重新关闭一段时间以后，这时房间中污染物的浓度可表示成：

$$\frac{C}{C_0} = \exp(-\alpha t) \tag{3-98}$$

式中　C，C_0——初始和 t 时刻污染物浓度，可根据所考虑的污染物不同采用任何合适的单位，但必须一致；

α——净化速率，其含义为每分钟内空气的变化；

t——门关闭后的时间，min。

根据一系列测试和已有的人体对烟气的耐受极限，对火灾环境中最大烟浓度的估算表明，其比人体所能承受的极限烟浓度约大 100 倍，因此，单从火灾环境烟气浓度的角度来看，理论上的安全区域内环境烟浓度不应超过火区附近烟浓度的 1%。很明显，用新鲜空气来稀释烟气的同时也将减少环境气体中有毒烟气组分的浓度。烟气的毒性是一个更为复杂的问题，目前尚无有关的数据和结论能够从烟气毒性的角度来说明需要如何稀释烟气才能确保安全的环境。

式（3-98）可改，求得净化速率为：

$$\alpha = \frac{1}{t}\ln\frac{C_0}{C} \tag{3-99}$$

例如，敞开门后房间中污染物的浓度达到着火房间的 20%，随即将门关闭，要求 6 min 后房间中污染物的浓度降至着火房间的 1%，由式（3-99）可求得这种情况下该房间所需的空气净化速率约为 0.5/min。

实际上，污染物浓度在整个房间中是不可能均匀分布的。由于浮力作用，很可能在顶棚附近污染物浓度较高，因此将排气管道的入口接近顶棚安置，而将供气管道的出口接近地板安置，可得到比以上计算结果更高的空气净化速率。同时还必须注意，供气管道出口应远离排气管道入口，以免造成“短路”。

此外，在烟气控制系统的设计中，应充分考虑要预留烟气排放通道，保障烟气受热膨胀的情况下起到泄压作用。还应当明确：在火区稀释烟气并不意味着达到了烟气控制的目的。因为，简单地向火区大量充气和从火区大量排气的做法尽管有时可以净化烟气，但是很难确保火区的气体适宜人体吸入。同时，由于不能提供挡烟门敞开时所必需的气流和压差，也就不能有效地控制烟气蔓延。而在与火区隔离的区域内，这种充气和排气的做法的确能够很大程度上限制空气当中的烟气含量。

3.5.4 机械排烟

3.5.4.1 机械排烟的形式

机械排烟，是利用电能产生的机械动力，迫使室内的烟气和热量及时排出室外的一种方式。机械排烟的优点是能有效地保证疏散通路的安全，使烟气不向其他区域扩散。其缺点在于：火灾猛烈发展阶段排烟效果会降低，排烟风机和排烟管道需耐高温，初投资和维修费用高。

机械排烟可分为局部排烟和集中排烟两种方式。局部排烟方式是在每个需要排烟的部位设置独立的排烟风机直接进行排烟；集中排烟方式是将建筑物划分为若干个区域，在每个区域内设置排烟风机，烟气通过排烟口进入排烟管道引到排烟风机直接排至室外，如图3-35所示。由于局部机械排烟方式投资大，且排烟风机分散，维修管理麻烦，所以很少采用。若采用，一般与通风换气要求相结合，即平时可兼作通风排风使用。

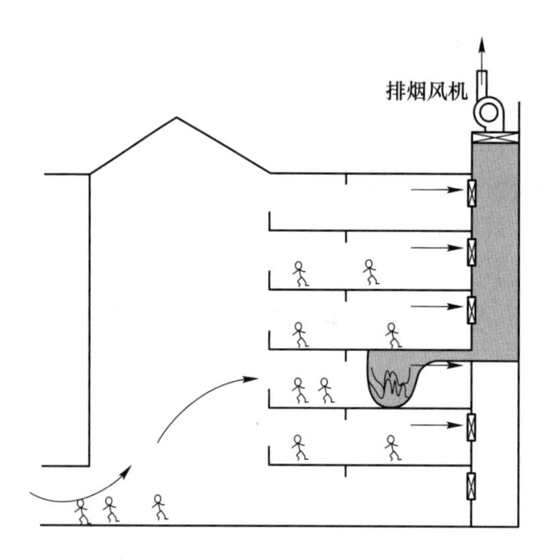

图3-35 机械集中排烟方式

根据补气方式的不同，机械排烟可分为机械排烟-自然进风、机械排烟-机械进风两种方式，图3-36和图3-37分别表示了这两种方式。机械排烟-自然进风方式适合于大型建筑空间的烟气控制；机械排烟-机械进风方式则多用于性质重要，对防排烟设计较为严格的高层建筑或大型建筑空间的烟气控制。

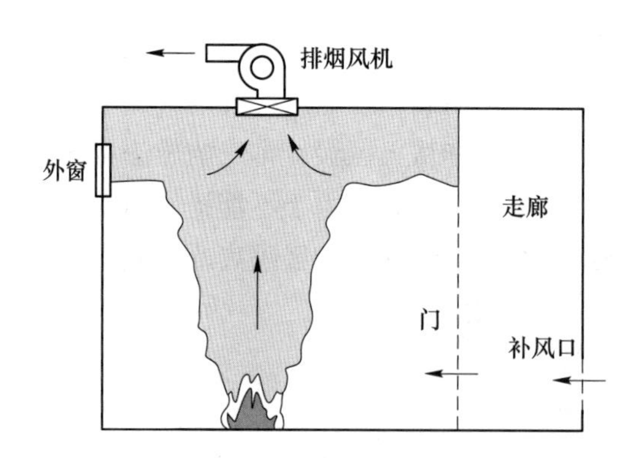

图3-36 机械排烟与自然进风方式

（1）机械排烟-自然进风方式：在需要排烟的上部安装某种排烟风机，风机的启动可使进烟管口处形成低压，从而使烟气排出。而房间的门、窗等开口便成为新鲜空气的补充口。使用这种走廊方式需要在进烟管口处形成相当大的负压，否则难以将烟气吸过

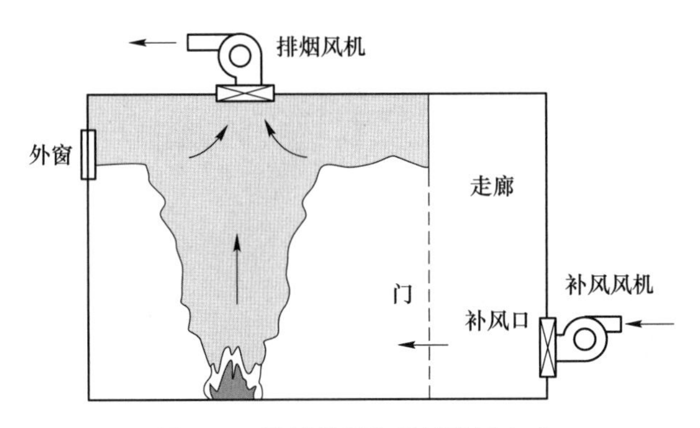

图 3-37 机械排烟与机械进风方式

来。如果负压程度不够，在室内远离进烟管口区域的烟气往往无法排出。若烟气生成量较大，烟气仍然会沿着门窗上部蔓延出去。另外，由于这种方式下风机直接接触高温烟气，所以应当能耐高温，同时还应当在进烟管中安装防火阀，以防烟气温度过高而损坏风机。不过这种排烟方式的设计、安装都比较方便，因此成为目前采用最多的机械排烟方式。

（2）机械排烟-机械进风方式：一般称这种方式为全面通风排烟方式，使用这种方式时，通常让送风量略小于排烟量，即让房间内保持一定的负压，从而防止烟气的外溢或渗漏。全面通风排烟方式的防排烟效果良好，运行稳定，且不受外界气象条件的影响。但由于使用两套风机，其造价较高，且在风压的配合方面需要精心设计，否则难以达到预定的排烟效果。

3.5.4.2 负压排烟时的烟气层吸穿现象

为有效地排除烟气，通常要求负压排烟口浸没在烟气层之中。当排烟口下方存在够厚的烟气层或排烟口处的排烟速率较小时，烟气能够顺利排出。但当排烟口下方无法聚积起较厚的烟气层或排烟口处的排烟速率较大时，在排烟时就有可能发生烟气层的吸穿现象（plugholing），如图 3-38 所示。此时，有一部分空气被直接吸入排烟口中，导致机械排烟效率下降。同时，风机对烟气与空气交界面处的扰动更为直接，可使得较多的空气被卷吸进入烟气层内，增大了烟气的体积。

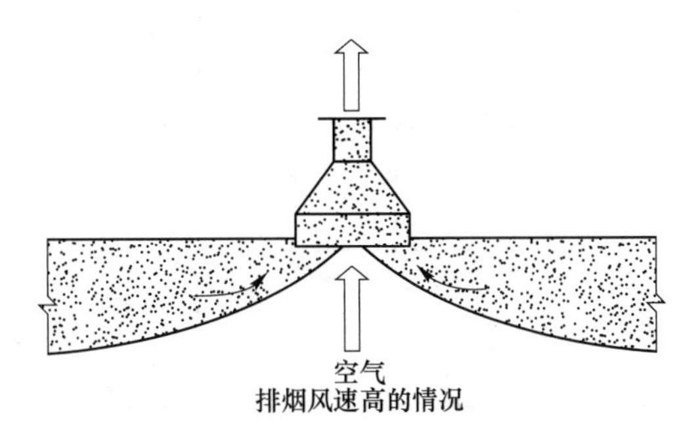

图 3-38 机械排烟时排烟口下方的烟气流动情况

欣克利（Hinckley）提出可以采用无量纲量 F 来描述自然排烟时的吸穿现象，其定义如下：

$$F=\frac{u_{\mathrm{v}}A}{\left(g\frac{\Delta T}{T_0}\right)^{\frac{1}{2}}h_{\mathrm{e}}^{\frac{5}{2}}} \tag{3-100}$$

式中 F——弗罗得数；

u_{v}——通过自然排烟口流出的烟气速度，m/s；

A——排烟口面积，m^2；

h_{e}——排烟口下方的烟气层厚度，m；

ΔT——烟气层温度与环境空气温度的差值，K；

T_0——环境空气温度，K；

g——重力加速度，$\mathrm{m/s^2}$。

刚好发生吸穿现象时的 F 值大小可记为 F_{critical}。摩根（Morgan）和嘉德纳（Gardiner）的研究表明，当排烟口位于蓄烟池中心位置时，F_{critical} 可取 1.5；当排烟口位于蓄烟池边缘时，F_{critical} 可取 1.1。发生吸穿现象时，排烟口下方的临界烟气层厚度可表示为：

$$h_{\mathrm{critical}}=\left[\frac{u_{\mathrm{v}}}{(g\Delta T/T_0)^{1/2}F_{\mathrm{critical}}}\right]^{\frac{2}{5}} \tag{3-101}$$

应当指出防烟与排烟是烟气控制的两个方面，是一个有机的整体，综合应用防排烟方式比采用单一方式效果更佳。图 3-39 为加压防烟与机械排烟两种组合形式。

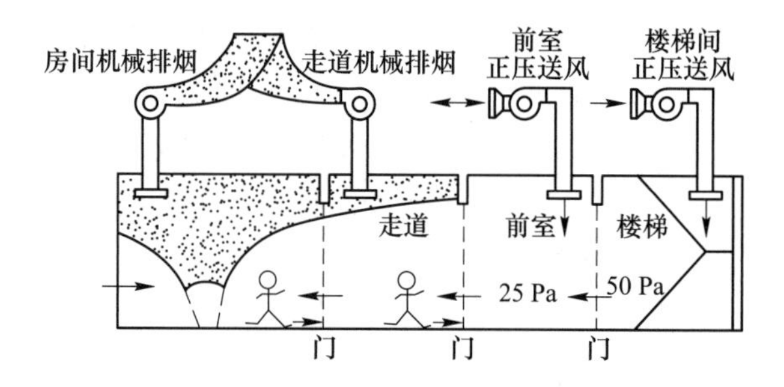

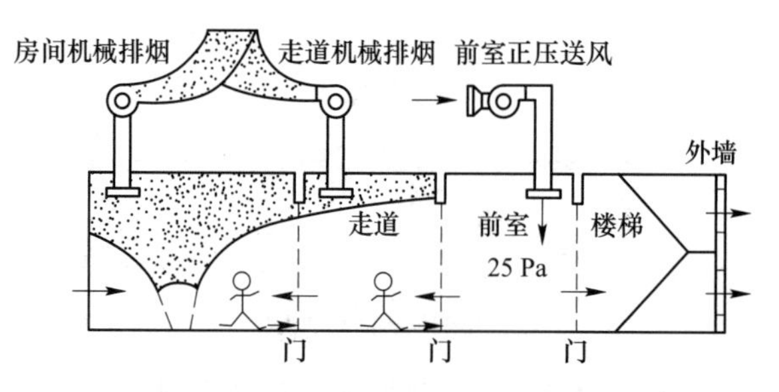

图 3-39 挡烟门两侧的压差及烟气流动

习　题

3-1　火灾烟气流动的驱动力有哪些?

3-2　火灾烟气控制的作用有哪些?

3-3　烟囱效应的含义及其对烟气流动的影响是什么?

3-4　烟气并联气流通路等效流通面积如何推导?

3-5　具有连续开缝和一个上侧开口的竖井的压力中性面计算公式是如何推导的?

3-6　烟气流动预测分析的 NFPA92B 的羽流模型和 Thomas-Hinkley 羽流模型是什么?

3-7　烟气控制的主要方式及其优缺点是什么?

3-8　简述建筑火灾发生后烟气流动的三条主要路线。

4 防排烟风管设计原理

【教学目标】

掌握管道内流体的流态；掌握管道内流体阻力的计算方法及降低阻力的措施；掌握管道内压力的分布；掌握使用最不利环路法计算管网总阻力。

【重点与难点】

管道阻力计算方法；管网总阻力计算方法。

防排烟风管是火灾中烟气输排的主要通道，其防排烟性能及耐火极限决定了烟气的输排效果和输排时间，为人员逃生和救援创造了条件，赢得宝贵的救援时间。在防排烟系统中，空气、烟气的流动都属于管路流动问题，系统管路流动的阻力计算对系统设计非常重要。管路系统的具体布置、管径大小的选择、送风机或排风机的选择都需要通过阻力计算才能最终确定。本章将讨论管道阻力产生的原因、降低阻力的措施以及阻力计算方法。

4.1 风管内气体流动的流态和阻力

4.1.1 流体流动的两种流态

1883 年英国物理学家雷诺（O. Reynolds）通过试验发现，同一流体在同一管道中流动时，不同的流速，会形成不同的流动状态。当流速较低时，流体质点互不混杂，沿着与管轴平行的方向作层状流动，称为层流（或滞流）。当流速较大时，流体质点的运动速度在大小和方向上都随时发生变化，成为互相混杂的紊乱流动，称为湍流（或紊流）。

雷诺曾用各种流体在不同直径的管路中进行了大量试验，发现流体的流动状态与平均流速 u、管道直径 d 和流体的运动黏度 ν 有关。可用一个无量纲数来判别流体的流动状态，这个无量纲数就叫雷诺数，用 Re 表示：

$$Re = \frac{ud}{\nu} \tag{4-1}$$

式中 u——管道内流体的平均流速，m/s；

d——管道半径，m；

ν——流体的运动黏度，m^2/s。

试验表明：流体在圆管内流动时，当 $Re \leqslant 2300$（下临界雷诺数）时，流动状态为层流；当 $Re \geqslant 4000$（上临界雷诺数）时，流体流动状态为湍流。在 $Re = 2300 \sim 4000$ 的区域内，流动状态不是固定的，由管壁的粗糙程度、流体进入管道的情况等外部条件而定，只要稍有干扰，流态就会发生变化，因此称为不稳定的过渡区。在实际工程计算中，为简便起见，通常用 $Re=2300$ 来判断管路流动的流态，即：$Re\leqslant 2300$，为层流；$Re>2300$，为湍流。

对于非圆形断面的烟道，管道直径 d 应以烟道的当量直径 d_e(m) 来表示：

$$d_e = 4\frac{S}{U} \tag{4-2}$$

式中 S——烟道断面面积，m^2；

U——烟道断面周长，m。

烟气在管道内的流动，Re 一般都大于4000，因此烟道内风流均应呈湍流状态。

【例 4-1】 某流体在管内流动，管径 $d=100$ mm，管中流速 $u=1.0$ m/s，流体的运动黏度为 0.0131 cm^2/s，试判明管中流体的流态。

【解】 管中流体的雷诺数为：

$$Re = \frac{ud}{\nu} = \frac{(1.0\times 100\times 10^{-3})\,m^2/s}{(0.0131\times 10^{-4})\,m^2/s} = 7660 > 2300$$

因此管中流体处于湍流状态。

4.1.2 流体流动的阻力

当流体在通风管道内流动时，必然要损失一定的能量来克服风管中的各种阻力。如烟气在风管内运动，之所以产生阻力，是因为烟气是具有黏性的实际流体，在流动过程中要克服内部相对运动出现的摩擦阻力以及风管材料内表面的粗糙程度对气体的阻滞作用和扰动作用。风管内流体流动的阻力有两种，一种是由于流体本身的黏性及其与管壁间的摩擦而引起的沿程能量损失，称为摩擦阻力或沿程阻力；另外一种是流体在流经各种管件或设备时，由于速度大小或方向的变化，以及由此产生的涡流所造成的比较集中的能量损失，称为局部阻力。在实际管路中，局部阻力的形式很多，归纳起来主要包括四种形式，即：变截面局部阻力、变方向局部阻力、变流股局部阻力和障碍物局部阻力。流体流动的总阻力为摩擦阻力和局部阻力之和。

4.2 风管摩擦阻力计算

4.2.1 摩擦阻力

流体本身的黏性及其与管壁间的摩擦是产生摩擦阻力的原因。流体在任意横断面形状不变的管道中流动时，根据流体力学原理，其摩擦阻力 p_f(Pa) 可按下式计算：

$$p_f = \lambda\frac{L}{d}\rho\frac{v^2}{2} \tag{4-3}$$

式中 λ——摩擦阻力系数（无量纲），其值通过试验求得；

L——管道的长度，m；

d——圆形管道的直径，或非圆形管道的当量直径，m；

ρ——流体的密度，kg/m^3；

v——管道内空气的平均流速，m/s。

单位长度的摩擦阻力，也称比摩阻 R_m，R_m 按下式计算：

$$R_m = \lambda \frac{1}{d} \rho \frac{v^2}{2} \tag{4-4}$$

由式（4-3）可知，当管路中流动工况、流体参数和管道的结构特性确定时，式中，L、d、ρ、v 都被确定了，这样就剩下一个 λ 值未确定。所以，摩擦阻力计算的关键在于确定管路的摩擦阻力系数 λ。

摩擦阻力与流体流动状态关系密切，在层流流动状态下，摩擦阻力是由于黏性流体在流动过程中与管道壁面之间的摩擦力以及流体层向的内摩擦力而形成的切应力的作用所引起的。在湍流流动状态下，由于流体之间横向脉动速度的存在，流体间将因掺混而产生附加切应力作用。也就是说，湍流流动比层流流动更加复杂。所以，层流和湍流状态下的摩擦阻力系数是不同的。

4.2.2 层流摩擦阻力系数

当流体在圆形管道中做层流流动时，从理论上可以导出摩擦阻力 p_f(Pa) 计算式，即

$$p_f = \frac{32\rho\nu L}{d^2} u \tag{4-5}$$

因 $Re = \frac{ud}{\nu}$，由式（4-5）得：$p_f = \frac{64}{Re} \frac{L}{d} \rho \frac{u^2}{2}$。与式（4-3）比较，可得圆管层流的摩擦阻力系数 λ 为：

$$\lambda = \frac{64}{Re} \tag{4-6}$$

式（4-6）表明，层流流动状态下的摩擦阻力系数 λ 仅和雷诺数 Re 有关，且成反比。因为流动由层流转化为湍流的下界雷诺数 Re 为 2300，故层流状态下的最小摩擦阻力系数 $\lambda_{min} = 0.028$。

4.2.3 湍流摩擦阻力系数

湍流流动是指总的流动处于湍流状态，但紧靠管道壁面的一薄层流体仍处于层流状态，称为层流底层。层流底层的厚度 δ 虽然很薄，通常仅为几分之一毫米，但其对流动阻力有着重要的影响。

任何壁面表面总是凹凸不平的，其凸起的峰顶和下凹的谷底的高差称为壁面绝对粗糙度，记为 Δ，绝对粗糙度 Δ 与管道半径 d 的比值 Δ/d 称为相对粗糙度。在湍流状态下，当层流底层的厚度 $\delta>\Delta$ 时，层流底层掩盖了壁面粗糙度对流体流动的影响，流体犹如在光滑的壁面上流动一样，摩擦阻力系数 λ 与壁面绝对粗糙度 Δ 无关。相反，当层流底层的厚度 $\delta<\Delta$ 时，壁面上凸起的峰顶将突出在层流底层以外的湍流区域中，引起旋涡，增大能量损失，摩擦阻力增大，这说明摩擦阻力系数 λ 与壁面绝对粗糙度 Δ 有关。

由于湍流流动的复杂性，加上各种壁面的粗糙度各不相同，所以湍流状态的摩擦阻力系数 λ 很难像层流状态那样可用理论分析来求解，而往往是通过试验数据整理得到的。在这方面，前人做了大量的试验研究工作，积累了丰富的资料，最有代表性的是尼古拉兹试

验。尼古拉兹以水为流动介质，对相对粗糙度 Δ 分别为 1/30、1/61、1/120、1/252、1/504 和1/1014 的六种不同的管道进行试验研究。对试验数据进行分析整理，在对数坐标纸上画出 λ 与 Re 的关系曲线，如图 4-1 所示。

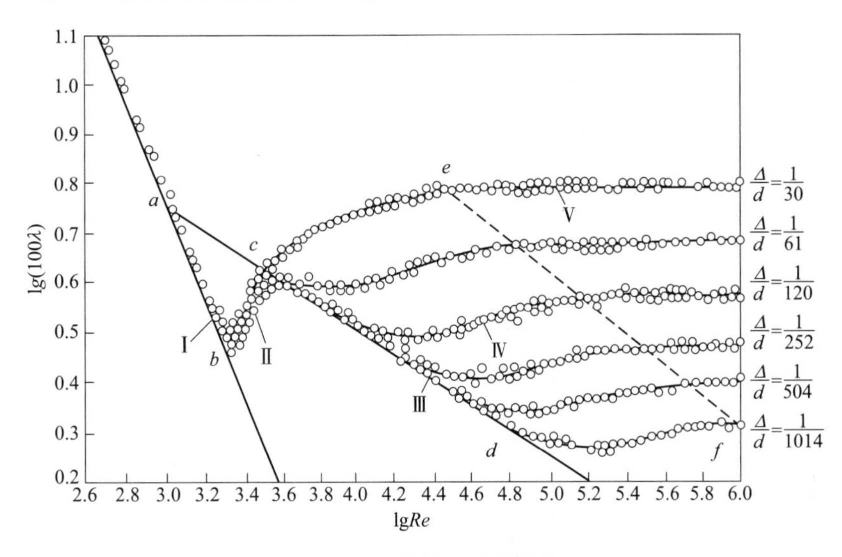

图 4-1　尼古拉兹试验结果

从图 4-1 可看到。

第Ⅰ区——层流区。当 $Re<2300$，所有的试验点聚集在直线 ab 上，说明 λ 与相对粗糙度 $\dfrac{\Delta}{d}$ 无关，并且 λ 与 Re 的关系符合 $\lambda=\dfrac{64}{Re}$，即试验结果证实了圆管层流理论公式的正确性。同时，此试验也证明 Δ 不影响临界雷诺数下限 $Re=2300$ 的结论。

第Ⅱ区——层流转变为湍流的过渡区。此时 λ 基本上也与相对粗糙度无关，而只与 Re 有关。

第Ⅲ区——“光滑管”区。此时水流虽已处于湍流状态，$Re>3000$，但不同粗糙度的试验点都聚集在直线 cd 上，即粗糙度对 λ 值仍没有影响。只是随着 Re 加大，相对粗糙度大的管道，其试验点在 Re 较低时离开了直线 cd；而相对粗糙度小的管道，在 Re 较高时才离开此线。

第Ⅳ区——“光滑管”转变向“粗糙管”的湍流过渡区。在这个区段内，各种不同相对粗糙度的试验点各自分散，呈一波状曲线，摩擦阻力系数 λ 既与 Re 有关，也与 $\dfrac{\Delta}{d}$ 有关。

第Ⅴ区——粗糙管区或阻力平方区。试验曲线成为与横轴平行的直线，即该区 λ 与 Re 无关，$\lambda=f\left(\dfrac{\Delta}{d}\right)$。这说明水流处于发展完全的湍流状态，水流阻力与流速的平方成正比，故又称此区为阻力平方区。

尼古拉兹试验虽然是在人工粗糙管中完成的，不能完全用于工业管道，但是，尼古拉兹试验的意义在于：它全面揭示了不同流态情况下 λ 和 Re 及相对粗糙度 $\dfrac{\Delta}{d}$ 的关系，从而

说明确定 λ 的各种经验公式和半经验公式有一定的适用范围。

当流体处于湍流且 $Re<10^5$时，通常可用布拉休斯经验公式计算 λ：

$$\lambda = \frac{0.3164}{Re^{\frac{1}{4}}} \tag{4-7}$$

在某些工程实践中，只需对管路流动的摩擦阻力进行近似计算，且希望得到的数值偏于安全可靠，则可直接按表 4-1 选定不同流道的摩擦阻力系数近似值进行计算。

表 4-1 摩擦阻力系数近似值

管道类型	金属风道	金属烟道	混凝土或砖砌烟风道
摩擦阻力系数 λ	0.02	0.03	0.04

【例 4-2】 长度 $l=1000$ m，内径 $d=200$ mm 的镀锌钢管，用以输送运动黏度 $\nu=35.5\times10^{-6}$ m^2/s，密度 $\rho=1.2$ kg/m^{3}的流体，测得流量 $Q=38$ L/s。试确定沿程阻力损失。

【解】 （1）确定流速及流态。

管中流速 u 为：

$$u = \frac{Q}{A} = \frac{38 \times 10^{-3}\ \text{m}^3/\text{s}}{\frac{\pi}{4} \times 0.2^2\ \text{m}^2} = 1.21\ \text{m/s}$$

雷诺数 Re 为：

$$Re = \frac{ud}{\nu} = \frac{1.21 \times 0.2}{35.5 \times 10^6} = 6817 > 2320$$

故可判定管中流态为湍流。

（2）根据 Re 选择 λ 并计算沿程损失。

由于 $4000<Re<6817<10^5$，故摩擦阻力系数为：

$$\lambda = \frac{0.3164}{\sqrt[4]{Re}} = \frac{0.3164}{\sqrt[4]{6817}} = 3.48 \times 10^{-2}$$

沿程阻力损失为：

$$p_f = \lambda\frac{l}{d}\frac{\rho v^2}{2} = 3.48 \times 10^{-2} \times \frac{1000}{0.2} \times \frac{1.2 \times 1.21^2}{2}\ \text{Pa} = 152.85\ \text{Pa}$$

4.3 风管局部阻力计算

由于产生局部阻力的原因很复杂，而且流体在局部阻力件处的流动状态过于复杂，所以，大多数情况下，局部阻力只能通过试验来确定。实际工程中，对局部阻力的计算一般采用经验公式。

和摩擦阻力类似，局部阻力 p_i（单位：Pa）一般也用动压的倍数来表示：

$$p_i = \xi\frac{\rho}{2}u^2 \tag{4-8}$$

式中 ξ——局部阻力系数（无量纲）。

一般来说，局部阻力系数 ξ 值取决于局部阻力件处管道的几何形状和流动的雷诺数。

由于产生局部阻力处的流动往往受到强烈的扰动，处于湍流状态，因而，局部阻力系数 ξ 往往与雷诺数无关，而只取决于局部阻力件处管道的几何形状。正是这个特点，使局部阻力系数 ξ 比较容易通过试验确定。

前人通过大量的试验已经确定了各种形式局部阻力件的局部阻力系数。一些国家制定了各种水动力计算、空气动力计算标准等，其中都包含有局部阻力及其阻力系数的计算。我国目前尚无统一的标准方法，但各行业都有一套适用的计算方法、公式及图表。防排烟工程作为火灾条件下的通风工程，完全可以借用一般通风工程中有关局部阻力系数的计算式或图表来计算局部阻力系数。

4.3.1 变截面处的局部阻力系数

4.3.1.1 截面突变时的局部阻力系数

所谓截面突变是指流道截面发生突然扩大或收缩，在变截面处的流道具有尖锐边缘的情况，如图 4-2 所示。

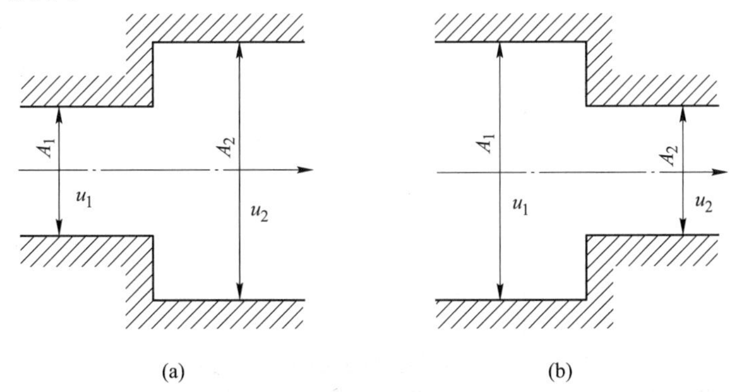

图 4-2 突然扩大和突然缩小
（a）突然扩大；（b）突然缩小

截面突然扩大时的局部阻力系数可按下式计算：

$$\xi = 1.1\left(1 - \frac{A_1}{A_2}\right)^2 \tag{4-9}$$

式中 A_1——流道截面扩大前的流通面积，m^2；
A_2——流道截面扩大后的流通面积，m^2。

当流体从某流道流入大容积的空间时，可视为截面突扩的特殊情况，这时 $\frac{A_1}{A_2} \approx 0$，那么局部阻力系数 $\xi = 1.1$。这种形式的局部阻力系数通常称为出口阻力系数。

截面突然缩小时的局部阻力系数可按下式计算：

$$\xi = 0.5\left(1 - \frac{A_2}{A_1}\right)^2 \tag{4-10}$$

式中 A_1——流道截面缩小前的流通面积，m^2；
A_2——流道截面缩小后的流通面积，m^2。

当流体从大容积的空间流入某流道时，可视为截面突缩的特殊情况，这时 $\frac{A_2}{A_1} \approx 0$，那

么局部阻力系数 $\xi=0.5$。这种形式的局部阻力系数通常称为出口阻力系数。

4.3.1.2　截面渐变时的局部阻力系数

截面渐变是指沿流道的截面逐渐扩大或收缩，工程上常见的截面渐变有圆锥形、扁平形、棱锥形、圆形、方圆锥形。它们的局部阻力系数往往主要取决于渐变前后的截面比和扩展角，一般来说，截面比 $n=\dfrac{A_2}{A_1}$ 和扩展角 θ 越小，局部阻力系数越小。反之，局部阻力系数越大，如图 4-3 所示。流道截面渐扩时的局部阻力系数如表 4-2 所示。

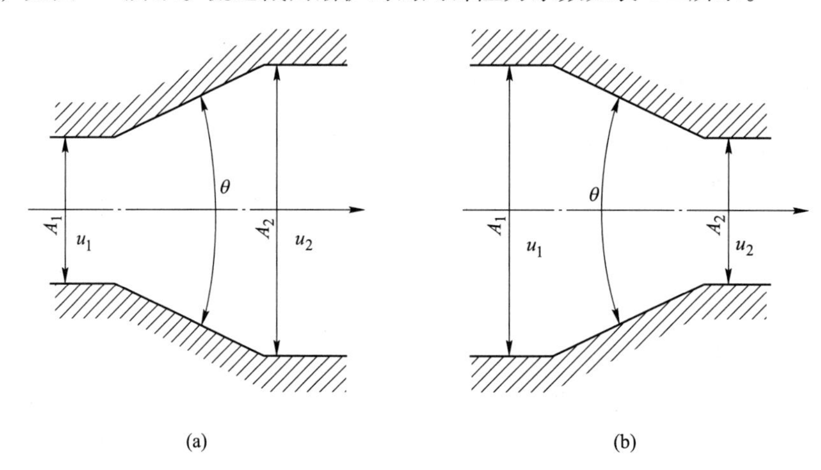

图 4-3　逐渐扩大和逐渐缩小
（a）线性渐扩管；（b）线性渐缩管

表 4-2　流道截面渐扩时的局部阻力系数

n	θ/(°)				
	10	15	20	25	30
1.25	0.02	0.03	0.05	0.06	0.07
1.50	0.03	0.06	0.10	0.12	0.13
1.75	0.05	0.09	0.14	0.17	0.19
2.00	0.06	0.13	0.20	0.23	0.26
2.25	0.08	0.16	0.26	0.30	0.33
3.50	0.09	0.19	0.30	0.36	0.39

4.3.2　变方向处的局部阻力系数

流道变方向即通常所说的转弯，主要有直角转弯和折角转弯两种。在直角弯管［见图 4-4（a）］和折角弯管［见图 4-4（b）］中，由于管径不变，故流速大小不变。但由于流动方向的变化而造成能量损失。

直角弯管的局部损失为：

$$p_\xi=\xi\frac{u^2}{2g}=k\frac{\theta}{90}\frac{u^2}{2g}=\left[1.31+0.159\left(\frac{d}{r}\right)^{3.5}\right]\frac{\theta}{90}\frac{u^2}{2g}\tag{4-11}$$

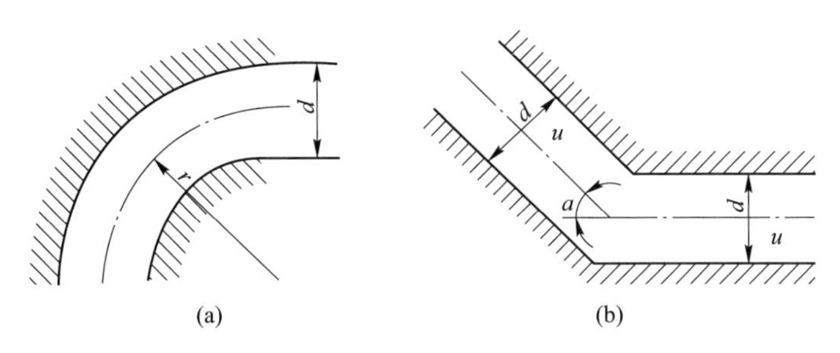

图 4-4　弯管

（a）直角弯管；（b）折角弯管

$$k = \xi = \left[1.31 + 1.57\left(\frac{d}{r}\right)^{3.5}\right]$$

式中　θ——弯管过渡角，(°)，直角弯管时，$\theta=90°$；

d——弯管直径；

r——弯管中线曲率半径。

折角弯管局部损失公式为：

$$p_{\xi} = \xi\frac{u^2}{2g} = \left(0.946\sin^2\frac{\alpha}{2} + 2.047\sin^4\frac{\alpha}{2}\right)\frac{u^2}{2g} \tag{4-12}$$

至于其他类型的局部损失，请查阅有关手册或教科书。

4.3.3　变流股处的局部阻力系数

变流股的流道在工程上也是常见的。根据需要，常常把一股流体分流为两股或多股流体，或者把两股或多股流体汇集成一股流体。那么，在各股流体的交汇处由于涡流、碰撞、改变方向和速度等产生局部阻力。习惯上把几股流体交汇称为几通，最常见的是三通。分流三通是一股流体分流成两股，而汇流三通是两股流体汇合成一股。三通的局部阻力系数主要通过查表（见表 4-3）得到。

表 4-3　三通接头的局部阻力系数

90°三通			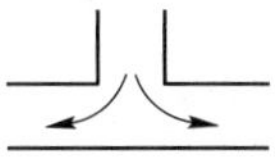	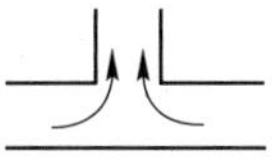
	$\xi=0.1$	$\xi=1.3$	$\xi=1.3$	$\xi=3$
45°三通	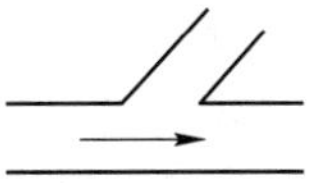	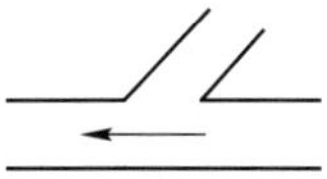		
	$\xi=0.15$	$\xi=0.05$	$\xi=0.5$	$\xi=3$

4.3.4　阻碍物的局部阻力系数

阻碍物的局部阻力主要是指流道中的各种阀门的影响，其局部阻力系数不仅与流道内的压力差有关，而且还与阀门的结构、材质、加工精度、口径、阀门开度等相关，目前尚无完善统一的数据。通风防排烟常见的有门阀、闸板门、防火阀和排烟防火阀等，图 4-5

为闸板门的示意图。一般来说，阀门全开时，其局部阻力系数很小，当随着开度减小时，局部阻力系数也随着增大，在不同开度下闸板门的局部阻力系数如表 4-4 所示。

图 4-5　闸板门示意图

表 4-4　闸板门的局部阻力系数

开度/%	10	20	30	40	50	60	70	80	90	全开
圆形	97.8	35	10	4.6	2.06	0.98	0.44	0.17	0.06	0
矩形	193	44.5	17.8	8.12	4.0	2.1	0.95	0.39	0.09	0

4.4　伯努利方程及风管压力分布

流体在管道中流动时，由于流体沿程受阻力影响，同时由于流速变化，流体在管道各处的压力是不断变化的。了解风管内压力的分布规律，有助于正确设计通风和防排烟系统，并使之经济、合理、安全可靠的运行。

通过管路的计算，在确定了管路的流动阻力之后，管路上各处的压力降或压力分布也随即确定了。管路的压力分布是评价管路设计正确与否和制定运行操作规程的重要依据。管路的压力分布与管路系统的布置方式、管路的结构特性等有密切关系。

4.4.1　黏性流体的伯努利方程

实际流体具有黏性，运动时产生流动阻力，克服阻力做功，使流体的一部分机械能不可逆地转化为热能而散失。因此，黏性流体流动时，单位重量流体具有的机械能沿程不是守恒的而是在不断减少，总水头线不是水平线，而是沿程下降线。

自 19 世纪 30 年代以来，人们从大量经验事实中，总结出一个重要结论，能量可以从一种形式转换成另一种形式，但不能创造，也不能消灭，总能量是恒定的，这就是能量守恒原理。因此，设 h_w 为黏性流体元流单位重量流体由过流断面 1—1 运动至过流断面 2—2 的机械能损失，称为元流的水头损失。根据能量守恒原理，便可得到黏性流体元流的伯努利方程：

$$z_1 + \frac{p_1}{\rho g} + \frac{\alpha_1 u_1^2}{2g} = z_2 + \frac{p_2}{\rho g} + \frac{\alpha_2 u_2^2}{2g} + h_w \tag{4-13}$$

式中　z——总流过流断面上某点（所取计算点）单位重量流体的位能，位置高度或高度水头；

$\frac{p}{\rho g}$——总流过流断面上某点（所取计算点）单位重量流体的压能，测压管高度或压强水头；

$\frac{\alpha u^2}{2g}$——总流过流断面上单位重量流体的平均动能，平均流速高度或速度水头；

h_w——总流两断面间单位重量流体平均的机械能损失。

总流伯努利方程的物理意义和几何意义同元流伯努利方程类似，不需详述，需注意的是方程的“平均”意义。

因为所取过流断面是渐变流断面，面上各点的势能相等，$z+\frac{p}{\rho g}$是过流断面上单位重量流体的平均势能，而$\frac{\alpha u^2}{2g}$是过流断面上单位重量流体的平均动能，故三项之和$z+\frac{\alpha u^2}{2g}+\frac{p}{\rho g}$是过流断面上单位重量流体的平均机械能。式（4-13）是能量守恒原理的总流表达式。

伯努利方程是经典流体动力学应用最广的基本方程。应用伯努利方程要重视方程的应用条件，切忌不顾应用条件，随意套用公式，又要对实际问题做具体分析，灵活运用。下面针对气流的伯努利方程进一步推导。

总流的伯努利方程式是对不可压缩流体导出的。气体是可压缩流体，但是对于流速不很大，且压强变化不大的系统，如工业通风管道、烟道等，气流在运动过程中密度的变化很小，在这样的条件下，伯努利方程仍可用于气流。由于气流的密度同外部空气的密度是相同的数量级，在用相对压强进行计算时，需要考虑外部大气压在不同高度的差值。

设恒定气流（见图4-6），气流的密度为ρ，外部空气的密度为ρ_a，过流断面上计算点的绝对压强为p_{1abs}、p_{2abs}。

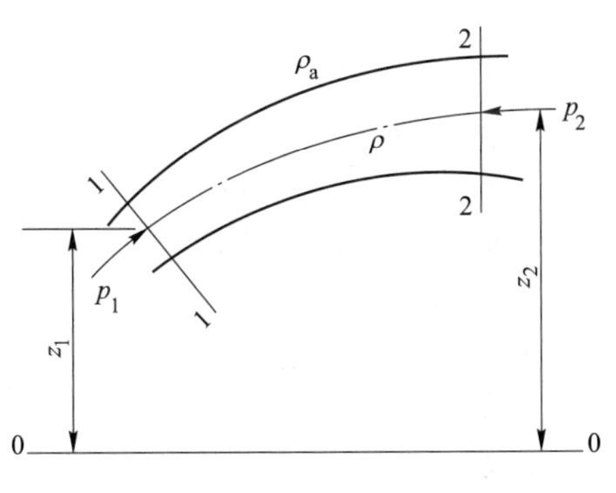

图4-6　恒定气流

列1—1和2—2断面的伯努利方程：

$$z_1+\frac{p_{1abs}}{\rho g}+\frac{u_1^2}{2g}=z_2+\frac{p_{2abs}}{\rho g}+\frac{u_2^2}{2g}+h_w\qquad \alpha_1=\alpha_2=1 \tag{4-14}$$

进行气流计算，通常把式（4-14）表示为压强的形式，即

$$\rho g z_1 + p_{1abs} + \frac{\rho u_1^2}{2} = \rho g z_2 + p_{2abs} + \frac{\rho u_2^2}{2} + p_w \tag{4-15}$$

式中 p_w ——压强损失，$p_w = \rho g h_w$。

将式（4-15）中的压强用相对压强 p_1、p_2表示：

$$p_{1abs} = p_1 + p_a$$

$$p_{1abs} = p_2 + p_a - \rho_a g(z_2 - z_1) \tag{4-16}$$

式中 p_a——高程 z_1处的大气压；

p_a-$\rho_a g(z_2$-$z_1)$——高程 z_2 处的大气压。

将式（4-16）代入式（4-15），整理得：

$$p_1 + \frac{\rho u_1^2}{2} + (\rho_a - \rho) g(z_2 - z_1) = p_2 + \frac{\rho u_2^2}{2} + p_w \tag{4-17}$$

这里 p_1、p_2称为静压，$\frac{\rho u_1^2}{2}$、$\frac{\rho u_2^2}{2}$称为动压。$(\rho_a - \rho)g$ 为单位体积气体所受有效浮力，$z_2 - z_1$ 为气体沿浮力方向升高的距离，乘积 $(\rho_a - \rho)g(z - z_1)$ 为 1—1 断面相对于 2—2 断面单位体积气体的位能，称为位压。

式（4-17）就是以相对压强计算的气流伯努利方程。

当气流的密度和外界空气的密度相同 $\rho = \rho_a$，或两计算点的高度相同 $z_1 = z_2$ 时，位压项为零，式（4-17）化简为：

$$p_1 + \frac{\rho u_1^2}{2} = p_2 + \frac{\rho u_2^2}{2} + p_w \tag{4-18}$$

式中静压与动压之和称为总压。

当气流的密度远大于外界空气的密度（$\rho \gg \rho_a$），此时相当于液体总流，式（4-17）中 ρ_a 可忽略不计，认为各点的当地大气压相同。式（4-17）化简为：

$$p_1 + \frac{\rho u_1^2}{2} - \rho g(z_2 - z_1) = p_2 + \frac{\rho u_2^2}{2} + p_w \tag{4-19}$$

除以 ρg，即

$$z_1 + \frac{p_1}{\rho g} + \frac{u_1^2}{2g} = z_2 + \frac{p_2}{\rho g} + \frac{u_2^2}{2g} + h_w \tag{4-20}$$

由此可见，对于液体总流来说，压强 p_1、p_2不论是绝对压强，还是相对压强，伯努利方程的形式不变。

【例 4-3】 自然排烟锅炉（见图 4-7），烟囱直径 d= 1 m，烟气流量 Q= 7. 135 m³/s，烟气密度 ρ= 0. 7 kg/m³，外部空气密度 ρ_a= 1. 2 kg/m³，烟囱的压强损失 $p_w = 0.035 \frac{H}{d} \frac{\rho u^2}{2}$。为使烟囱底部入口断面的真空度不小于 10 mm 水柱，试求烟囱的高度 H。

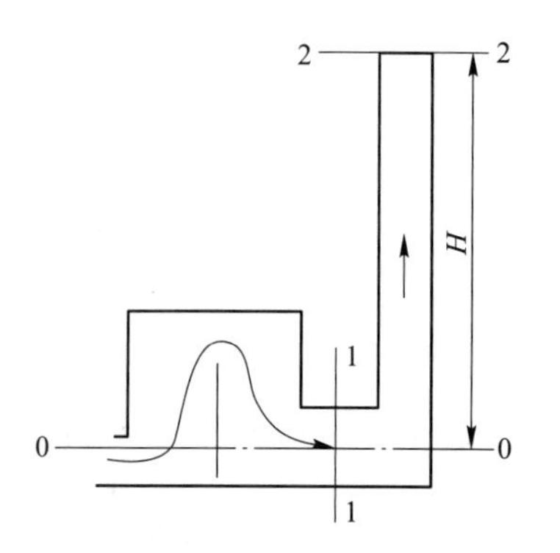

图 4-7 自然排烟锅炉

【解】 选烟囱底部入口断面为 1—1 断面，出口断面为 2—2 断面，烟气和外部空气的密度不同。

1—1 断面：

$$p=\rho_0 gh=-1000\times 9.8\times 0.01=98\ \text{Pa}$$

$$u_1=0,\ z_1=0$$

2—2 断面：$p_2=0$，$u_2=Q/A=9.089\ \text{m/s}$，$z=H$ 代入上式：

$$-98+9.8(1.2-0.7)H=0.7\times\frac{9.089^2}{2}+0.035\times\frac{H}{1}\times\frac{0.7\times 9.089^2}{2}$$

得 $H=32.63$ m。烟囱的高度须大于此值。

由本题可见，自然排烟锅炉底部压强为负压 $p_1<0$，顶部出口压强 $p_2=0$，且 $z_1<z_2$，这种情况下，是位压 $(\rho_a-\rho)g(z_2-z_1)$ 提供了烟气在烟囱内向上流动的能量。所以，自然排烟需要有一定的位压，为此烟气要有一定的温度，以保持有效浮力 $(\rho_a-\rho)g$，同时烟囱还需有一定的高度 (z_2-z_1)，否则将不能维持自然排烟。

4.4.2 风管内流体压力分布

4.4.2.1 管路压力分布

流体在风道中流动时，由于风道内阻力和流速的变化，流体的压力也在不断地发生变化。下面通过图 4-8 所示的单风机通风系统风管内的压力分布图来定性分析风管内空气的压力分布。

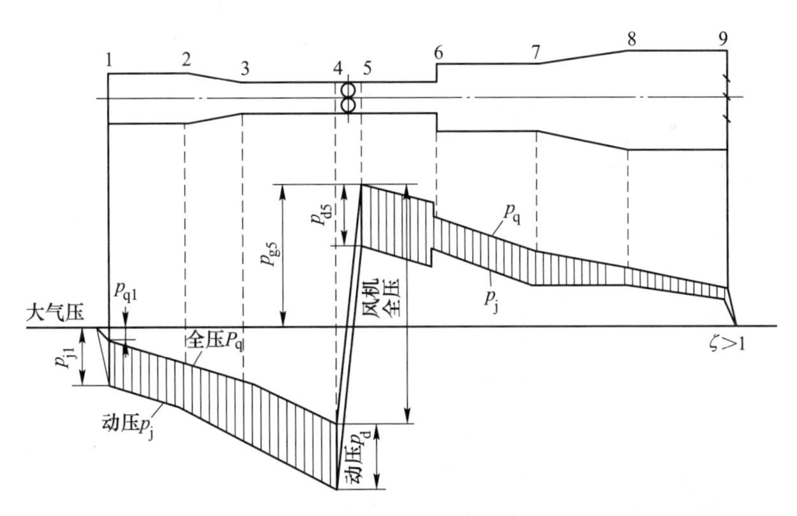

图 4-8 风管压力分布示意图

压力分布图的绘制方法是取一坐标轴，将大气压力作为零点，标出各断面的全压和相对静压值，将各点的全压、静压分别连接起来，即可得出。图 4-8 中全压和静压的差值即为动压。系统停止工作时，通风机不运行，风道内空气处于静止状态，其中任一点的压力均等于大气压力，此时，整个系统的静压、动压和全压都等于零。系统工作时，通风机投入运行，流体以一定的速度开始流动，此时，流体在风道中流动时所产生的能量损失由通风机的动力来克服。

从图 4-8 中可以看出，在吸风口处的全压和静压均比大气压力低，入口外和入口处的一部分静压降转化为动压，另一部分用于克服入口处产生的局部阻力。在断面不变的风道中，能量的损失是由摩擦阻力引起的，此时全压和静压的损失是相等的，如管段 1—2、3—4、5—6、6—7 和 8—9。在收缩段 2—3，沿着空气的流动方向，全压值和静压值都减小了，减小值不相等，但动压值相应增加了。在扩张段 7—8 和突扩点 6 处，动压和全压都减小了，而静压则有所增加，即会产生所说的静压复得现象。在出风口点 9 处，全压的损失与出风口形状和流动特性有关，由于出风口的局部阻力系数可大于 1、等于 1 或小于 1，所以全压和静压变化也会不一样。在风机段 4—5 处可看出，风机的风压即风机入口和出口处的全压值，等于风道的总阻力损失。

4.4.2.2　联箱压力分布

在工程中，常常碰到需要将流体由若干条较小的管道汇集到一个较大的管道中或由一个较大的管道分流到若干较小的管道中的情况，人们习惯上把较大的管道称为联箱，相应地有集流联箱和分流联箱。对于管路系统中的集流联箱和分流联箱，当引进管和引出管的布置不同时，则联箱轴向上的压力分布是不同的。

如图 4-9 所示，上方为 A 端端部引进的分流联箱，该联箱内轴向流动的特点是：自 A 端至 B 端，流量不断减小，流速相应不断降低。这样一来，一方面单位长度的摩擦阻力减少，另一方面动压头也降低，结果是自 A 端至 B 端，静压逐渐升高，两端静压差为 $\Delta p'$。

图 4-9 下方为 B'端端部引进的集流联箱，该联箱内轴向流动的特点是：自 A'端至 B'端，流量不断增大，流速相应不断提高。这样一来，一方面单位长度的摩擦阻力增大，另一方面动压头也增大，结果是自 A'端至 B'端，静压逐渐降低，两端静压差为 $\Delta p''$。

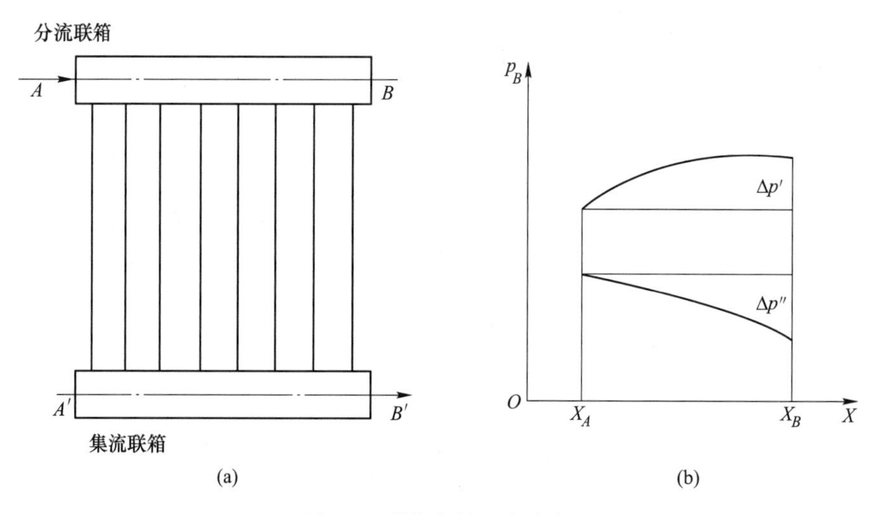

图 4-9　联箱内的压力分布

在防排烟工程中，如正压送风防烟系统，如果要通过一送风干管经由若干送风支管把正压空气输送到需要维持正压的区间中去，这个送风支管实质上就起到分流联箱的作用，送风支管的引进方式和干管内轴向速度的大小将影响各支管中的风量分配，在设计时应予以注意。又如高层建筑的正压防烟楼梯间，正压空气通过楼梯间与前室的门以及前室与走廊的门渗漏到走廊中去，所有的楼层的漏风通路实际上构成了一平行管路，正压防烟楼梯间亦起到分流联箱的作用。为保证楼梯间上下压力分布均匀，应采用多点送风的方式。

4.4.2.3 竖井的压力分布

随着高层建筑的发展，出现了种种竖井，如楼梯间、电梯井、管道井、送风竖井、排烟竖井等。在通风和防排烟工程中，竖井中的压力分布特性对通风和防排烟性能影响很大，会出现所谓的“烟囱效应”。竖井的压力分布不单单与竖井中气流的流动状况有关，而且还与热压作用有关。即竖井内的压力分布是由热压作用和流动阻力综合决定的。

4.5 简单管路与管网阻力计算

防排烟管网系统中，在排（送）风量已确定的情况下，管网设计的主要任务是：（1）风道设计，即根据风速要求确定风管的断面形状、选择风管的断面尺寸；（2）计算各风管的阻力损失以及总阻力，以便最终确定风管的断面尺寸和选择合适的通风机。

摩擦阻力和局部阻力的计算最终是为了进行管路的计算。管路计算的任务在于确定通过管路的流体流量及参数、管路的结构特性、流动阻力三者之间的关系。在工程实际中，根据原始数据的不同，管路设计计算通常可以分为以下3种。

（1）已知管路中的流体流量及参数和管路的结构特性，确定管路的压力降。这类设计的实质就是计算管路各处的摩擦阻力和局部阻力。

（2）已知管路的结构特性和允许的压力降，确定通过管路的流体流量及参数。这类设计是通过确定管路各处的摩擦阻力和局部阻力，计算管路中的流速，然后确定管路中流体的流量及参数。

（3）已知管路中的流体流量及参数和允许的压力降，确定管路的结构特性。这类设计是确定管路各处的摩擦阻力和局部阻力，然后确定其结构特性。

管路计算是一个很复杂的问题，一方面是因为各种阻力形式很多，影响的因素也复杂；另一方面，管路本身的连接方式不同，计算方法也有所不同。通常将管路的计算分为简单管路、串联管路、并联管路和复杂管路四种类型。

4.5.1 简单管路阻力计算

所谓简单管路计算是指流道流通截面积不变，流体流量恒定的管路。流体在简单管路中的压力降等于流动的总阻力，为摩擦阻力和局部阻力之和，即

$$p_{\mathrm{w}} = \Delta h = \Delta h_{\mathrm{f}} + \Delta h_{\xi} \tag{4-21}$$

因摩擦阻力和局部阻力都对应于管路内的压力差，则

$$p_{\mathrm{w}} = \Delta h = \left(\lambda \frac{L}{d} + \sum \xi_i\right) \frac{\rho}{2} u^2 = \frac{\left(\lambda \dfrac{L}{d} + \sum \xi_i\right) \rho}{2S^2} Q^2 \tag{4-22}$$

式中 Q——流体流量，$\mathrm{m^3/s}$；

S——管路流通截面积，$\mathrm{m^2}$。

令 $R = \rho\left(\lambda \dfrac{L}{d} + \sum \xi_i\right) \Big/ (2S^2)$，称 R 为管路的总水力特性，其主要取决于管路的结果特性和流体的物性参数，则

$$p_w = RQ^2 \tag{4-23}$$

根据式（4-23）就可以对前述三类命题进行计算了，值得注意的是，由于摩擦阻力系数 λ 的计算式在不同的阻力区域是不同的，所以在计算时首先必须确定流动所处的阻力区域。这一点在第一类命题中是很方便的，因为根据已知的流体流量参数和管路的结构特性可求出流动的雷诺数 Re 值，从而判别流动所处的阻力区域。在第二、三类命题中，则必须预先假定一阻力区域，待确定管路的结构特性或管路中流体的流量及参数后，校核是否处于该阻力区域，如校核结果与假定不符，应重新假定再行计算，直到相符为止。

简单管路在工程实际中是存在的。从流道截面积不变的角度来看，任何复杂的管路中的某一直管段都属这种情况，所以简单管路的计算是复杂管路计算的基础。从流体流量恒定的角度来看，并非所有情况都能满足要求，只有在稳定的流动工况下才能作为简单管路来进行计算。

在等温流动时，管路中流体的参数不变，所以计算比较简单。在非等温流动时，如管道在加热或冷却的情况下，在流动过程中流体的参数不断变化，则可取计算管段进出口的流体平均温度下的参数来进行计算。

应当指出，水平管路的压力降实际是管路进出口的静压差，所以只有在进出口处流体的静压差不变的情况下，管路的压力降才能等于管路的总阻力，对于简单管路来说，由于管路截面尺寸相同，流体密度在进出口不变或变化不大，流体的速度相同或基本相同，所以，管路进出口的静压差相等或基本上相等，这样，简单管路的压力降就等于其总阻力。

4.5.2 复杂管网总阻力计算

4.5.2.1 复杂管路计算原则

工程上的许多管路系统，如防排烟工程中的建筑防排烟系统，是比较复杂的管路系统，既不是单一的并联管路，也不是单一的串联管路，更不是单一的简单管路，而是由许多个简单管路、串联管路及并联管路混合串联和并联而成的，故称为复杂管路。在复杂管路中，串联和并联是相互交叉的，串中有并，并中有串。

尽管复杂管路的组成十分复杂，但其计算可分解为单一的串联管路、并联管路甚至简单管路分别进行。当然，其计算过程是非常麻烦的。各管路的计算数据相互牵连、互相制约，变化一点，影响全局。这种牵制的关系服从两条基本法则，即：

（1）并联管路的阻力相等，流体的质量流量叠加。

（2）串联管路中流体的质量流量相等，阻力叠加。

复杂管路的具体计算应根据实际的管路系统加以分解，然后按照上述两条法则列出阻力和流量方程式，并联立求解。

4.5.2.2 管网总阻力计算

风管的阻力损失 p_w 由沿程阻力损失 Δp_f 和局部阻力损失 Δp_ξ 两部分组成，$p_w = \Delta p_f + \Delta p_\xi$。$\Delta p_f$ 和 Δp_ξ 可采用本书 4.3 节介绍的公式计算。实际工程中经常会将计算过程简化，并形成了一定的计算数据以表格形式记录下来，本书也给出一些数据表。其中，圆形断面薄钢板风管单位管长沿程阻力损失见附表 1，矩形断面薄钢板风管单位管长沿程阻力见附表 2，各种管件的局部阻力系数见附表 3。计算管网总阻力可采用最不利环路法。

A　最不利环路法计算总阻力

如图 4-10 所示的机械排风系统，各段管路分别标注了编号、管段长度以及吸风口设计排风量。从各进风口都有一条到出风口的路线，由于进风口与出风口都与大气连通，因此每条路线实际上构成了一个环路。若将图中各管路的端点以及交叉点也进行编号，图 4-10 可简化为图 4-11 所示的网状结构，图中虚线表示各进风口与排风口通过大气连通。可见所有的吸风口具有相同的编号，按照串、并联管路的计算方法，系统运行时，进风节点 6 到出风节点 1 的任一路线计算出的阻力之和（管网总阻力）应相等，且数值上等于风机的风压。在管网的参数设计完成后，若不添加风流调节设施，并不能保证各进风口都一定吸入设计风量的流量，此时按照设计风量与当前管段水力特性计算出各线路的总阻力，其中总阻力最大的线路就是最不利环路。其他线路总阻力计算值若与最不利环路计算值相差较大，则只有在其他线路独有的管段上增加其水力特性，使其阻力达到与最不利环路阻力相等，才能保证其他进风口仅吸到设计风量的风流而不吸入过多的风流，否则最不利管路上的进风口必定不能达到设计吸风量。设计时，只要其他线路的总阻力计算值与最不利环路相差不超过 15%，即认为满足要求。

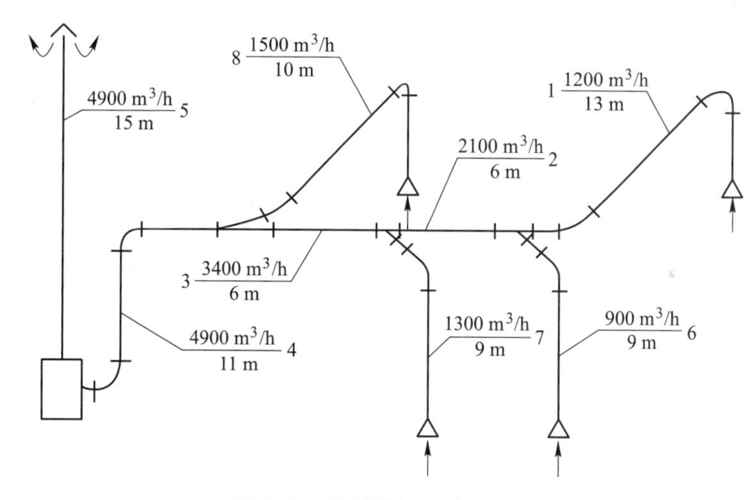

图 4-10　机械排风系统示意图

防排烟管网中一般线路最长的即为最不利环路，找到最不利环路后，计算出其总阻力即为管网排风机的设计风压，所有排风口的风量之和即为风机的设计排风量，据此可选择排风机。本书附表 1 与附表 2 给出了单位长度的圆管与矩形管在不同断面、风速下的沿程阻力损失，可供查表计算。

B　总阻力计算实例

【例 4-4】　图 4-10 和图 4-11 所示的机械排风系统，各吸风口的设计吸风量标于对应支管上。若风管材料为薄钢板，风机前风管为矩形，风机出口后采用圆形，假设输送气体密度 $\rho=1.2\ \mathrm{m^3/kg}$，圆形伞形罩的扩张角为 40°，风管 90°弯头的曲率半径 $R=2D$，合流三通分支管夹角为 30°，带扩压管的伞形风帽 $h/D_0=0.5$，当地大气压力为标准大气压，对该系统进行设计计算。

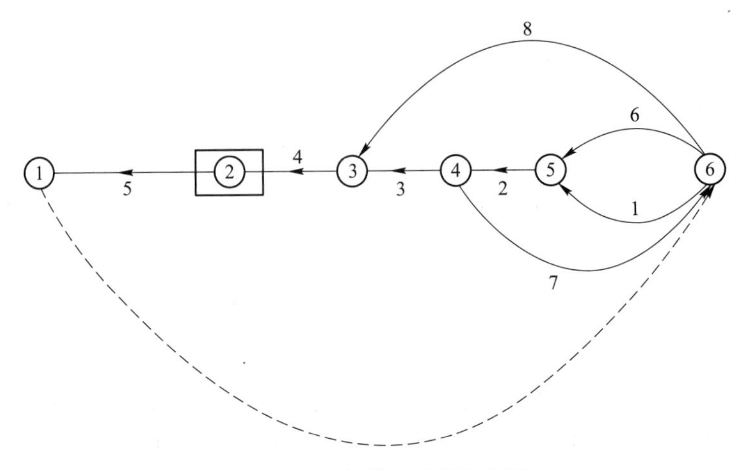

图 4-11　机械排风系统简化图

【解】

(1) 确定各管段气流速度，查表 4-5 有：工业建筑机械通风对于干管，$u=6\sim14$ m/s；对于支管，$u=2\sim8$ m/s。

(2) 确定最不利环路，本系统①—⑤为最不利环路。

(3) 根据各管段风量及流速，确定各管段的管径及单位管长阻力损失，计算沿程损失，应首先计算最不利环路，然后计算其余分支环路。

管段①，根据 $Q=1200$ m^3/h，$u=6\sim14$ m/s，查本书附表 2 知矩形断面为 250 mm×160 mm，$u=8.5$ m/s，单位管长沿程阻力损失 $h_{f1}=4.78$ Pa/m。

管段①沿程阻力损失计算：$\Delta h_{f1}=h_{f1}l=(4.78\times13)$ Pa $=62.14$ Pa，其他的管段的计算结果如表 4-5 所示。

表 4-5　各管段沿程阻力损失计算表

管段编号	流量 /m^3 · h^{-1}	管长 /m	断面尺寸 /mm×mm	流速 /m · s^{-1}	单位管长阻力损失 /Pa · m^{-1}	沿程阻力损失 /Pa · m^{-1}
①	1200	13	250 × 160	8.5	4.78	62.14
②	2100	6	320 × 200	9.5	4.41	26.46
③	3400	6	500 × 200	9.6	3.70	22.20
④	4900	11	500 × 250	11.1	4.02	44.62
⑤	4900	15	D360	13.5	5.38	80.70
⑥	900	9	160 × 160	10.0	8.31	74.79
⑦	1300	9	250 × 120	12.5	12.6	113.4
⑧	1500	10	250 × 120	14.5	16.76	167.6

(4) 计算各管段局部损失。

如管段①，查附表 3 得：圆形伞形罩扩张角 40°，$\xi=0.13$，90°弯头 2 个，$\xi=0.15\times2=0.3$，合流三通直管段，$\xi=0.47$。

管段①局部阻力损失计算：$\Delta h_{\xi 1}=\sum \xi \frac{u^2}{2}\rho=\left(0.88\times\frac{8.5}{2}\times 1.2\right)\text{Pa}=38.15\ \text{Pa}$

其他管段的局部阻力损失计算结果如表4-6所示。

（5）计算各管段总的阻力损失，计算结果如表4-6所示。

表4-6　各管段沿程阻力损失计算表

管段编号	局部阻力系数	流速/m·s^{-1}	局部阻力损失/Pa	沿程阻力损失/Pa	总阻力损失/Pa	支路不平衡率/%
①	0.88	8.5	38.15	62.14	100.29	
②	0.37	9.5	20.04	26.46	46.50	
③	0.34	9.6	18.39	22.20	40.59	
④	0.26	11.1	19.21	44.62	63.83	
⑤	0.60	13.5	65.61	80.70	146.31	
⑥	0.38	10.0	22.8	74.79	97.59	9.0
⑦	0.14	12.5	13.13	113.4	126.53	13.8
⑧	0.08	14.5	10.09	167.6	177.69	5.2

（6）检查并联管路阻力损失的不平衡率。

管段⑥和管段①不平衡率为：$\frac{\Delta h_1-\Delta h_6}{\Delta h_1}=11.1\%<15\%$，满足要求。

同理，可得管段⑦与管路①+②平衡，管段⑧与管路①+②+③平衡。

（7）计算系统总阻力。

$$\Delta h=\sum(\Delta h_f+\Delta h_\xi)_{1\sim 5}=(100.29+46.5+40.59+63.83+146.31)\text{Pa}$$
$$=397.52\text{Pa}$$

（8）选择风机。

风机风量：$Q_f=1.1Q=1.1\times 4900\ \text{m}^3/\text{h}=5390\ \text{m}^3/\text{h}$

风机风压：$p_f=1.15\Delta h=1.15\times 397.52\ \text{Pa}=457.15\ \text{Pa}$

可根据Q_f、p_f值查风机样本来选择风机、电动机。

4.6 风管设计基本要求及技术措施

4.6.1 风管材料及断面形式设计

4.6.1.1 风管材料选择

用作风管的材料有薄钢板、硬聚氯乙烯塑料板、玻璃钢板、胶合板、铝板、砖及混凝土等。需要经常移动的风管大多采用柔性材料制成各种软管，如塑料软管、金属软管、橡胶软管等。薄钢板有普通薄钢板和镀锌薄钢板两种，厚度一般为0.5~1.5 mm。

对于有防腐要求的通风工程，可采用硬聚氯乙烯塑料板或玻璃钢板制作的风管。硬聚氯乙烯塑料板表面光滑，制作方便，但不耐高温，也不耐寒，在热辐射作用下容易脆裂。所以，仅限于室内应用，且流体温度不可超过-10~60 ℃范围。

以砖、混凝土等材料制作风管，主要用于与建筑、结构相配合的场合。为了减少阻力、降低噪声，可采用降低管内流速、在风管内壁衬贴吸声材料等技术措施。

在选取通风工程、防排烟工程设备及管道材料时，应严格把关，杜绝火灾发生及蔓延的隐患。

(1) 设备及风道应采用不燃烧材料制作，某些接触腐蚀性介质的风道及其配件可采用难燃材料制作。

(2) 管和设备的保温材料、消声材料和胶黏剂应为不燃烧材料或难燃材料。穿过防火墙和变形缝的风管两侧各 2.00 m 范围内，保温材料、消声材料及其胶黏剂应采用不燃烧材料。

(3) 风管内设有电加热器时，风机应与电加热器连锁。电加热器应设无风断电保护装置，而且电加热器前后各 800 mm 范围内的风管和穿过设有火源等容易起火部位的管道均必须采用不燃保温材料。

4.6.1.2 风管断面选择

风管断面形状有圆形和矩形两种。圆形断面的风管强度大、阻力小、消耗材料少，但加工工艺比较复杂，占用空间多，布置时难以与建筑、结构配合，常用于高速送风的系统。

矩形断面的风管易加工、好布置，能充分利用建筑空间，弯头、三通等部件的尺寸较圆形风管的部件小。为了节省建筑空间，布置美观，一般民用建筑通风系统送、回风管道的断面形状均以矩形为宜。工业管道中流速的选取如表 4-7 所示。

表 4-7 工业管道中常见的流体流速 单位：m/s

<table>
<tr><th rowspan="2">建筑物类别</th><th rowspan="2" colspan="2">管道系统部位</th><th colspan="2">风 道</th><th rowspan="2" colspan="2">靠近风机处的极限流速</th></tr>
<tr><th>自然通风</th><th>机械通风</th></tr>
<tr><td rowspan="8">辅助建筑物</td><td colspan="2">吸入空气的百叶窗</td><td>0~1.0</td><td>2~4</td><td rowspan="8" colspan="2">10~12</td></tr>
<tr><td colspan="2">吸风道</td><td>1~2</td><td>2~6</td></tr>
<tr><td colspan="2">支管及垂直风道</td><td>0.5~1.5</td><td>2~5</td></tr>
<tr><td colspan="2">水平总风量</td><td>0.5~1.0</td><td>5~8</td></tr>
<tr><td colspan="2">接近地面的进风口</td><td>0.2~0.5</td><td>0.2~0.5</td></tr>
<tr><td colspan="2">接近顶棚的进风口</td><td>0.5~1.0</td><td>1~2</td></tr>
<tr><td colspan="2">接近顶棚的排风口</td><td>0.5~1.0</td><td>1~2</td></tr>
<tr><td colspan="2">排风塔</td><td>1~1.5</td><td>3~6</td></tr>
<tr><td rowspan="3">工业建筑</td><td>材料</td><td>总管</td><td>支管</td><td>室内进风口</td><td>室内回风口</td><td>新鲜空气入口</td></tr>
<tr><td>薄钢板</td><td>6~14</td><td>2~8</td><td>1.5~3.5</td><td>2.5~3.5</td><td>5.5~6.5</td></tr>
<tr><td>砖、矿渣、石棉、水泥、矿渣混凝土</td><td>4~12</td><td>2~6</td><td>1.5~3.0</td><td>2.0~3.0</td><td>5~6</td></tr>
</table>

常用矩形风管的规格如表 4-8 所示。为了减少系统阻力，进行风道设计时，矩形风管的高宽比宜小于 6，最大不应超过 10。

表 4-8 矩形风管规格

外边长×外边宽/mm×mm				
120×120	320×200	500×400	800×630	1250×630
160×120	320×250	500×500	800×800	1250×800
160×120	320×320	630×250	1000×320	1250×1000
200×160	400×200	630×320	1000×400	1600×500
200×200	400×250	630×400	1000×500	1600×630
250×120	400×320	630×500	1000×630	1600×800
250×160	400×400	630×630	1000×800	1600×1000
250×200	500×200	800×320	1000×1000	1600×1250
250×250	500×250	800×400	1250×400	2000×800
320×160	500×320	800×500	1250×500	2000×1000

4.6.2 风管设计的基本要求

对于工程上的各种管路系统，无论是供热工程中的供热系统，还是通风工程中的通风系统，正确的管道设计一般应达到如下几个基本要求。

（1）提高经济性。使系统的总阻力尽可能降低，这样可选用压头较低的泵与风机，不但使设备的投资费用低，而且使设备的运行耗电量低，从而达到节约投资、节约能源、提高经济效益的目的。

（2）满足技术性。使系统中各部分的介质流量和参数满足生产工艺、安全技术及生活等各方面的要求，为此，管道上必须设有调节、控制和测量装置。

（3）布置合理性。系统中管道的布置应力求合理，既服从工艺路线和建筑物的总体布置，又便于安装、检修和维护。仪表、阀门要装设在便于操作、观测的位置，以方便运行操作和计量管理。此外，还应尽可能减少占地面积和侵占空间，主要不要影响所通过场所的美观。

（4）保证安全性。为提高系统运行的安全可靠性，增长系统的使用寿命，应根据介质的压力、温度以及腐蚀性、爆炸性等因素，正确选用管道的材质。同时，还应注意到管道通过场所的安全问题，采取一些必要的防火防爆等技术措施。

（5）力求通用性。管道和管件的规格尺寸应力求标准化，以提高通用性。防排烟工程中的通风系统是在火灾事故条件下投入运行的系统，从总体上来说，对经济性、技术性、安全性、合理性及通用性等基本要求都是适用的，但防排烟系统与常年运行的供热、通风的管路系统应有所不同，具有一定的特殊要求。首先，保证系统中的风量、风压达到设计要求是管道设计的首要任务；其次，管道本身的防火安全问题是至关重要的。至于系统运行的耗电量可不必过多考虑，但设备投资、基建投资却要予以重视。

4.6.3 风管设计的主要技术措施

管道设计的主要技术问题是减小管道的流动阻力和保证管路的流量分配。

4.6.3.1 减小风管的流动阻力

对防排烟工程来说，减小管道流动阻力的目的首先不是为了减少运行电耗量，而是为减少设备（即送风机或排烟机）的投资费用，因为管道的流动阻力低，可选用压头较低的风机，因而设备投资较低，但是，管道阻力降低，管道口径较大，这样，管道本身的投资较大。所以，要进行综合比较。

减小管道流动阻力包括减小摩擦阻力和局部阻力两方面，应分别采取不同的措施。

（1）减小摩擦阻力的措施。根据摩擦阻力的计算式（4-3），可以得出减小摩擦阻力的措施如下。

1）减小管道的长度。在进行管道系统的布置时，应力求使用管道尽可能的短，这不但是减小管道摩擦阻力的需要，而且也是减小管道本身投资的需要，实属一举两得的事情。

2）降低摩擦阻力系数。适当减小流道壁面的粗糙度，对降低摩擦阻力系数是有益的。如采用钢制管道，其摩擦阻力系数将比砖或混凝土管道小一半左右。为减小砖或混凝土管道的壁面粗糙度，可采用水泥细砂浆抹面。

3）增大管道的口径。圆形管道的摩擦阻力与管道直径成反比，适当增大管径，可使摩擦阻力有效减小。但并不意味着管道口径越大越好，因为随着管径增大，摩擦阻力减小了，运行费用降低，但管道尺寸增大，消耗材料增多，管道系统的初投资增加，所以应进行技术经济比较，以确定最佳的管道直径，如图4-12所示。

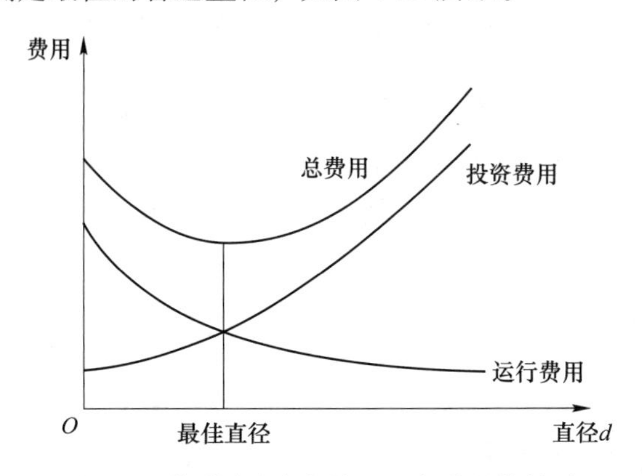

图4-12 管道直径与投资、运行费用的关系

在工程上，一般是以限制管道内介质的流动速度来确定管道的口径。对通风工程和防排烟工程来说，洁净空气的流速如表4-9所示。对非洁净的空气，如含尘气流或烟气，若速度过低，气流中所携带的尘粒沉积易造成管路堵塞，所以比洁净空气的流速取得高，但一般不宜超过20 m/s，而且水平管比垂直管高些，在具体取值时，水平管可取表中上限值，而垂直管可取表中下限值。

表4-9 管道内洁净空气的流速 单位：m/s

管道材质	总管中流速	支管中流速
钢制管道	6~14	2~8
砖或混凝土管道	4~12	2~6

在选取管道中的气流速度时，应遵循如下几条基本原则。

1）总管速度高于支管速度；

2）非洁净空气流速高于洁净空气流速；

3）壁面光滑流道的气流速度高于壁面粗糙流道的气流速度；

4）常年运行系统管道中的气流速度大于非常年运行或事故运行系统管道中的气流速度。

通风工程和防排烟工程中烟风气流速度的限值如表 4-10 所示。

表 4-10　通风和防排烟工程中烟风气流速度的限值　　单位：m/s

管道材质	通风工程	防排烟工程
钢制管道	≤14	≤20
砖或混凝土管道	≤12	≤15

（2）减小局部阻力的措施。管道的局部阻力往往是管道总阻力的主要部分，在工程实际中，这个问题常常不为人们所重视，所以，除了在管道的设计布置上注意之外，还应把好制造安装质量关。减小管道局部阻力主要应从如下几方面着手。

1）在管道变截面处避免采用突扩突缩结构，而应采用渐扩渐缩的结构。实验表明，当扩展角 θ 为 8°时，局部阻力系数最小，但在变截面 A_1 大小既定的情况下，θ 越小，扩展段的长度越长，在结构布置上可能造成不合理，而且给扩展段的制造带来困难。综合起来考虑，一般可取 θ 为 20°左右，不宜再扩大。在管道的进出口处，截面的突变是不可避免的。这时在管端可采用喇叭形或锥形结构，可使局部阻力系数大大减小。

2）在管道变方向处应避免采用急转弯头，而采用缓转弯头，且选用较大的弯曲半径。为减少缓转弯头的局部阻力系数，一般要求 $R/d(b) \geqslant 3.5$。对于通风工程和防排烟工程来说，风道和烟道的截面尺寸较大，要做到 $R/d(b) \geqslant 3.5$ 是困难的，在不得已采用小弯曲半径的缓转弯头甚至急转弯头的情况下，在弯头内装设导流板对减小弯头的局部阻力系数是很有成效的。如图 4-13 所示的急转弯头，当没有装设导流板时，其局部阻力系数可达 1.1 左右；当装设由薄钢板弯制的导流板时，局部阻力系数减小至约 0.4；当导流板做成流线形时，局部阻力系数仅为 0.25 左右。可见在急转弯头内装设导流板，可使其局部阻力系数成倍地减小。

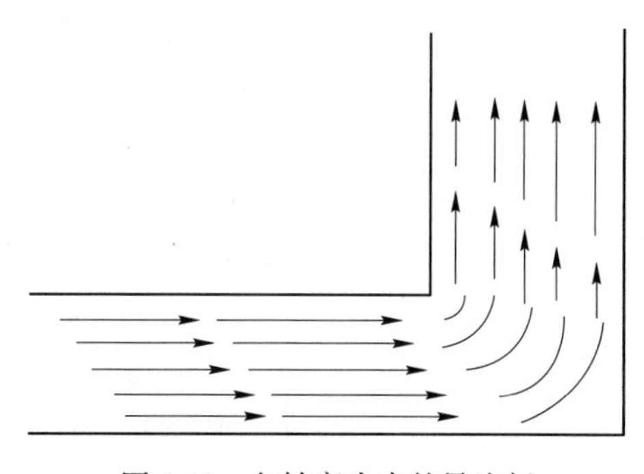

图 4-13　急转弯头内的导流板

3）减小管道变流股处的局部阻力。其措施主要有：①采用圆角边或一定锥度的扩展段结构；②减小支管与直管的夹角 α，一般 $\alpha \leqslant 30°$；③以平稳的转弯代替支管；④在总管中根据支管的流量分配装设合流板或分流板。一般希望各支管和总管中的工质流速相等，所以各支管的流通截面积之和等于总管的流通截面积。

4）限制管道进出口的流速。为了减小管道进出口的局部阻力，除了采用喇叭形或锥形管端外，还应限制管道进出口处管内的流速，对于一般通风系统的进风口和排气口，气流速度为 1.5~3.5 m/s，最大不超过 6 m/s。对于防排烟工程中的进风口和排烟口，根据事故运行系统气流速度高于常年运行系统气流速度的原则，送风口气流速度不大于 7 m/s，排烟口气流速度不大于 10 m/s。

4.6.3.2 保证管路流量分配

管路流量分配是指并联回路或平行管路中各部分支管路中介质的流量分配。流量分配是根据生产工艺、生活及安全技术等要求而定的。在一般情况下，并联回路各管路中所要求的流量是各不相同的，而平行管路各支管路中的流量分配则要求尽可能均匀。

（1）水力平衡的概念。各回路或支管中介质的质量流量分配原则是质量流量与对应的回路或支管路的水力特性值的平方根成反比例。为此，把为保证各并联回路或平行管路中得到应有的介质流量，在相同的阻力前提下确定各回路或各支管水力特性值的过程称为水力平衡，即并联回路或平行管路中各部分管路流量、阻力和水力特性值的相互匹配。水力平衡分为水力平衡设计和水力平衡调节两种。水力平衡设计是指在管路系统设计阶段所进行的水力平衡设计计算，要求使调节装置在较大的开度或全开情况下满足各部分管路流量分配要求。水力平衡调节是指在管路系统正式投入运行之前所进行的水力平衡调整试验，通过调整调节装置的开度，以保证在实际运行中满足各部分管路流量分配要求。为此，管路系统中应装设必要的调节装置，如调节阀门、调节挡板等，以提供调节的可能性。正确的水力平衡设计和必要的水力平衡调节两者是相辅相成的，缺一不可。没有正确的水力平衡设计作为基础，单凭水力平衡调节是不可能达到管路流量分配要求的；而任何正确的水力平衡设计，如果没有必要的水力平衡调节来辅助，同样达不到较为满意的流量分配结果。就总的指导思想而言，应以水力平衡设计为主，水力平衡调节为辅，所以，在设计中应尽量力求使管路各部分的流量分配满足要求，使调节装置在较大的开启度下工作。

保证管路流量分配的水力平衡设计，实质上是并联回路或平行管路的第三类命题的管路计算问题，即在已知管路系统的总流量和允许的压力降的条件下确定管路各部分的流量。具体的计算过程是确定各回路或各支管的水力特性值以及整个管路系统的总水力特性值。前面已经讨论过，任何管路的水力特性值决定于管路本身的结构特性和介质的参数，同时还与管内流动所处的阻力区域有关。所以，必须预先假定所处的阻力区域，然后进行计算并进行校核。任何一部分管路校核结果与假定区域不符时，计算结果无效，应重新假设，重新计算，直到所有管路预先假定所处的阻力区域与校核结果相符时，计算结果才最终有效。这说明水力平衡设计是一个非常复杂的过程。

（2）保证平行管路流量分配均匀的措施。平行管路是并联管路的一种，其特点是各平行管路的长度、形状和直径相同或基本相同，进出口分别连接于同一分流联箱和集流联箱，另外，一般在平行管上无调节装置。保证这类平行管路流量分配均匀的措施如下。

1）采用合理的联箱引进引出方式。最好采用多点引进引出的方式，如因条件限制不能采用多点方式，则应采用∏或 H 形连接方式，应尽量避免采用 Z 形连接方式。

2）限制联箱的轴向速度。降低联箱的轴向速度可减小联箱沿程的摩擦阻力和动压头，以使联箱轴向的压力均匀分布，从而改善平行管内流量分配均匀性。但轴向速度越小，联箱的口径越大，造价增加，所以一般联箱内的轴向速度对空气而言，不宜超过 10 m/s。

3）改进联箱结构。如图 4-14 所示，分流联箱采用渐缩型结构，这样，从左到右，随着介质流量减少，联箱的截面积也相应减小，使轴向速度保持不变。集流联箱则应采用渐扩型结构，从左到右，随着介质流量增加，联箱的截面积也相应增大，从而使轴向速度保持不变。这种渐缩型和渐扩型结构对于通风和防排烟工程中的风箱和烟箱来说是容易做到的。

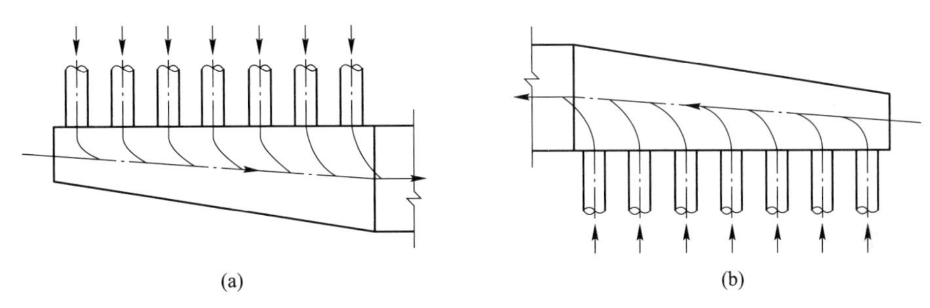

图 4-14　渐扩型与渐缩型联箱

（a）渐扩集流联箱；（b）渐缩分流联箱

4-1　风道中摩擦阻力产生的原因是什么？

4-2　减小风道局部阻力的措施有哪些？

4-3　风道中风流的点压力有哪些？

4-4　什么是“最不利环路”？

4-5　简述管道设计的基本要求。

4-6　管道直径 $d=100$ mm，输送水的流量 $q=0.01$ m^3/s，水的运动黏度 $\nu=1\times10^{-6}$ m^2/s，求水在管中的流动状态。

5 建筑防烟系统设计原理

【教学目标】

熟悉防烟分区；熟悉防烟系统一般设计要求；掌握机械加压送风系统的设计计算要求。

【重点与难点】

防烟系统一般设计要求；机械加压送风系统设计要求。

防烟系统作为火灾时期通过自然通风防止烟气在楼梯间、前室等空间内聚集，或通过机械加压送风阻止烟气侵入楼梯间、前室等空间的系统，一直是消防系统中重要的组成部分。防烟系统能否起到应有的作用，对于火灾初期人员是否能安全及时地疏散逃离有着重要的作用。

5.1 相关概念与防烟分区

建筑物发生火灾时为保证人员的安全，需要为其提供不受烟气干扰的疏散路线和避难场所，以保证人员安全疏散与避难。因此，需要在建筑物的疏散通道和避难场所设置防烟系统。防烟系统是指采用机械加压送风方式或自然通风方式，防止烟气进入疏散通道等区域的系统。建筑物的防烟方式可采用自然通风方式或机械加压送风方式。机械加压送风是指对防烟楼梯间、合用前室、防烟楼梯间前室及其他需要被保护区域采用机械送风，使该区域形成正压，防止烟气进入。

根据现行的《建筑防排烟系统技术规范》的规定，采用机械加压送风系统时，前室、合用前室、消防电梯前室、封闭避难层（间）与走道之间的压差应为 25~30 Pa，防烟楼梯间与走道之间的压差应为 40~50 Pa。然而，走道一般采用机械排烟或自然排烟，这样就形成了楼梯间压力高于前室压力，前室压力高于走道压力的模式，人在疏散过程中，压力越来越高，烟气浓度越来越小，疏散越来越安全。

当楼梯间、前室等加压部位的门关闭时，楼梯间和前室与着火楼层相比，保持一定的正压。打开门时，在门洞断面处就会有气流从加压部位流向走道，并且有足够的气流速度，这样就可以防止烟气进入前室和楼梯间。

5.1.1 基本概念

为了加强对本章内容的理解，以下对一些相关的术语作简要介绍。

（1）高层民用建筑。高度大于 27 m 的住宅建筑和 2 层及 2 层以上、建筑高度大于

24 m 的其他民用建筑。

对于坡屋面，建筑高度为建筑物室外设计地面到其檐口的高度；对于平屋面（包括有女儿墙的平屋面），建筑高度为建筑物室外设计地面到其屋面面层的高度；同一座建筑物有多种屋面形式时，建筑高度应按上述方法分别计算后取其中最大值；局部突出屋顶的瞭望塔、冷却塔、水箱间、微波天线间或设施、电梯机房、排风和排烟机房以及楼梯出口小间等，不计入建筑高度内。

建筑的地下室、半地下室的顶板面高出室外设计地面的高度不大于 1.5 m 者，不计入建筑层数内；建筑底部设置的高度不超过 2.2 m 的自行车库、储藏室、敞开空间，不计入建筑层数内；建筑屋顶上突出的局部设备用房、突出屋面的楼梯间等，不计入建筑层数内。

（2）裙房。与高层民用建筑相连的、建筑高度不超过 24 m 的附属建筑。

（3）综合建筑。具有 2 种及 2 种以上使用功能的建筑。

（4）重要公共建筑。发生火灾后伤亡大、损失大、影响大的公共建筑。

（5）商业服务网点。居住建筑的首层或首层及二层设置的百货店、副食店、粮店、邮政所、储蓄所、理发店等小型营业性用房。该用房建筑面积不超过 300 m^2，采用耐火极限不低于 1.5 h 的楼板和耐火极限不低于 2 h 且无门窗洞口的隔墙，与居住部分及其他用房完全分隔，其安全出口、疏散楼梯与居住部分的安全出口、疏散楼梯分别独立设置。

（6）封闭楼梯间。在楼梯间入口处设有防火分隔设施，以防止烟和热气进入楼梯间。

（7）防烟楼梯间。在楼梯间入口处采取设置防烟前室等防烟措施，以防止烟和热气进入楼梯间。

（8）避难走道。用于人员安全通行的走道，走道两侧采用实体防火墙分隔，并设置有防烟设施等。

（9）挡烟垂壁。用不燃材料或难燃材料制成的，下垂高度不小于 500 mm 的固定或活动的挡烟设施。

（10）储烟仓。在排烟空间的建筑顶部由挡烟垂壁、梁、隔墙等形成的用于积聚烟气的空间。

（11）排烟窗。在火灾发生后，能够通过手动打开或通过火灾自动报警系统联动控制自动打开，将建筑火灾中热烟气有效排出的装置。

（12）自动排烟窗。与火灾自动报警系统联动或可远距离控制的排烟窗。

（13）手动排烟窗。人员可以就地方便开启的排烟窗。

（14）防火风管。通过《通风管道的耐火试验方法》（GB/T 17428—2009）方法检测，能满足一定耐火极限，用于送风或排风的管道。防风管常在穿越防火分区间使用。

（15）清晰高度。烟层底部至室内地平面的高度。

（16）羽流。火灾时烟气卷吸四周空气所产生的混合烟气流。羽流分为轴对称型羽流、阳台型羽流、窗口型羽流、墙型羽流、角型羽流。

（17）轴对称型羽流。不与四周墙壁或障碍物接触，并且不受气流干扰的羽流。

（18）阳台型羽流。从着火房间的门梁处溢出，并沿着着火房间外的阳台或水平突出物流动，至阳台或水平突出物的边缘向上溢出至相邻的高大空间的羽流。

（19）窗口型羽流。烟气从门、窗等墙壁开口处溢出的羽流。

（20）墙型羽流。仅与单面墙壁或障碍物在烟层底以下接触，并且不受气流干扰的羽流。

（21）角型羽流。仅与相邻的两面墙壁或障碍物在烟层底以下接触，并且不受气流干扰的羽流。

（22）临界排烟量。每个排烟口允许排出的最大排烟量。

5.1.2 防烟分区

防烟分区是指在建筑内部屋顶或顶板、吊顶下采用具有挡烟功能的构、配件分隔成具有一定蓄烟能力的局部空间。防烟分区通过控制烟气蔓延，并通过所设置的排烟设施加以排除，从而达到控制烟气扩散和火灾蔓延的目的。因此，为保证火灾时人员的安全疏散，需要对建筑划分防烟分区，并且防烟分区不允许跨越防火分区。

5.1.2.1 防烟分区的概念

为了防止火势蔓延和烟气传播，各国的法规中对建筑内部间隔作了明文规定，规定了建筑中必须划分防火分区和防烟分区。所谓防火分区是指采用具有一定耐火性能的防火墙或防火分隔物，将建筑物人为地划分为能在一定时间内防止火灾向同一建筑物的其他部分蔓延的局部空间或区域。而防烟分区是在设置排烟措施的过道、房间中，用隔墙或其他措施（可以阻挡和限制烟气的流动）分隔的区域。防火分区与防烟分区的不同之处如下。

（1）防火分区与防烟分区的作用不完全相同。防火分区的作用是有效地阻止火灾在建筑物内沿水平和垂直方向蔓延，把火灾限制在一定的空间范围内，以减少火灾损失。防烟分区的作用是在一定时间内把建筑火灾的高温烟气控制在一定的区域范围内，为排烟设施排除火灾初期的高温烟气创造有利条件，而且也能阻止烟气蔓延。

（2）防火分隔构件与防烟分隔构件的结构形式和耐火性能的要求不同。防火分区的防火分隔构件必须是不燃烧体，而且具有规定的耐火极限。在构造上是连续的，从内墙到外墙，从地板到楼板，从一个防火分隔构件到另一个防火分隔构件，或是它们的组合。防烟分区的防烟分隔构件也是不燃烧体，在构造上虽然也要求是连续设置，但在按面积划分防烟分区时，防烟分隔件可以是隔墙，也可以是挡烟垂壁或从顶棚下凸出的不小于 50 cm 的梁，后两种构件在竖向上就不是从地板到楼板的连续隔断体，而以隔墙（包括防火墙）作为防烟分隔构件，仅是防烟分隔中的一部分。

（3）防火分区与防烟分区划分面积的不同。防火分区的划分是以建筑面积为基础的，根据其房间的使用功能和建筑类别的不同，划分防火分区的建筑面积的要求是不同的。民用建筑防火分区允许建筑面积如表 5-1 所示。而且设有自动喷水灭火系统保护的区域，其防火分区面积可在规定的防火分区面积基础上增加 1 倍。防烟分区的划分虽然也是以建筑面积为依据，但要求防烟分区的建筑面积不宜超过 2000 m^2，而且不能因为设有自动喷水灭火系统而予以扩大。划分防烟分区的建筑面积，也不会因为房间的使用功能或建筑类别的不同而改变，但另有规定的除外。由于热烟在流动过程中被冷却，所以在流动一定距离后热烟会成为冷烟而离开顶棚沉降下来，这时挡烟垂壁等挡烟设施就不再起控制烟气的作用，所以防烟分区面积不应过大，也不应因设自动喷水灭火系统而扩大 1 倍，它的面积确定只与一定热释放率的火灾所产生的热烟流动范围有关。

表 5-1 民用建筑防火分区允许建筑面积

名 称	耐火等级	建筑高度或允许层数	防火分区的允许建筑面积/m^2	备 注
高层民用建筑	一、二级		1500	1. 体育馆、剧院的观众厅，其防火分区允许建筑面积可适当放宽； 2. 当高层建筑与其裙房之间未设置防火墙等防火分隔设施时，裙房的防火分区允许建筑面积不应大于 1500 m^2
裙房，单层或多层民用建筑	一、二级	1. 单层公共建筑的建筑高度不限； 2. 住宅建筑的建筑高度不大于 27 m； 3. 其他民用建筑的建筑高度不大于 24 m	2500	
	三级	5 层	1200	—
	四级	2 层	600	—
地下、半地下建筑(室)	一级	不宜超过 3 层	500	设备用房的防火分区允许建筑面积不应大于 1000 m^2

（4）防火分区与防烟分区的划分原则不完全相同。防火分区是利用防火分隔构件，把建筑内的空间划分为若干防火单元。建筑内的空间无一例外的都要被划分为防火单元。防烟分区只在按规定需要设排烟设施的走道和房间划分。当走道和房间不需要设排烟设施时，这些部位可不划分防烟分区。对于净高超过 6 m 的房间，一般说来是适用面积较大的房间，例如会议室、展览厅、体育馆等，由于火灾烟气累积时间较长，不会在短时间内威胁到人员生命健康，故可不划分防烟分区。防烟分区的划分是在防火单元内进行的，即一个防火分区内，用防烟分隔构件划分为若干防烟分区，而且防烟分区不应跨越防火分区。

为了要控制建筑火灾烟气的流动，使其不肆意扩散，以便通过排烟装置和排烟设备将烟气迅速排除，需要用一些具有一定耐火强度的防火分隔物划分防烟分区。挡烟垂壁是较为常用的防烟分区划分构件。

需要注意的是《建筑防排烟系统技术规范》规定：防烟分区不宜大于 2000 m^2，长边不应大于 60 m。当室内高度超过 6 m，且具有对流条件时，长边不应大于 75 m。同时《建筑设计防火规范》规定：需设置机械排烟设施且室内净高不大于 6.0 m 的场所应划分防烟分区；每个防烟分区的建筑面积不宜超过 500 m^2，防烟分区不应跨越防火分区。

5.1.2.2 防烟分区划分

划分防烟分区时，防烟分区的面积必须合适，如果面积过大，会使烟气波及面积扩大，增加烟气的影响范围，不利于人员安全疏散和火灾扑救；如果面积过小，不仅影响使用，还会提高工程造价。防烟分区应根据建筑物的种类和要求不同，可按其功能、用途、面积、楼层等划分。防烟分区一般应遵守以下原则设置。

（1）不设排烟设施的房间（包括地下室）和走道，不划分防烟分区。

（2）走道和房间（包括地下室）按规定都设置排烟设施时，可根据具体情况分设或合设排烟设施，并按分设或合设的情况划分防烟分区。

（3）当走道按规定应设排烟设施而房间不设时，若房间与走道相通的门为防火门，可只按走道划分防烟分区；若房间与走道相通的门不是防火门，则防烟分区的划分还应包括房间面积。

（4）房间按规定应设排烟设施而走道不设时，若房间与走道相通的门为防火门，可只按房间划分防烟分区；若房间与走道相通的门不是防火门，则防烟分区的划分还应包括走道面积。

（5）一座建筑物的某几层需设排烟设施，且采用垂直排烟道（竖井）进行排烟时，若其余按规定不需要设排烟设施的楼层需增加的投资不多，可考虑扩大设置范围，各层也宜划分防烟分区，设置排烟设施。

（6）对有特殊用途的场所，如地下室、防烟楼梯间、消防电梯、避难层间等应单独划分防烟分区。

5.2 防烟系统设置部位

5.2.1 防烟系统应设要求

根据《建筑设计防火规范》的规定，建筑物需要设置防烟系统的部位主要有疏散楼梯间、前室、合用前室以及避难层（间）、避难走道。

根据《建筑设计防火规范》的规定，下列场所或部位在不具备自然通风条件时，应设置机械加压送风的防烟设施。

（1）当防烟楼梯间的前室或合用前室采用机械加压送风方式时，其楼梯间也应采用机械加压送风方式。

（2）建筑高度超过 50 m 的公共建筑和工业建筑中的防烟楼梯间及前室、消防电梯前室、合用前室的防烟系统。

（3）建筑高度超过 100 m 的住宅建筑，其防烟楼梯间及前室、消防电梯前室、合用前室的防烟系统。

（4）建筑的地下部分为 3 层或 3 层以上，或当地下最底层室内地坪与室外地坪高差大于 10 m 时设置的防烟楼梯间。

（5）当封闭楼梯间不能采用自然通风方式时。

（6）封闭避难层（间）。

5.2.2 防烟系统可不设条件

根据《建筑设计防火规范》的规定，下列楼梯间或前室、合用前室可以不设置防烟系统。

（1）利用敞开的阳台、凹廊作为防烟楼梯间的前室、合用前室，或前室、合用前室设有不同朝向可开启外窗的楼梯间，且可开启外窗开口面积符合自然排烟要求。

（2）消防电梯井设有机械加压送风时的消防电梯前室。

（3）建筑高度低于 100 m 的住宅建筑，前室、合用前室设有可开启面积符合要求的可开启外窗时的楼梯间。

（4）消防电梯井和防烟楼梯间均设有机械加压送风时的合用前室。

5.3 防烟系统一般设计要求

（1）建筑防烟系统的设计应根据建筑高度、使用性质等因素，采用自然通风系统或机械加压送风系统。

（2）建筑高度大于 50 m 的公共建筑、工业建筑和建筑高度大于 100 m 的住宅建筑，其防烟楼梯间、独立前室、共用前室、合用前室及消防电梯前室应采用机械加压送风系统。

（3）建筑高度小于或等于 50 m 的公共建筑、工业建筑和建筑高度小于或等于 100 m 的住宅建筑，其防烟楼梯间、独立前室、共用前室、合用前室（除共用前室与消防电梯前室合用外）及消防电梯前室应采用自然通风系统；当不能设置自然通风系统时，应采用机械加压送风系统。防烟系统的选择，还应符合下列要求：

1）当独立前室或合用前室满足下列条件之一时，楼梯间可不设置防烟系统：

①采用全敞开的阳台或凹廊，如图 5-1 所示。

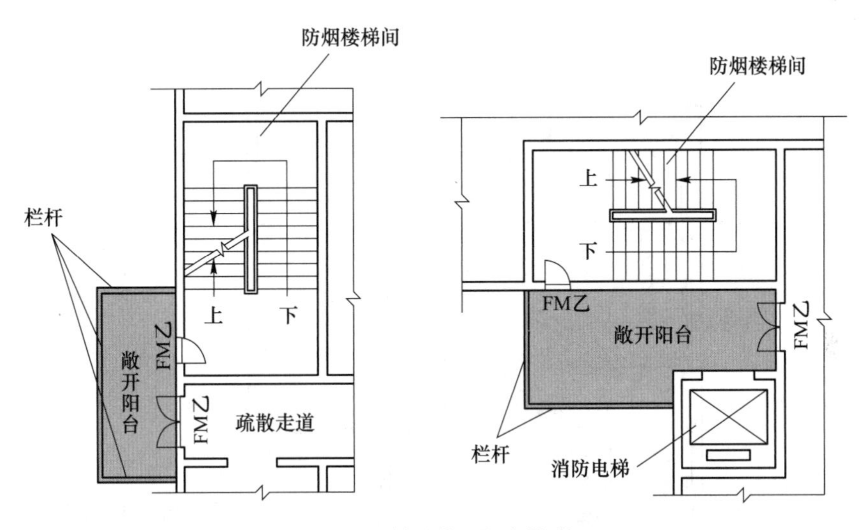

图 5-1　利用敞开阳台情况

②设有两个及以上不同朝向的可开启外窗，且独立前室两个外窗面积分别不小于 2.0 m^2，合用前室两个外窗面积分别不小于 3.0 m^2。

2）当独立前室、共用前室及合用前室的机械加压送风口设置在前室的顶部或正对前室入口的墙面时，楼梯间可采用自然通风系统，如图 5-2 所示；当机械加压送风口未设置在前室的顶部或正对前室入口的墙面时，楼梯间应采用机械加压送风系统。

3）当防烟楼梯间在裙房高度以上部分采用自然通风时，不具备自然通风条件的裙房的独立前室、共用前室及合用前室应采用机械加压送风系统，且独立前室、共用前室及合用前室送风口的设置方式应符合规定。

（4）建筑地下部分的防烟楼梯间前室及消防电梯前室，当无自然通风条件或自然通风不符合要求时，应采用机械加压送风系统，如图 5-3 所示。

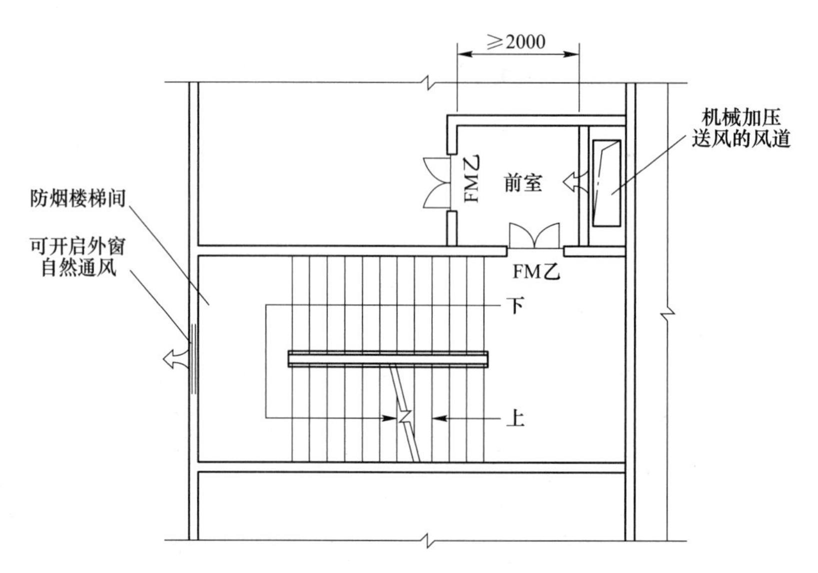

图 5-2　楼梯间采用自然通风系统

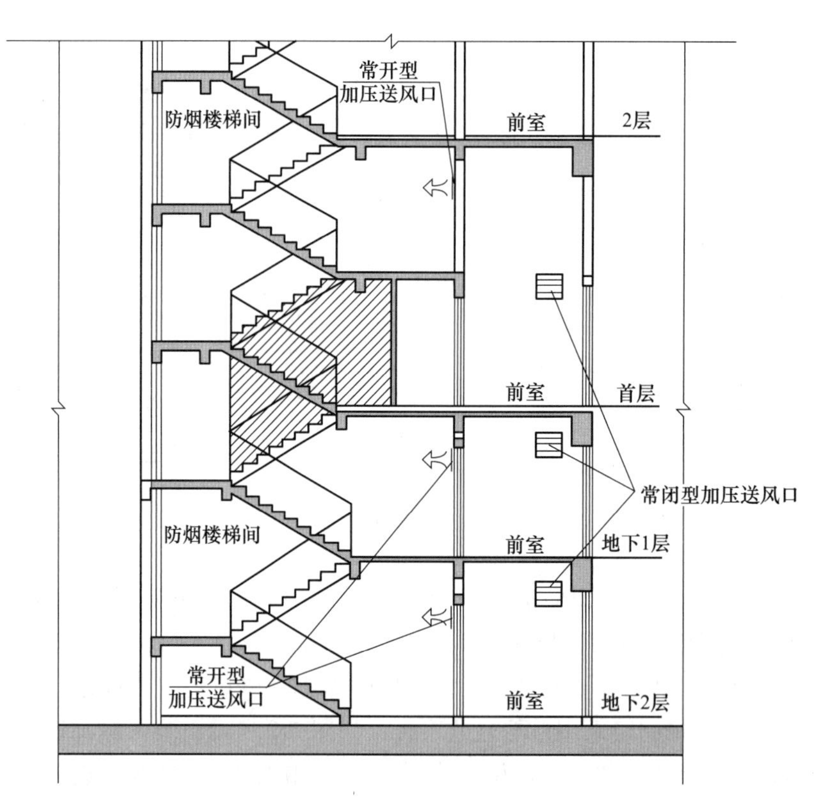

图 5-3　无自然通风条件

（5）防烟楼梯间及其前室的机械加压送风系统的设置应符合下列规定。

1）建筑高度小于或等于 50 m 的公共建筑、工业建筑和建筑高度小于或等于 100 m 的住宅建筑，当采用独立前室且其仅有一个门与走道或房间相通时，可仅在楼梯间设置机械加压送风系统；当独立前室有多扇门时，楼梯间、独立前室应分别独立设置机械加压送风系统，如图5-4所示。

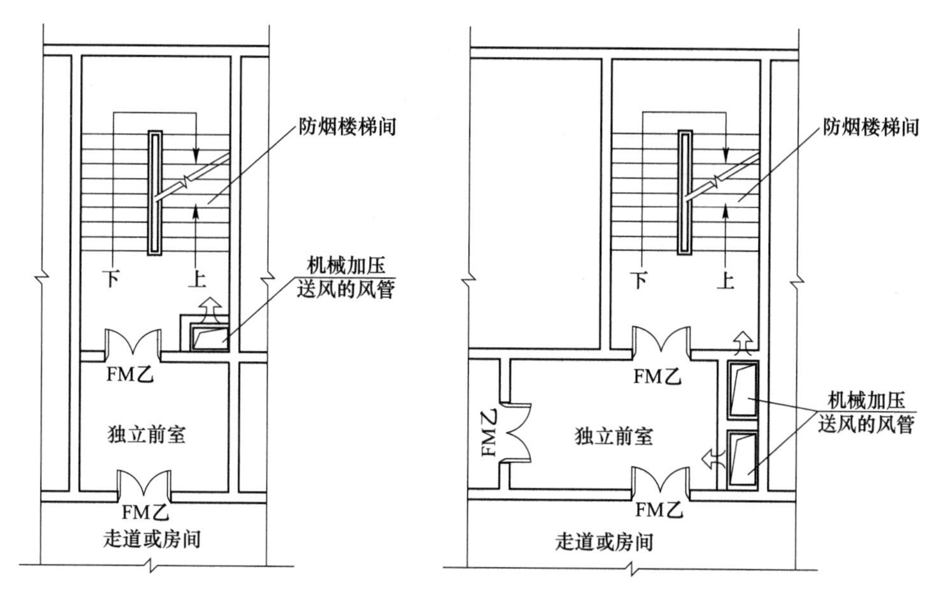

图5-4　独立前室有一个门或多个门情况

2）当采用合用前室时，楼梯间、合用前室应分别独立设置机械加压送风系统，如图5-5所示。

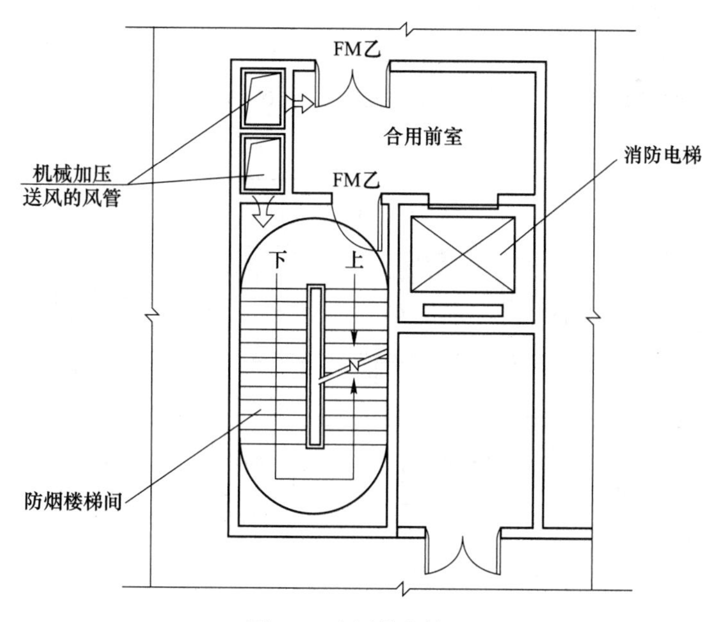

图5-5　合用前室情况

3）当采用剪刀楼梯时，其两个楼梯间及其前室的机械加压送风系统应分别独立设置。

（6）封闭楼梯间应采用自然通风系统，不能满足自然通风条件的封闭楼梯间，应设置机械加压送风系统。当地下、半地下建筑（室）的封闭楼梯间不与地上楼梯间共用且地下仅为一层时，可不设置机械加压送风系统，但首层应设置有效面积不小于 1.2 m^2 的可开启外窗或直通室外的疏散门，如图 5-6 所示。

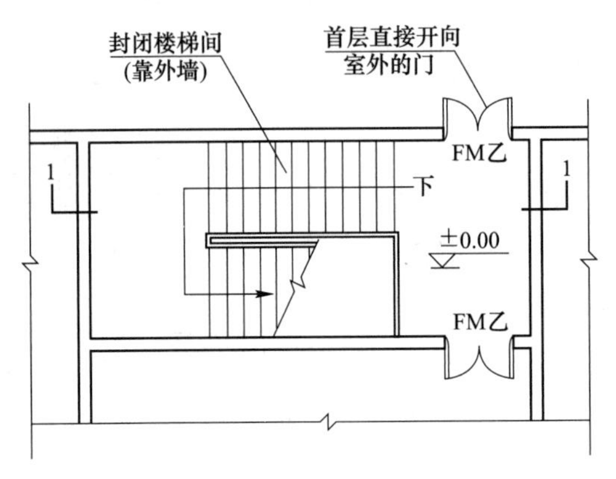

图 5-6　地下仅为一层情况

（7）设置机械加压送风系统的场所，楼梯间应设置常开风口，前室应设置常闭风口。

（8）避难层的防烟系统可根据建筑构造、设备布置等因素选择自然通风系统或机械加压送风系统。

（9）避难走道及其前室应分别设置机械加压送风系统，但下列情况可仅在前室设置机械加压送风系统（见图 5-7）：

1）避难走道一端设置安全出口，且总长度小于 30 m。

2）避难走道两端设置安全出口，且总长度小于 60 m。

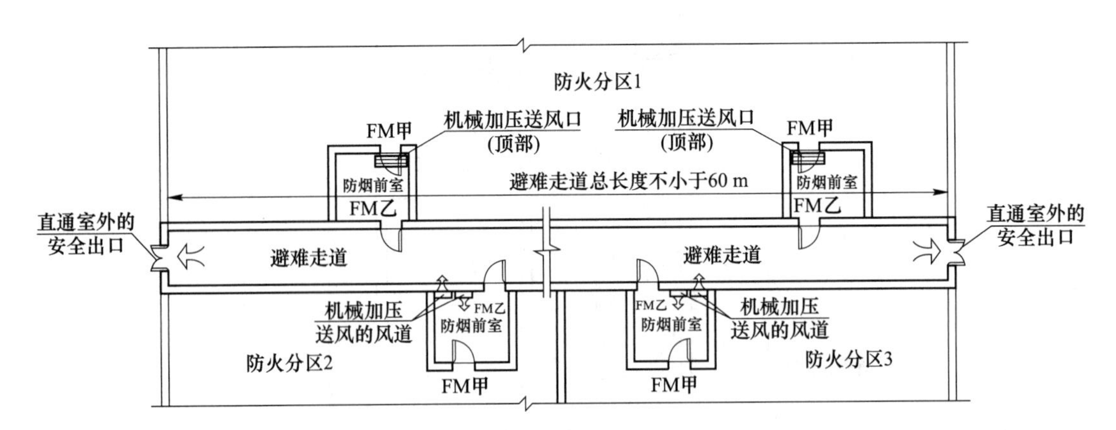

图 5-7　避难走道两端设置安全出口

5.4　自然通风设施设计要求

（1）采用自然通风方式的封闭楼梯间、防烟楼梯间，应在最高部位设置面积不小于

1.0 m^2 的可开启外窗或开口；当建筑高度大于 10 m 时，还应在楼梯间的外墙上每 5 层内设置总面积不小于 2.0 m^2 的可开启外窗或开口，且布置间隔不大于 3 层。

（2）前室采用自然通风方式时，独立前室、消防电梯前室可开启外窗或开口的面积不应小于 2.0 m^2，共用前室、合用前室面积不应小于 3.0 m^2，如图 5-8 所示。

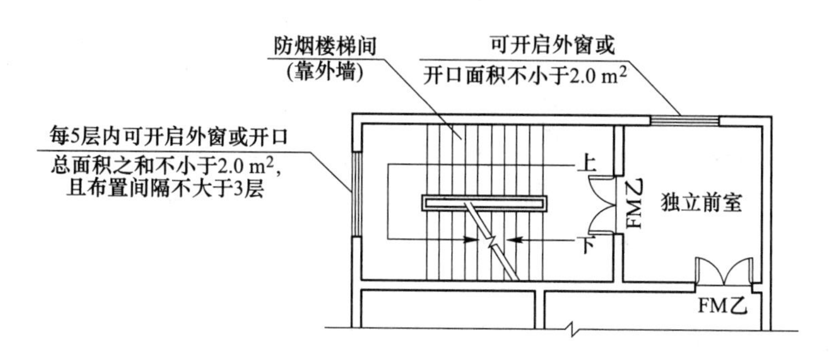

图 5-8　自然通风条件

（3）采用自然通风方式的避难层（间）应设有不同朝向的可开启外窗，其有效面积不应小于该避难层（间）地面面积的 2%，且每个朝向的面积不应小于 2.0 m^2。

（4）可开启外窗应方便直接开启，设置在高处不便于直接开启的可开启外窗应在距地面高度为 1.3~1.5 m 的位置设置手动开启装置。

5.5　机械加压送风设施设计要求

5.5.1　加压送风系统设计要求

《建筑防烟排烟系统技术标准》中对加压送风系统设计的要求有以下几点。

（1）建筑高度大于 100 m 的建筑，其机械加压送风系统应竖向分段独立设置，且每段高度不应超过 100 m。

（2）采用机械加压送风系统的防烟楼梯间及其前室应分别设置送风井（管）道，送风口（阀）和送风机。

（3）建筑高度小于或等于 50 m 的建筑，当楼梯间设置加压送风井（管）道确有困难时，楼梯间可采用直灌式加压送风系统（见图 5-9），并应符合下列规定。

1）建筑高度大于 32 m 的高层建筑，应采用楼梯间两点部位送风的方式，送风口之间距离不宜小于建筑高度的 1/2；

2）送风量应按计算值或标准规定的送风量增加 20%；

3）加压送风口不宜设在影响人员疏散的部位。

（4）设置机械加压送风系统的楼梯间的地上部分与地下部分，其机械加压送风系统应分别独立设置。当受建筑条件限制且地下部分为汽车库或设备用房时（见图 5-10），可共用机械加压送风系统，并应符合下列规定。应按标准规定分别计算地上、地下部分的加压

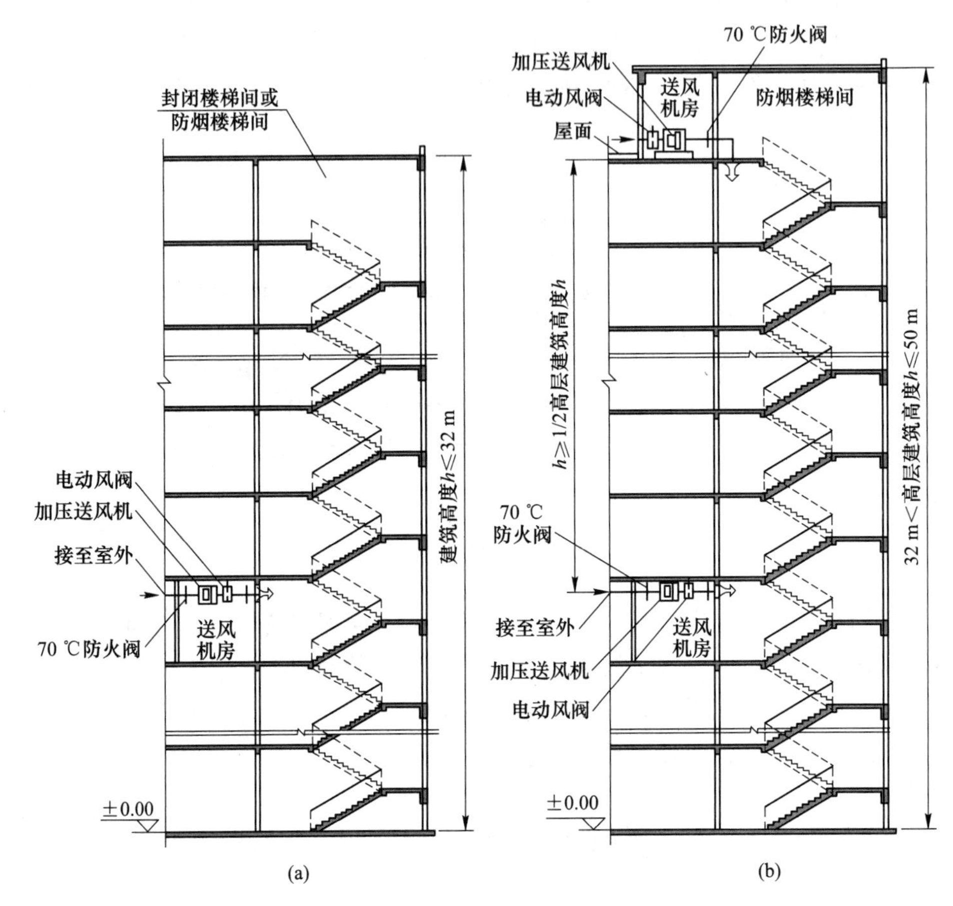

图 5-9 直灌式加压送风系统

（a）小于等于 32 m 的建筑楼梯间直灌式加压送风系统；

（b）大于 32 m 且小于等于 50 m 的高层建筑楼梯间直灌式加压送风系统

送风量，相加后作为共用机械加压送风系统风量；应采取有效措施分别满足地上、地下部分的送风量要求。

5.5.2 加压送风机的设计要求

机械加压送风风机宜采用轴流式风机或中、低压离心式风机，其设置应符合下列规定。

（1）送风机的进风口应直通室外，且应采取防止烟气被吸入的措施。

（2）送风机的进风口宜设在机械加压送风系统的下部。

（3）送风机的进风口不应与排烟风机的出风口设在同一面上。当确有困难时，送风机的进风口与排烟风机的出风口应分开布置（见图 5-11），且竖向布置时，送风机的进风口应设置在排烟出口的下方，其两者边缘最小垂直距离不应小于 6.0 m；水平布置时，两者边缘最小水平距离不应小于 20.0 m。

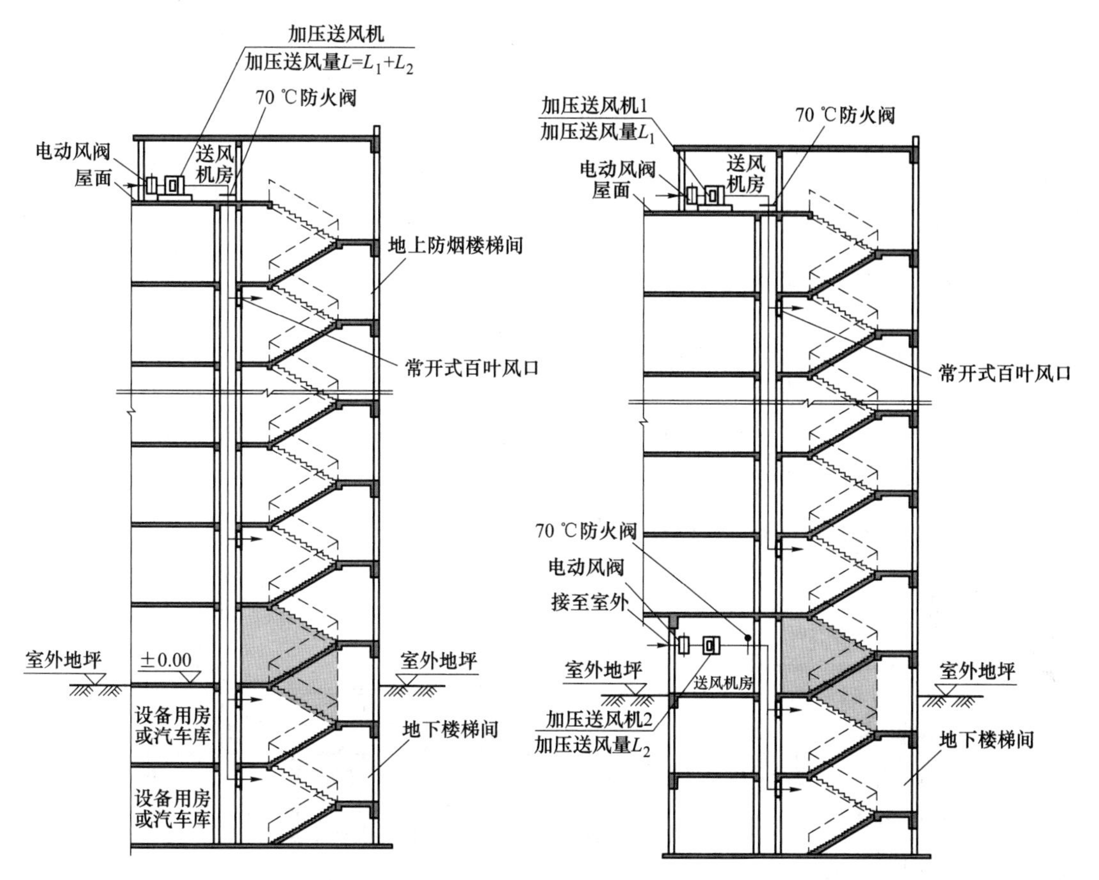

图 5-10 地下部分为汽车库或设备用房情况

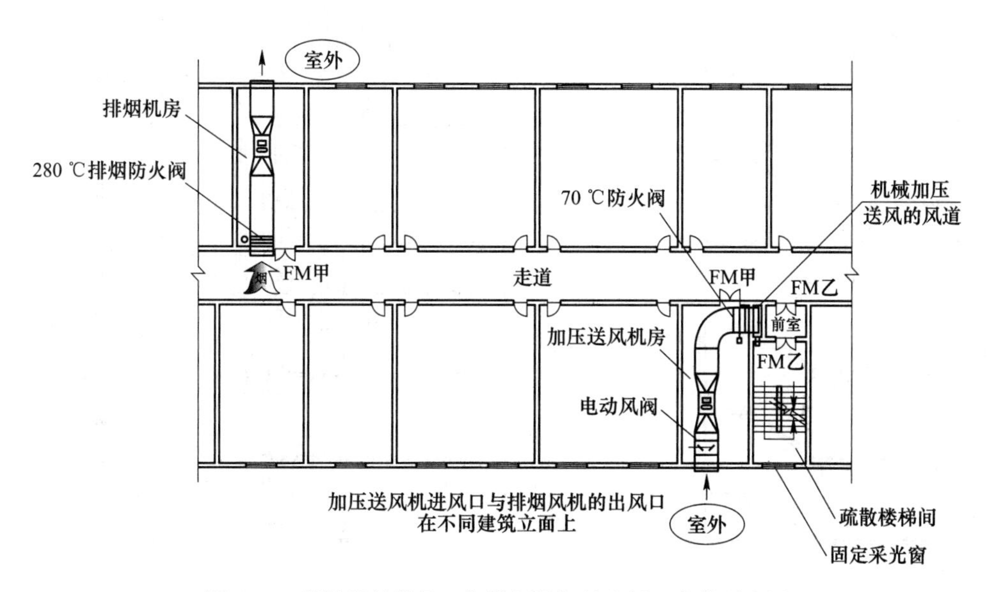

图 5-11 送风机的进风口与排烟风机的出风口应分开布置

（4）送风机宜设置在系统的下部，且应采取保证各层送风量均匀性的措施。

（5）送风机应设置在专用机房内，送风机房并应符合现行国家标准《建筑设计防火规范》（GB 50016）的规定。

（6）当送风机出风管或进风管上安装单向风阀或电动风阀时，应采取火灾时自动开启阀门的措施。

5.5.3 加压送风口设计要求

加压送风口的设置应符合下列规定。

（1）除直灌式加压送风方式外，楼梯间宜每隔 2~3 层设一个常开式百叶送风口；

（2）前室应每层设一个常闭式加压送风口，并应设手动开启装置（见图 5-12）；

（3）送风口的风速不宜大于 7 m/s；

（4）送风口不宜设置在被门挡住的部位。

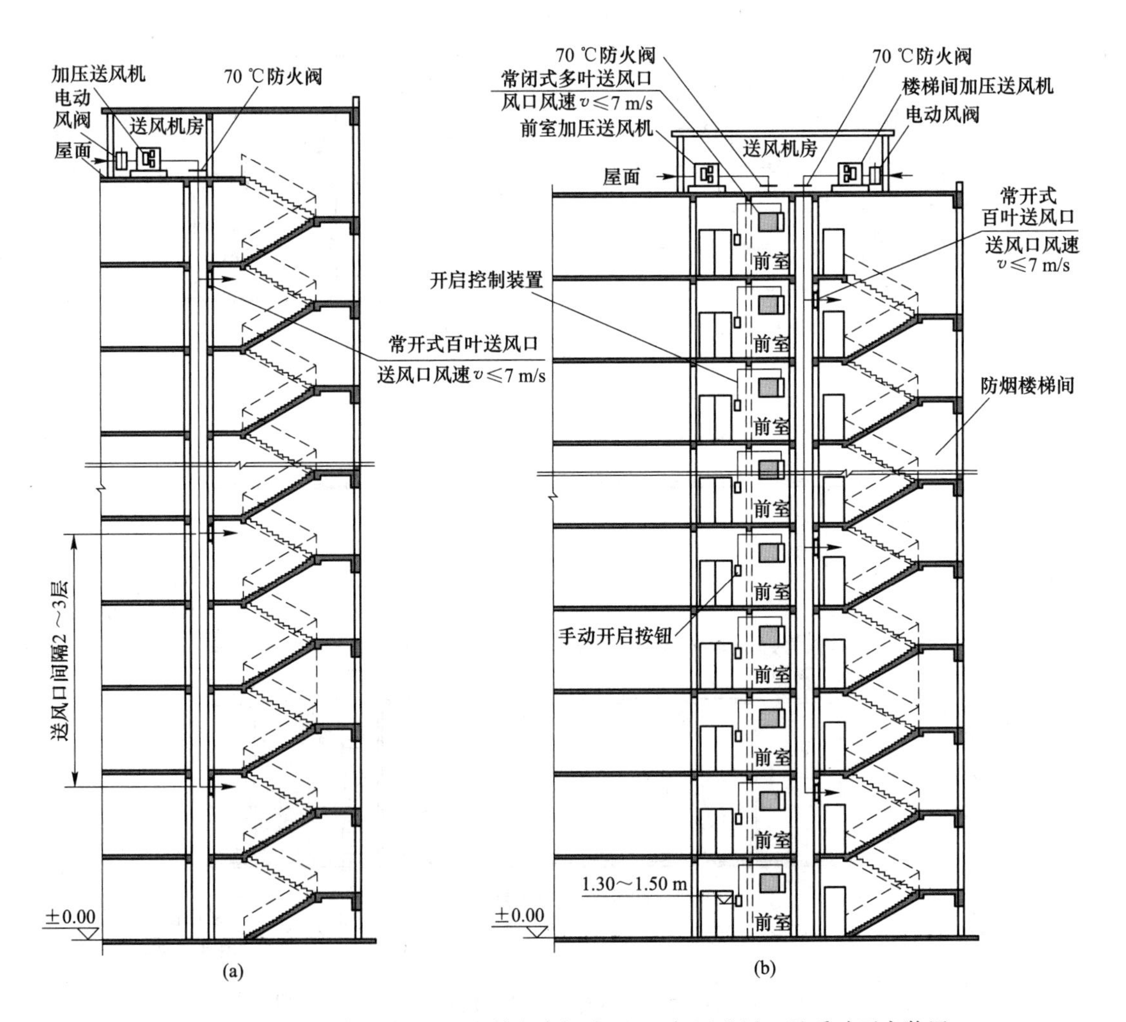

图 5-12 楼梯间常开式（a）和前室常闭式（b）加压送风口及手动开启装置

5.5.4 加压送风管道设计要求

（1）机械加压送风系统应采用管道送风，且不应采用土建风道。送风管道应采用不燃材料制作且内壁应光滑。当送风管道内壁为金属时，设计风速不应大于 20 m/s；当送风管道内壁为非金属时，设计风速不应大于 15 m/s；送风管道的厚度应符合现行国家标准《通风与空调工程施工质量验收规范》（GB 50243）的规定。

（2）机械加压送风管道的设置和耐火极限应符合下列规定：

1）竖向设置的送风管道应独立设置在管道井内，当确有困难时，未设置在管道井内或与其他管道合用管道井的送风管道，其耐火极限不应低于 1.00 h；

2）水平设置的送风管道，当设置在吊顶内时，其耐火极限不应低于 0.50 h；当未设置在吊顶内时，其耐火极限不应低于 1.00 h。

（3）机械加压送风系统的管道井应采用耐火极限不低于 1.00 h 的隔墙与相邻部位分隔，当墙上必须设置检修门时应采用乙级防火门。

5.5.5 场所外窗设计要求

（1）采用机械加压送风的场所不应设置百叶窗，且不宜设置可开启外窗，如图 5-13 所示。

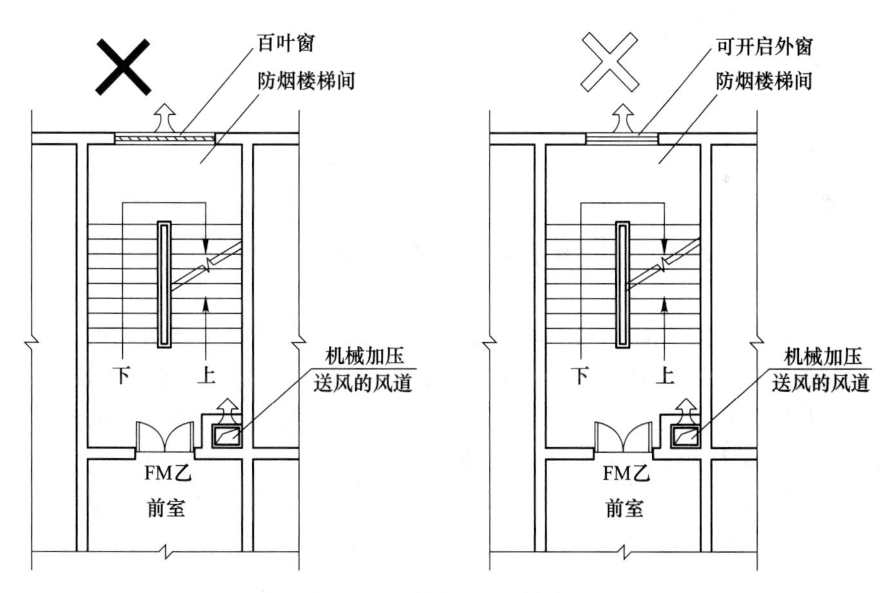

图 5-13 机械加压送风的场所

（2）设置机械加压送风系统的封闭楼梯间、防烟楼梯间，还应在其顶部设置不小于 1.0 m^2 的固定窗。靠外墙的防烟楼梯间，还应在其外墙上每 5 层内设置总面积不小于 2.0 m^2 的固定窗，如图 5-14 所示。

（3）设置机械加压送风系统的避难层（间），还应在外墙设置可开启外窗，其有效面积不应小于该避难层（间）地面面积的 1%。

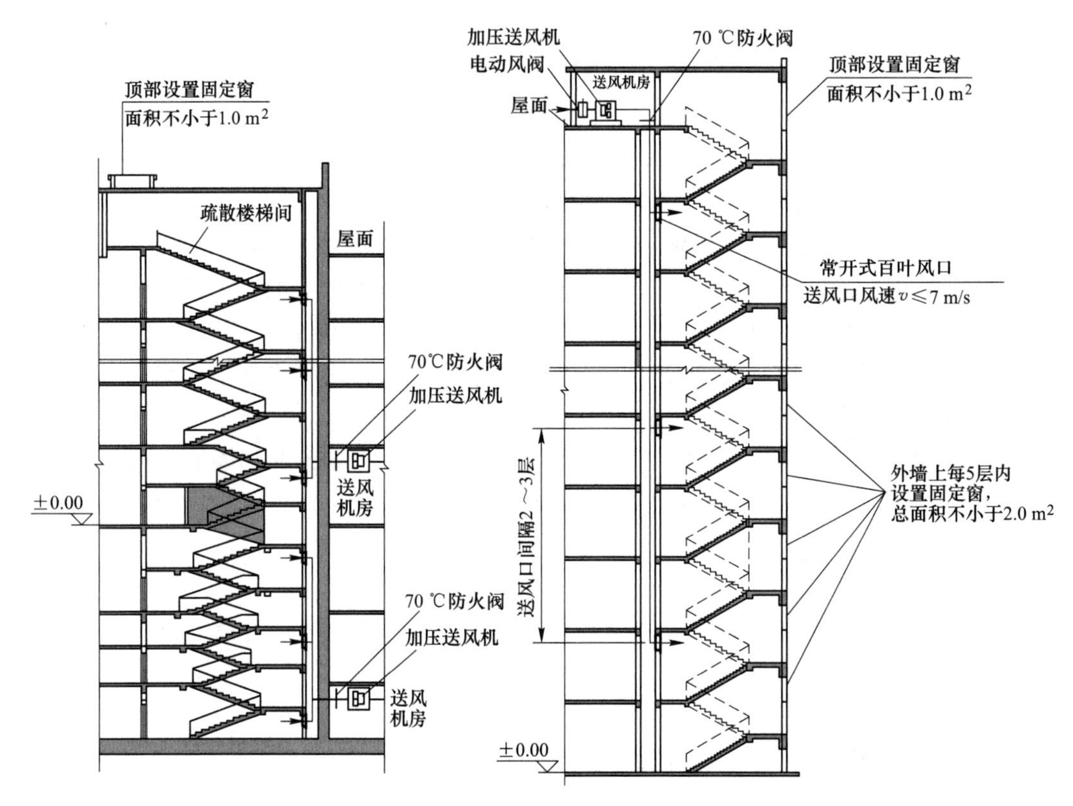

图 5-14　固定窗位置要求

5.6　机械加压送风系统风量计算

机械加压送风量是影响防烟设施效果的重要因素之一，如果加压送风量太小就不能有效防烟，但若加压送风量太大，不但会增加风机的负荷，而且会使加压区域正压值太高，导致疏散时门难以开启。资料表明，对防烟楼梯间及其前室、消防电梯间前室和合用前室的加压送风量的计算方法统计起来有 20 多种，至今尚不统一，在加压送风量的设计计算中存在着一定的盲目性、可变性，设计计算结果也有一定差别。加压送风量的确定可采用计算法和查表法，当计算值和查表值不一致时，应按两者中较大值确定。

5.6.1　计算法

机械加压送风量的计算法有风速法和压差法。风速法是基于门开启时门洞处要保持一定的风速而得出的，而压差法是基于门关闭时门两侧要保持一定的压差而得出的。在讨论防排烟设计时，将它们分别考虑是有好处的。当分隔物上存在一个或几个大的开口，则无论对设计还是测量来说都适宜采用空气流速法；但对于门缝、裂缝等小缝隙，按空气流速设计和测量空气流速都不现实，适宜使用压差法。另外，将两者分别考虑，强调了对于开门或关门的情况应采取不同的处理方法，即在防烟系统设计过程中加压送风机的送风量应按保持加压部位规定正压值所需的漏风量或门开启时保持门洞处规定风速所需的送风量计算。

（1）压差法。当楼梯间和前室之间的门及前室和走廊之间的门关闭时，保持加压部位一定的正压值所需的加压送风量计算式为：

$$L_1 = 0.827A\Delta p^{\frac{1}{n}} \times 1.25N_1 \tag{5-1}$$

式中 L_1——保持加压部位一定的正压值所需的送风量，m^3/s；

A——每个电梯门或疏散门的有效漏风面积，m^2；

Δp——压力差，Pa；

n——指数，一般取 2；

1.25——不严密处附加系数；

N_1——漏风门的数量，当采用常开风口时，取实际楼层数；当采用常闭风口时，取 1。

（2）风速法。当楼梯间和前室之间的门或前室和走廊之间的门开启时，保持门洞处风速所需的加压送风量计算式为：

$$L_2 = A_k v N_2 \tag{5-2}$$

式中 L_2——开启着火层疏散门时为保持门洞处风速所需的送风量，m^3/s；

A_k——每层开启门的总断面面积，m^2；

v——门洞断面风速，m/s，取 0.7~1.2 m/s；

N_2——开启楼层的数量，采用常开风口时，20 层及以下取 2，20 层以上取 3；采用常闭风口时取 1。

（3）有效漏风面积的计算。在工程中经常会出现多个疏散门、电梯门从前室或楼梯间向外漏风，有时所漏出去的风没有直接进入常压区。因此在计算漏风量时，应先分析漏风途径，根据烟气孔口等效流通面积确定漏风面积，然后采用式（5-1）进行漏风量的计算。

门的有效漏风面积计算时，门缝的宽度：疏散门为 0.002~0.004 m，电梯门为 0.005~0.006 m。各种门的门缝长度如表 5-2 所示。

表 5-2 标准门的尺寸

门 的 类 型	宽×高/m×m	缝隙长度/m
开向正压间的小型单扇门	2.0×0.8	5.6
从正压间向外开启的小型单扇门	2.0×0.8	5.6
双扇门	2.0×1.6	9.2
电梯	2.0×1.8	7.6

5.6.2 查表法

《建筑设计防火规范》规定当楼梯间加压送风系统负担层数大于 6 层时的加压送风量可按表 5-3 和表 5-4 规定确定。

表 5-3 封闭楼梯间、防烟楼梯间（前室不送风）的加压送风量

系统负担层数/层	加压送风量/$m^3 \cdot h^{-1}$
7~19	25000~30000
20~32	35000~40000

表 5-4 防烟楼梯间（前室送风）的加压送风量

系统负担层数/层	送风部位	加压送风量/$m^3 \cdot h^{-1}$
7~19	防烟楼梯间	16000~20000
20~32	防烟楼梯间	20000~25000

表 5-3 和表 5-4 的风量是按开启 2.0 m×1.6 m 的双扇门确定。当采用单扇门时，其风量可乘以系数 0.75，非该尺寸的双扇门可按面积比例进行修正；当有两个或两个以上出入口时，其风量应乘以系数 1.50~1.75。开启门时，通过门风速不宜小于 0.7 m/s。

风量上、下限选取应按层数、风道材料、防火门漏风量等因素综合比较确定。封闭避难层（间）的机械加压送风量应按避难层（间）净面积每平方米不少于 30 m^3/h 计算。

为了保证防烟的效果，在计算完加压送风系统的送风量之后，需要对其在门开启时门洞处形成的流速进行校核，门洞断面流速的要求如下。

（1）如果只对楼梯间设置加压送风系统，同层的楼梯间与前室之间的门和前室与走道之间的门同时开启时，要求其中有一个门洞断面流速不小于 0.75 m/s；同层的楼梯间与前室之间的门关闭，而前室与走道之间的门开启时，对前室与走道之间的门洞断面流速无要求。

（2）楼梯间和合用前室分别设置加压送风系统，合用前室与走道之间的门开启时，则要求该门洞断面流速不小于 0.75 m/s；当楼梯间与前室之间的门关闭，而前室与走道之间门开启时，要求前室与走道之间的门洞断面流速不小于 0.5 m/s。

（3）如果只对消防电梯前室设置加压送风系统，前室与走道的门开启时，要求该门洞断面流速不小于 0.75 m/s。

（4）如果只对前室和合用前室设置加压送风系统，当同层的前室与楼梯间之间的门和前室与走道之间的门同时开启时，要求前室与走道之间的门洞断面流速不小于 0.75 m/s，楼梯间与前室之间的门无要求；当楼梯间与前室之间的门关闭，而前室与走道之间门开启时，要求前室与走道之间的门洞断面流速不小于 0.5 m/s。

门洞断面流速与加压风量和室内加压空气的渗出条件有关。门开启时，加压空气进入室内使室内气压上升，对加压空气起到背压作用。为此，假设不存在背压，计算所得的门洞风量或流速均应乘以背压系数。走道采用自然排烟时，背压系数取 0.6；走道采用机械排烟时，背压系数取 0.8。

5.6.3 运行方式与压力控制

5.6.3.1 机械加压送风系统的运行方式

建筑物的加压送风系统可设计成只在发生火灾时投入运行，而在平时则停止运行，这种系统称为一段式运行；也可以设计成平时以较低空气压力连续送风换气，作为改善建筑

物内的空气品质的通风方式，火灾时能立即投入使用，增加空气压力，称为两段式运行。

一般认为两段式运行比较理想，其主要有两个优点：其一，火灾初期，就可以起到对楼梯间等疏散通道的加压防烟作用；其二，加压系统的设备由于经常使用，可使其保持良好的工作状态。但两段式运行设备的初期投资较多。

5.6.3.2　正压区域的压力控制

A　防超压的控制

从理论上分析，加压送风量不但要满足当所有门都关闭时，由门缝向非加压部位渗透的空气量及加压空间应具有一定的正压值的要求，而且还要满足一定数量的门在间歇性开启时门洞断面风速的要求。一般来说，满足间歇性开门时门洞断面风速需要的风量比满足所有关闭门时由门缝向非加压部位渗透的空气量要大。所以，当所有疏散门都关闭时，系统很容易超压。另外，由于运行条件和设计工况之间的差异，有时也会造成正压区域的余压值过高，门两侧的压差过大。

为了不造成因不同压力区域间因压差过大而导致老弱病残和妇幼疏散时开门困难的情况，通常规定了最大允许正压值或压差值。当系统的余压超过最大压差时，应设置余压调节阀或采用变速风机等措施。

a　最大压力差计算

现结合图 5-15 对机械加压送风系统最大压力差进行讨论。

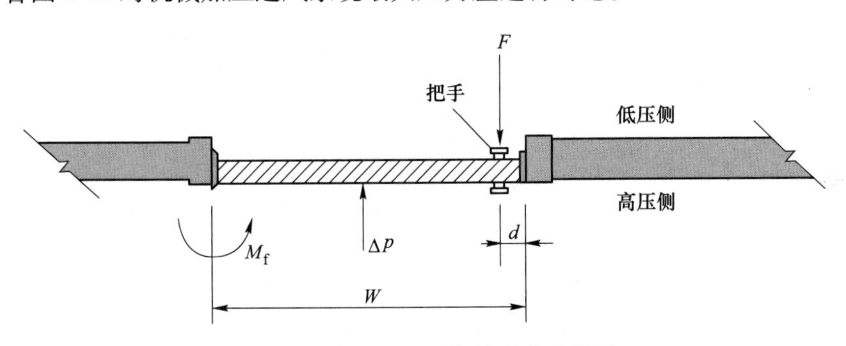

图 5-15　加压送风时门的受力示意图

门轴上的力矩平衡方程可表示为：

$$M_f + A\Delta p \times \frac{W}{2} - F(W - d) = 0 \tag{5-3}$$

式中　M_f——关门器和其他摩擦力的力矩，N·m；

W——门的宽度，m；

A——门的面积，m^2；

Δp——门两侧的压差，Pa；

F——人的开门力，N；

d——把手与门外边缘的距离，m。

M_f 包括关门器力、门轴摩擦、门和门框的摩擦等所有对门轴的力矩，若门的装配质量低劣，可导致这种力矩很大。门把手用来克服门轴摩擦的力，一般是 2.3~9 N。将式（5-3）重新整理可得：

$$F=\frac{M_f}{W-d}+\frac{WA\Delta p}{2(W-d)}=F_f+F_p \tag{5-4}$$

式中　F_f——克服关门器和其他摩擦力的分力，N；

F_p——克服空气压差的分力，N。

式（5-4）假设开门力全部作用在把手上。通常克服关门器的力大于 13 N，有时甚至达到 90 N，面对关门器力的估算应当慎重，因为在门关闭时关门器产生的力与打开门所要克服的关门器的力不同。在开门的初期，克服关门器所需的力较小；而把门打到全开的位置时需要的力要大得多。这里讨论的是门初开阶段的开门力。由压差所产生的开门分力可由图 5-16 查出。该图中假定门高 2. 13 m，把手安装在距离门边 0. 076 m 的位置。

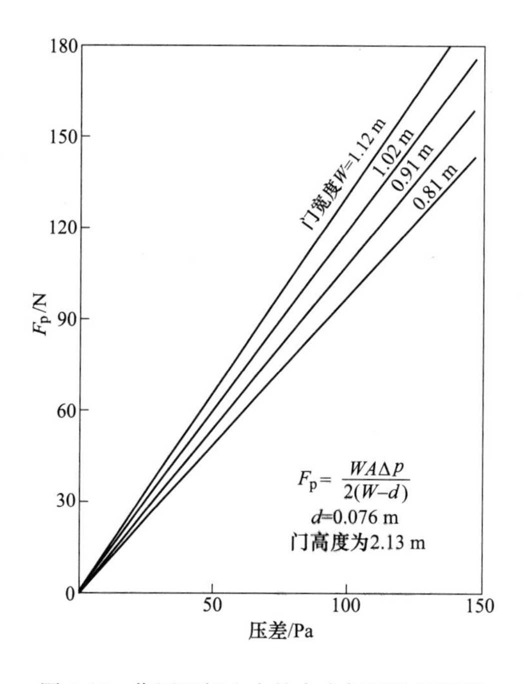

图 5-16　作用于门上力的大小与压差的关系

若门的尺寸为 2. 13 m×0. 91 m，其两侧压差为 62 Pa，克服关门器和摩擦力的分力为 44 N，把手安装在离门边 0. 076 m 的地方，由式（5-4）可得，此门的开门力是 110 N。

在讨论挡烟门两侧压差时，适宜兼顾考虑最大与最小容许压差。最大容许压差应以不产生过大的开门力为原则。一个人开门所用的力，取决于此人的力量、把手位置、地板与鞋之间的摩擦、开门方式（是拉还是推）等因素。瑞德（Read）等人研究了不同人的开门力，表 5-5 中列出了一些代表结果。可以看出，5~6 岁的小女孩的最小推力为 46 N，老年妇女的最小推力只有 83 N，上述推力是按单个个体保持身体不前倾的情况下测定的数据。若身体前倾，并用双手推，力量能增加到 652 N，对门突然冲撞，推力可达到 780 N。

表 5-5　儿童与老年人的开门力测试数据　　单位：N

年龄	作用方式	性别	平均	最大	最小
5~6 岁	推	男	90	155	32
		女	73	126	46
	拉	男	120	184	82
		女	86	141	48
60~75 岁	推	男	237	540	92
		女	162	309	83
	拉	男	306	786	102
		女	201	407	100

根据美国消防协会《生命安全规范》（*Life Safety Code*，NFPA101，2000）中对生命安全的规定，打开安全逃生设施任意门的力不应超过 133 N。从瑞德（Read）的数据中可以看出，133 N 的临界值对多数人是适当的，但的确还有一些人的推、拉力量不够大。

b　泄压风量的计算

泄压风量可采用下式计算：

$$L = L_1 - 1.5L_2 \tag{5-5}$$

式中　L——泄压风量，m^3/h；

L_1——满足开启一定数量疏散门时门洞断面风速要求的总送风量，m^3/h；

L_2——满足当所有门关闭，正压值为最大压差时，所有门缝向外加压部位的渗漏空气量，m^3/h；

1.5——疏散门的不严密处的附加系数。

B　泄压措施

a　余压阀泄压

如图 5-17 所示，当加压空间内的空气压力不超过最大压力差时，余压阀上由于可调节重物的作用，折页板呈关闭状态。当加压空间所有的门关闭，余压值超过最大压力差时，空气压力将折页板推开，把空气泄至非加压空间，当加压空间余压降至最大压力差时折页板又恢复到关闭状态。折页板面积（即排气面积）的计算见下式：

$$A = \frac{L}{3600KP^{\frac{1}{2}}} \tag{5-6}$$

式中　A——折页板的面积，m^2；

L——泄压风量，m^3/h；

P——开启折页板的压力，一般取最大压差；

K——泄漏系数，取 0.827。

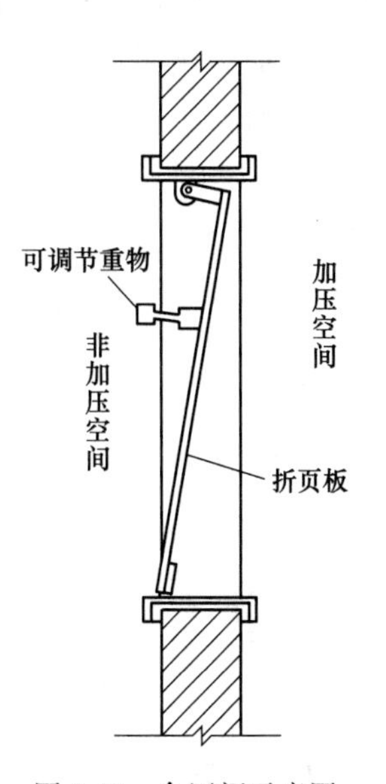

图 5-17　余压阀示意图

b　变速风机运行方式

变速风机通过改变转速直接改变送风量的大小，以适应系统对不同情况的需要。通过在屋顶楼梯间 1/3 高度处设置压力传感器，测出其压力，然后根据压力的大小控制风机的转速，如图 5-18 所示。风机变速是通过改变送风机的电动机转速，如利用变频调节的电动机，来改变送风机的转速，从而改变整个系统送风量。变速风机系统不但可以消除因设计计算偏差或加压送风口风机选取不当造成的不利影响，而且可以很好地适应各种不同的设计运行工况。但值得注意的是，当风机转速改变时，其全压也会相应地变化，应当防止降低风机转速时正压区域余压值不能满足要求的情况发生。

c 旁通系统运行方式

旁通系统是在送风机的出口管道上设一旁通管道，将系统多余的空气引到送风机入口进行再循环，如图 5-19 和图 5-20 所示。在旁通管道上设有由静压传感器控制的电动阀门，静压传感器设在建筑物 1/3 高度处，根据压力控制点正压值的变化改变阀门的开度，从而改变送往加压区域的送风量。压力传感器设在容易造成超压的地方和总送风管道内。当加压区域的所有门都关闭时，正压区间的正压增大，超过限定值时静压传感器就控制旁通阀门开大，使循环回到送风机入口的风量增加，从而减少送入正压系统的送风量，使系统不超压。

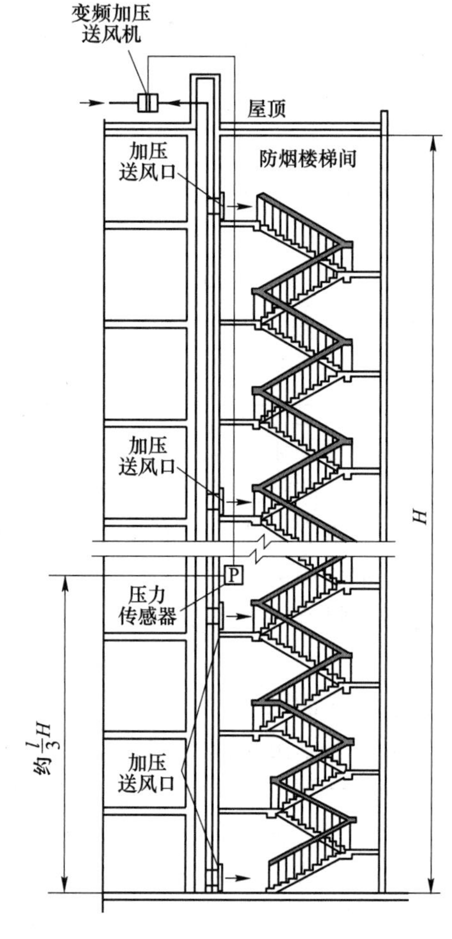

图 5-18 变速风机压力控制方式

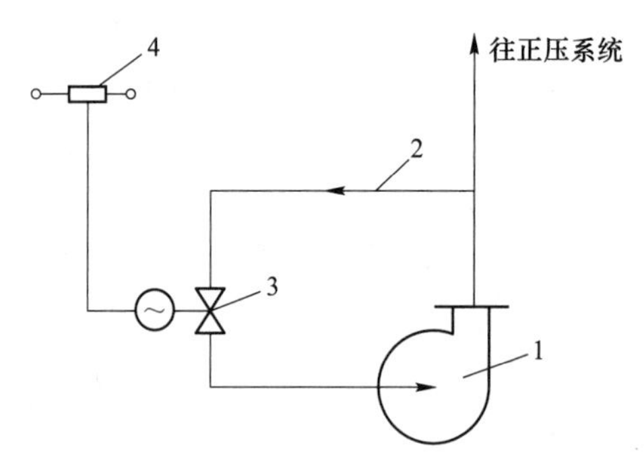

图 5-19 余压阀示意图

1—风机；2—旁通管路；3—电动阀门；4—压力传感器

C 正压值的控制

当向某正压部位加压送风的同时，又存在着该部位对非加压空间的泄漏，当这种送风与泄漏风量达到平衡时，呈现出该部位的宏观压力状态参数。送风量或泄漏风量的变化都能使系统达到新的平衡点，即风机运行找到新的工作点，而使正压值也相应地变化。

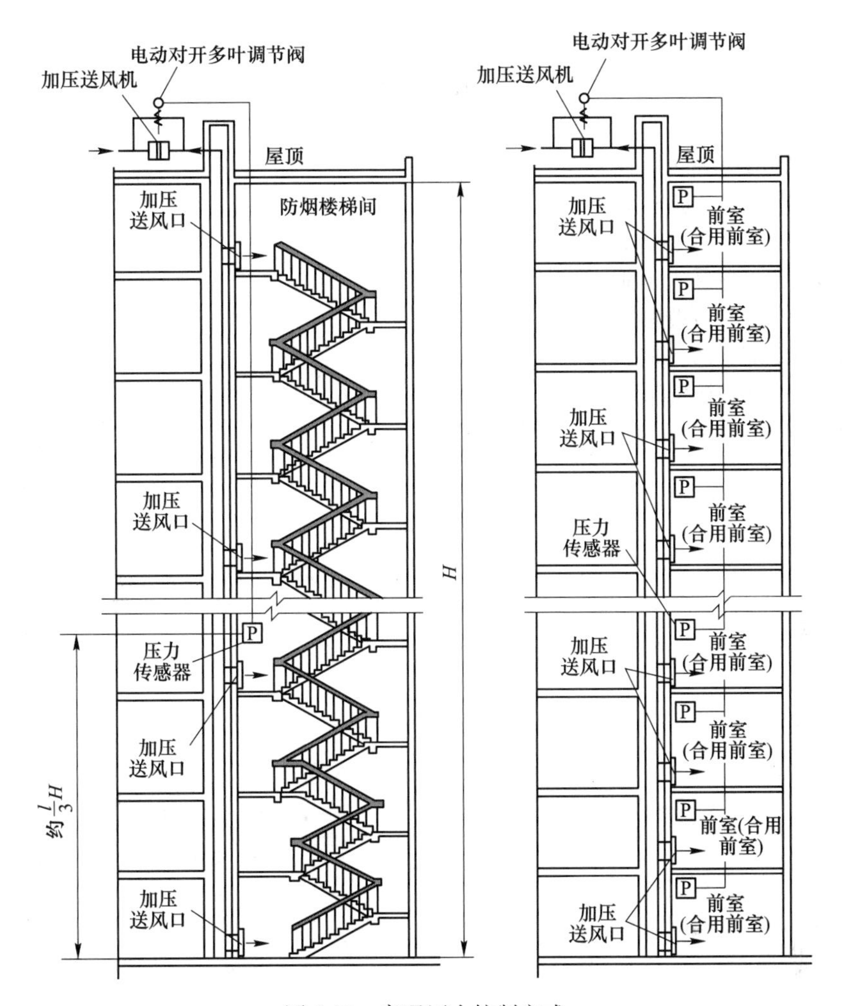

图 5-20 旁通压力控制方式

目前，我国虽然在《防火门新标准》（GB 12955—2008）中规定了双扇防火门设盖缝板以及门扇与门框、门扇与门扇之间的缝隙宽度，但是实际工程中，由于加工和安装的问题，遇到实际门缝较大时，要维护一定的正压值比较困难。

正压值的维护应注意以下几点。

（1）对选用的防火门、窗的缝隙进行实际了解，防止设计计算的盲目性；

（2）加压部位不应穿越各种管道，如必须穿越时，应在管道与墙体之间的缝隙处采用非燃烧材料严密堵塞；

（3）单扇防火门应装闭门器，双扇防火门应装顺序器和盖缝板；

（4）经常检查门框与墙体之间以及门扇与门框之间的密封情况，发现问题及时处理。

建筑结构缝隙、开口、门缝及窗缝等都是空气泄漏的途径。泄漏量取决于加压空间密封程度。空气由加压空间渗入非加压空间后，必须将空气与烟气及时排至室外，以维持正常的压力差。因此，加压的同时应考虑与之匹配的排出途径，一般认为当楼梯间及其前室设置加压送风设施时，走道机械排烟设施与之匹配，走道没有机械排烟设施时，应考虑建筑物周边有可开启的外窗。

习　　题

5-1　防烟分区的定义是什么?

5-2　防烟分区的划分原则是什么?

5-3　防烟分区的划分方法有哪些?

5-4　防烟分区与防火分区的区别是什么?

5-5　防烟系统设置部位应满足哪些要求?

5-6　简述防烟系统设计的一般要求。

5-7　机械加压送风系统的组件有哪些?

5-8　简述机械加压送风系统设计的一般要求。

6 建筑排烟系统设计原理

【教学目标】

熟悉自然排烟设施设计要求；熟悉机械排烟设施设计要求；掌握排烟系统设计计算程序。

【重点与难点】

排烟设施的设计要求；排烟系统设计计算要求。

6.1 排烟系统一般设计要求

（1）建筑排烟系统的设计应根据建筑的使用性质、平面布局等因素，优先采用自然排烟系统。

（2）同一个防烟分区应采用同一种排烟方式，如图 6-1 所示。

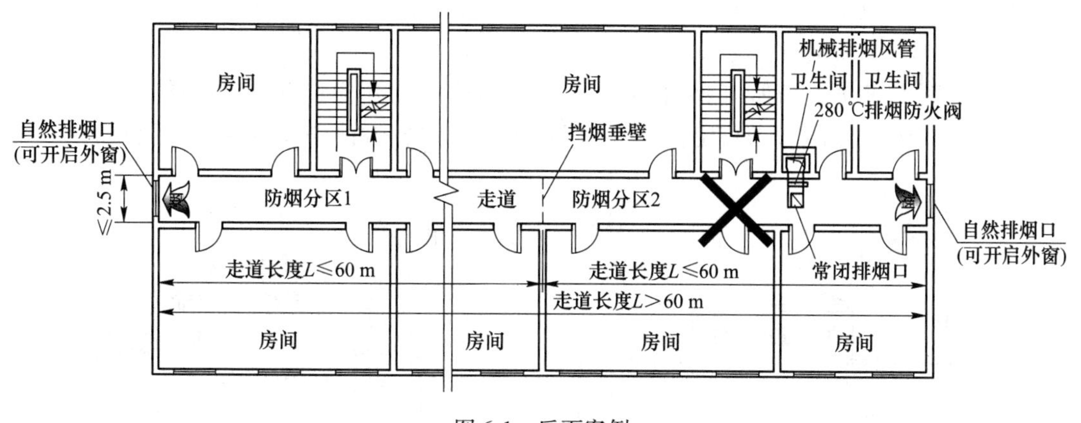

图 6-1　反面案例

（3）建筑的中庭、与中庭相连通的回廊及周围场所的排烟系统的设计应符合下列规定。

1）中庭应设置如图 6-2 所示的排烟设施。

2）周围场所应按现行国家标准《建筑设计防火规范》（GB 50016）中的规定设置排烟设施。

3）当周围场所各房间均设置排烟设施时，回廊可不设，但商店建筑的回廊应设置排烟设施。

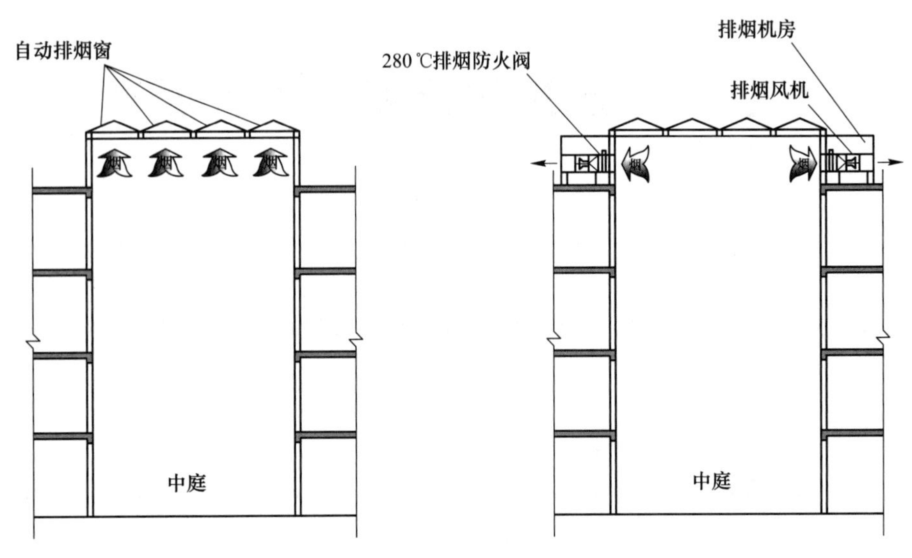

图 6-2 中庭排烟

4）当周围场所任一房间未设置排烟设施时，回廊应设置排烟设施。当中庭与周围场所未采用防火隔墙、防火玻璃隔墙、防火卷帘时，中庭与周围场所之间应设置挡烟垂壁。

5）中庭及其周围场所和回廊的排烟设计计算应符合规定：中庭周围场所设有排烟系统时，中庭采用机械排烟系统的，中庭排烟量应按周围场所防烟分区中最大排烟量的 2 倍数值计算，且不应小于 $1.27\times10^{5}\ m^{3}/h$；中庭采用自然排烟系统时，应按上述排烟量和自然排烟窗（口）的风速不大于 0.5 m/s 算有效开窗面积。

6）中庭及其周围场所和回廊应根据建筑构造及《建筑防烟排烟系统技术标注》（GB 51251—2017）第 4.6 节规定，选择设置自然排烟系统或机械排烟系统（见图 6-3）。

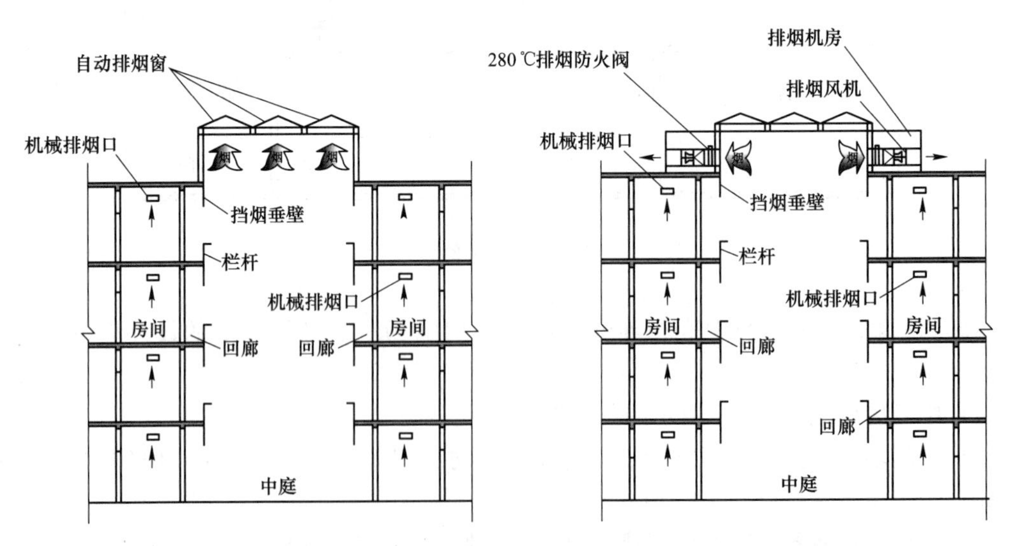

图 6-3 中庭自然排烟和机械排烟

（4）下列地上建筑或部位，当设置机械排烟系统时，还应按《建筑防烟排烟系统技术标注》（GB 51251—2017）第 4. 4. 14 条~第 4. 4. 16 条的要求在外墙或屋顶设置固定窗（见图 6-4）。

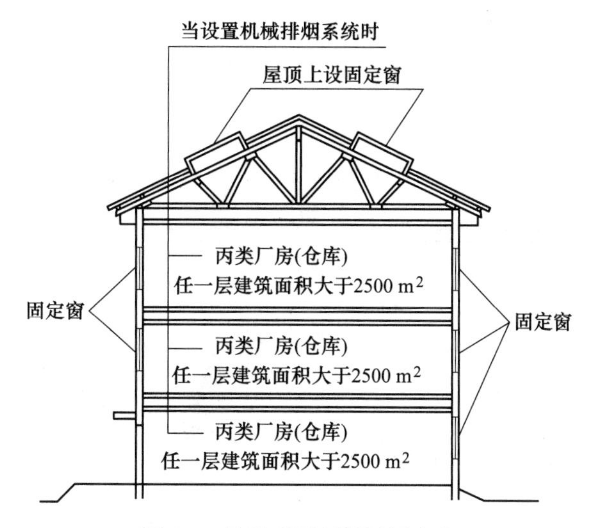

图 6-4　外墙或屋顶设置固定窗

1）任一层建筑面积大于 2500 m^2 的丙类厂房（仓库）。
2）任一层建筑面积大于 3000 m^2 的商店建筑、展览建筑及类似功能的公共建筑。
3）总建筑面积大于 1000 m^2 的歌舞、娱乐、放映、游艺场所。
4）商店建筑、展览建筑及类似功能的公共建筑中长度 L>60 m 的走道（见图 6-5）。
5）靠外墙或贯通至建筑屋顶的中庭。

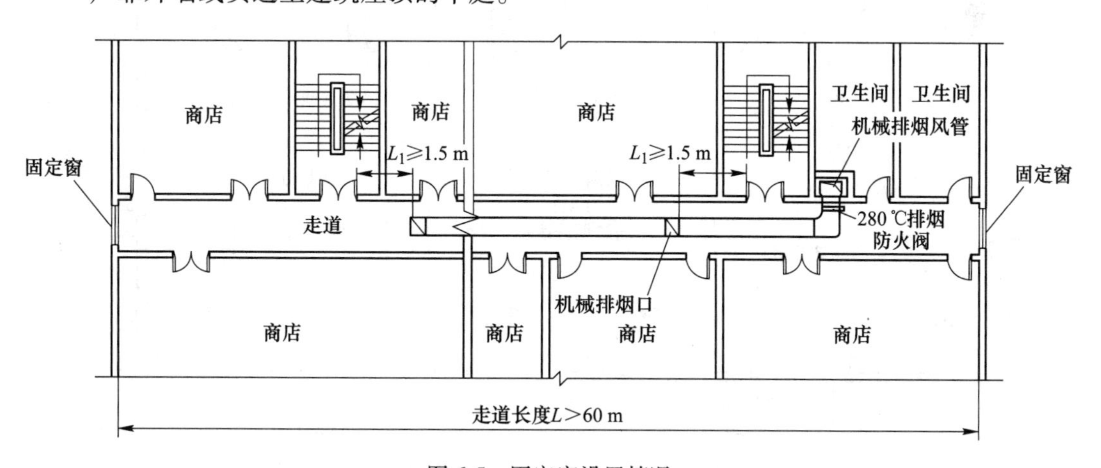

图 6-5　固定窗设置情况

6.2　自然排烟设施设计要求

（1）采用自然排烟系统的场所应设置自然排烟窗（口）。

（2）防烟分区内自然排烟窗（口）的面积、数量、位置应按《建筑防烟排烟系统技术标注》（GB 51251—2017）第 4. 6. 3 条规定经计算确定，且防烟分区内任一点与最近的自然排烟窗（口）之间的水平距离不应大于 30 m（见图 6-6）。当工业建筑采用自然排烟方式时，其水平距离还不应大于建筑内空间净高的 2. 8 倍（见图 6-7）；当公共建筑空间净高大于或等于 6 m，且具有自然对流条件时，其水平距离不应大于 37. 5 m（见图 6-8）。

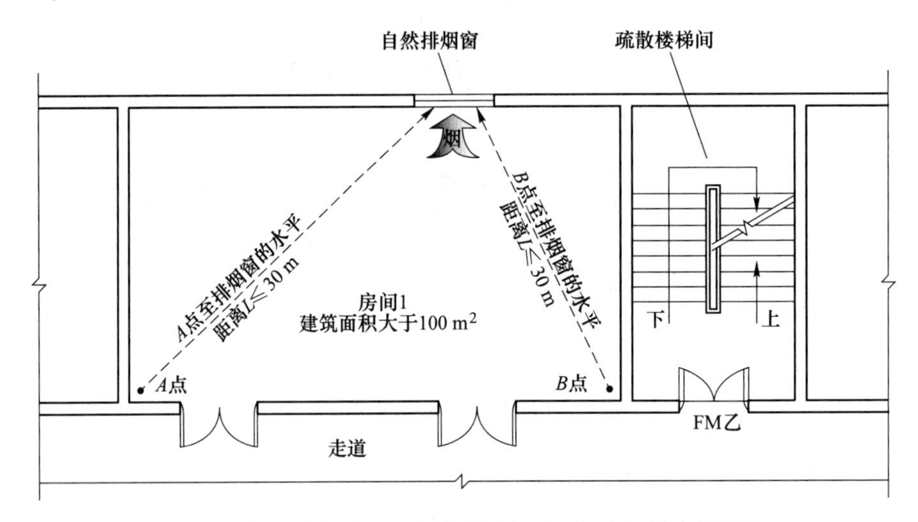

图 6-6　任一点与最近的自然排烟窗（口）之间的水平距离

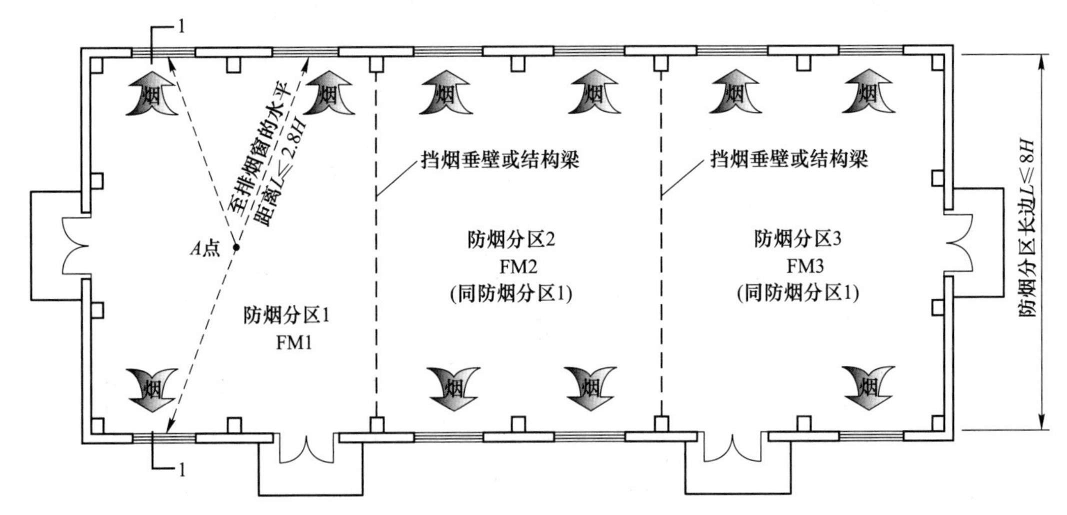

图 6-7　工业建筑固定排烟窗要求

（3）自然排烟窗（口）应设置在排烟区域的顶部或外墙，并应符合下列规定：

1）当设置在外墙上时，自然排烟窗（口）应在储烟仓以内，但走道、室内空间净高不大于 3 m 的区域的自然排烟窗（口）可设置在室内净高度的 1/2 以上（见图 6-9）；

2）自然排烟窗（口）的开启形式应有利于火灾烟气的排出；

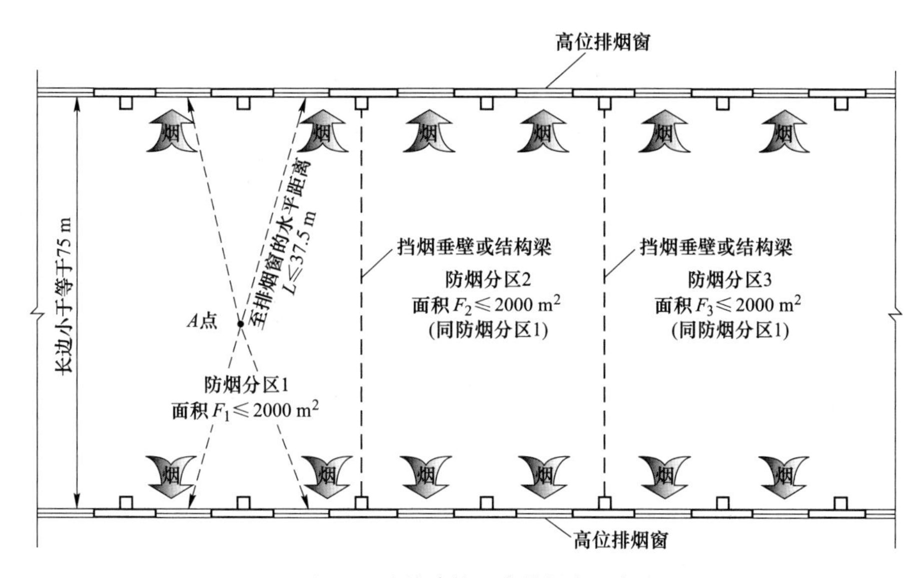

图 6-8 公共建筑固定排烟窗要求

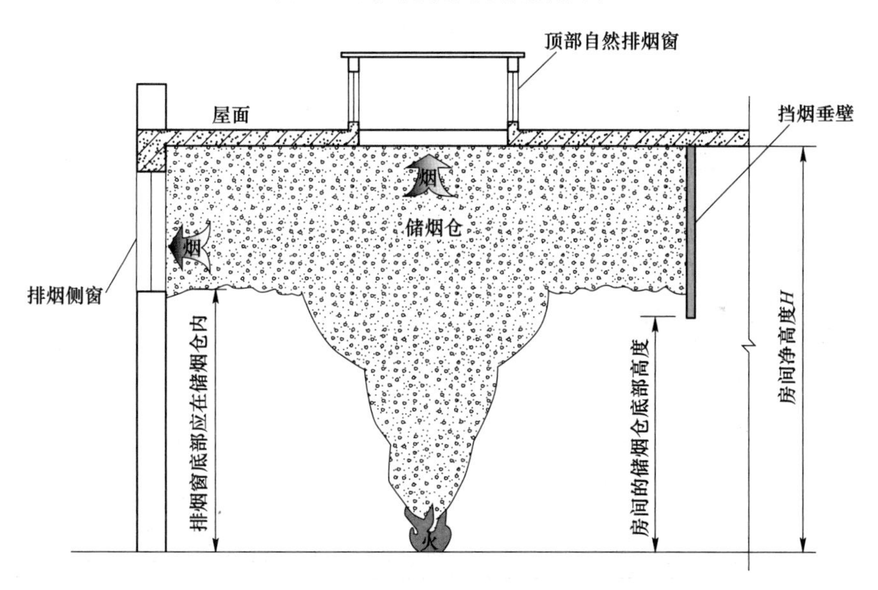

图 6-9 自然排烟窗（口）

3）当房间面积不大于 200 m² 时，自然排烟窗（口）的开启方向可不限；

4）自然排烟窗（口）宜分散均匀布置，且每组的长度不宜大于 3.0 m（见图 6-10）；

5）设置在防火墙两侧的自然排烟窗（口）之间最近边缘的水平距离不应小于 2.0 m。

（4）厂房、仓库的自然排烟窗（口）设置还应符合下列规定：

1）当设置在外墙时，自然排烟窗（口）应沿建筑物的两条对边均匀布置，如图 6-11 所示；

2）当设置在屋顶时，自然排烟窗（口）应在屋面均匀设置且宜采用自动控制方式开启；当屋面斜度不大于 12°时，每 200 m² 的建筑面积应设置相应的自然排烟窗（口）（见图

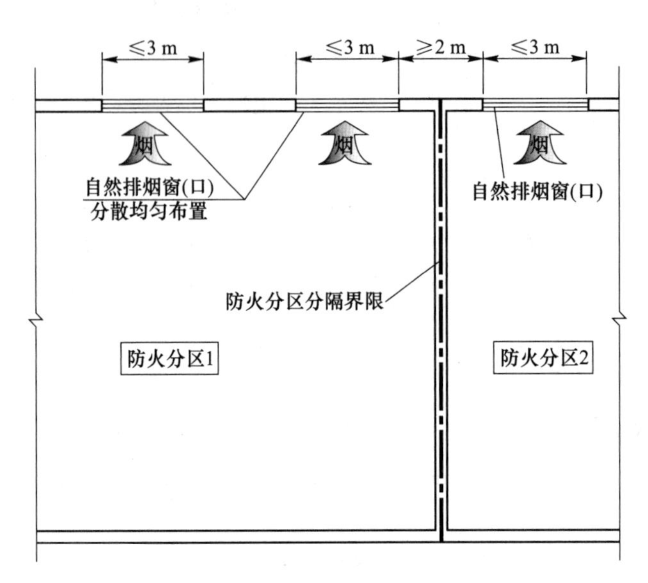

图 6-10　排烟窗均匀分散布置

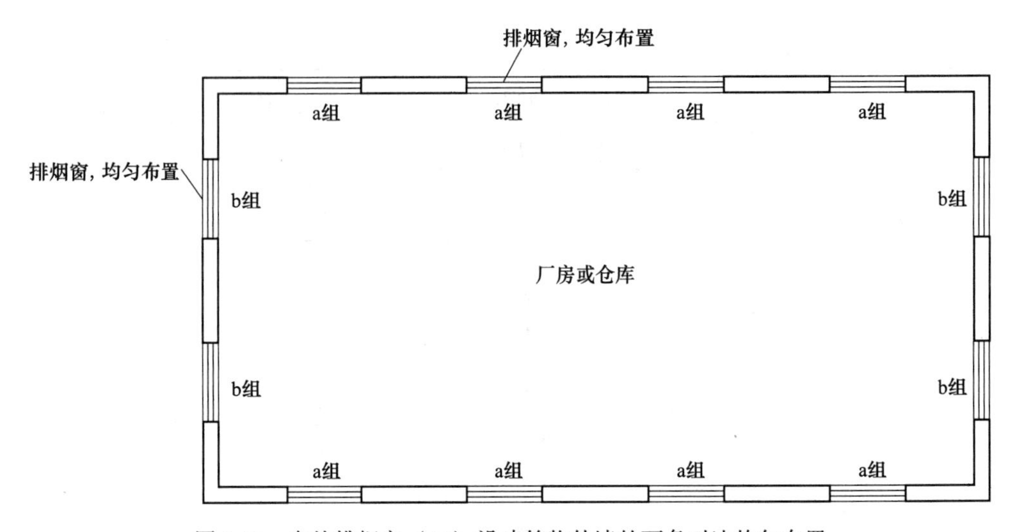

图 6-11　自然排烟窗（口）沿建筑物外墙的两条对边均匀布置

6-12)；当屋面斜度大于 12°时，每 400 m^2 的建筑面积应设置相应的自然排烟窗（口）。

（5）除标准另有规定外，自然排烟窗（口）开启的有效面积还应符合下列规定：

1）当采用开窗角大于 70°的悬窗时，其面积应按窗的面积计算；当开窗角小于或等于 70°时，其面积应按窗最大开启时的水平投影面积计算（见图 6-13）；

2）当采用开窗角大于 70°的平开窗时，其面积应按窗的面积计算；当开窗角小于或等于 70°时，其面积应按窗最大开启时的竖向投影面积计算（见图 6-14）；

3）当采用推拉窗时，其面积应按开启的最大窗口面积计算；

4）当采用百叶窗时，其面积应按窗的有效开口面积计算；

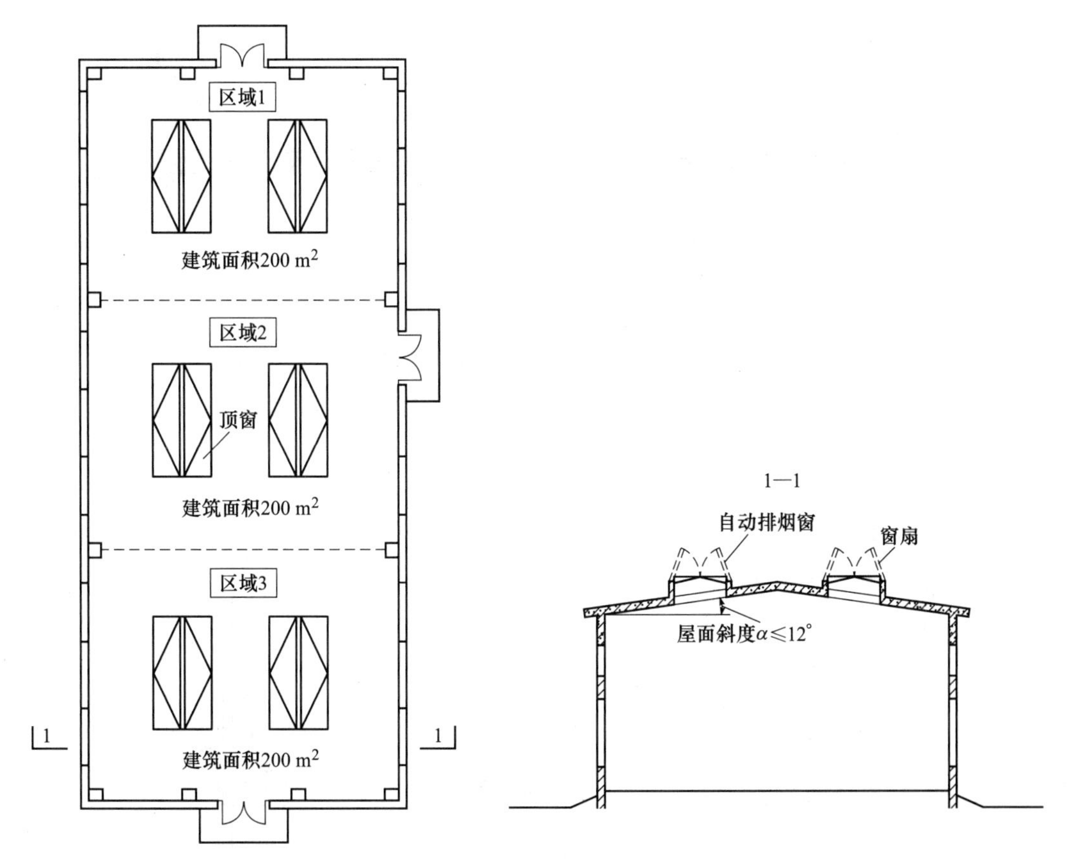

图 6-12 厂房、仓库自然排烟窗（口）（坡面斜角不大于 12°）

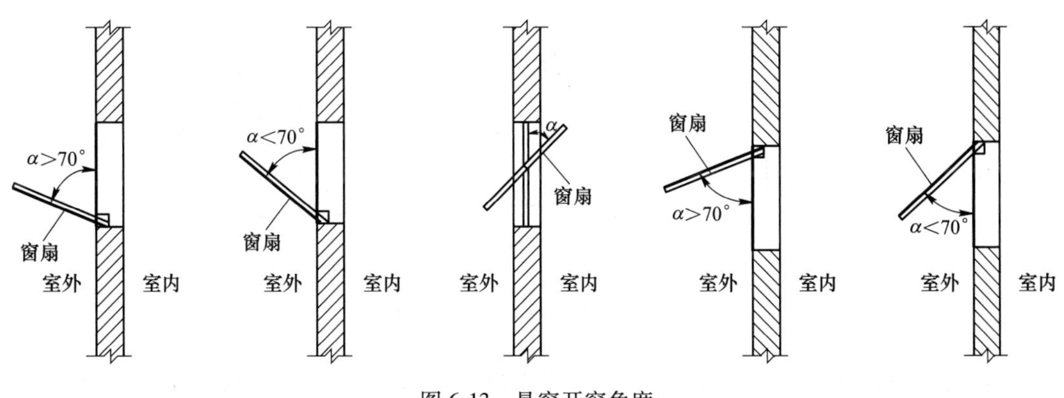

图 6-13 悬窗开窗角度

5）当平推窗设置在顶部时，其面积可按窗的 1/2 周长与平推距离乘积计算，且不应大于窗面积；

6）当平推窗设置在外墙时，其面积可按窗的 1/4 周长与平推距离乘积计算，且不应大于窗面积。

（6）自然排烟窗（口）应设置手动开启装置，设置在高位不便于直接开启的自然排

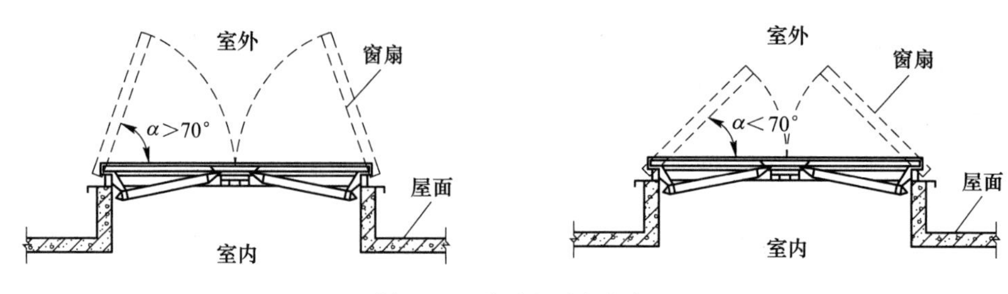

图 6-14 平开窗开窗角度

烟窗（口），应设置距地面高度 1. 30～1. 50 m 的手动开启装置（见图 6-15）。净空高度大于 9 m 的中庭、建筑面积大于 2000 m^2 的营业厅、展览厅、多功能厅等场所，还应设置集中手动开启装置和自动开启设施。

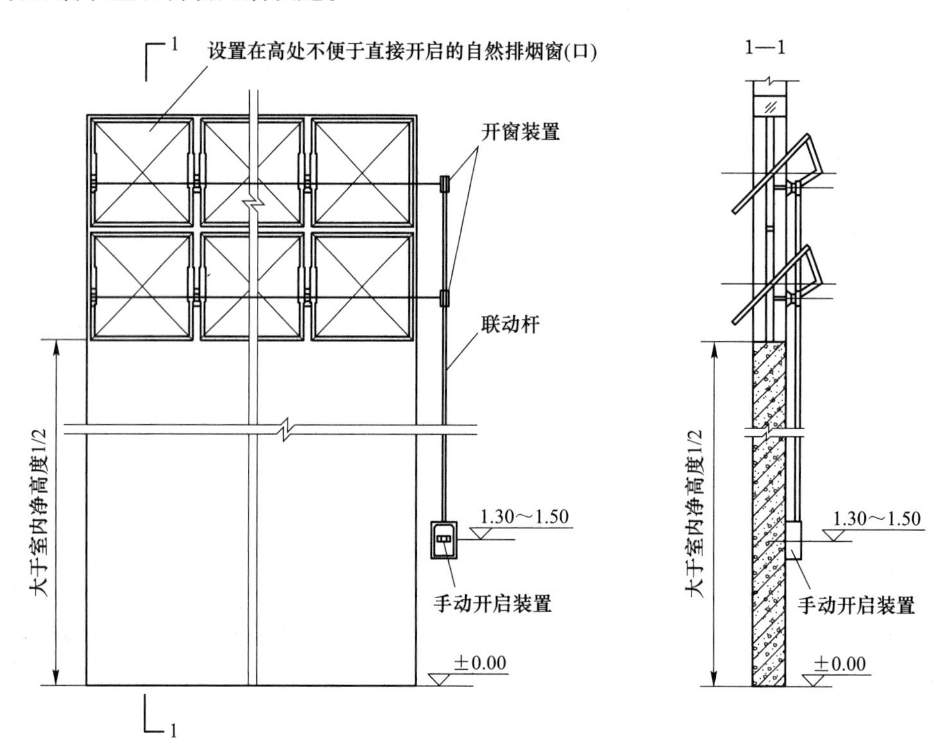

图 6-15 排烟窗手动开启装置

（7）除洁净厂房外，设置自然排烟系统的任一层建筑面积大于 2500 m^2 的制鞋、制衣、玩具、塑料、木器加工、储存等丙类工业建筑，除自然排烟所需排烟窗（口）外，还宜在屋面上增设可熔性采光带（见图 6-16），其面积应符合下列规定：

1）未设置自动喷水灭火系统的，或采用钢结构屋顶，或采用预应力钢筋混凝土屋面板的建筑，不应小于楼地面面积的 10%；

2）其他建筑不应小于楼地面面积的 5%。

注：可熔性采光带（窗）的有效面积应按其实际面积计算。

图 6-16　采光带设置

6.3　机械排烟设施设计要求

（1）当建筑的机械排烟系统沿水平方向布置时，每个防火分区的机械排烟系统应独立设置（见图 6-17）。

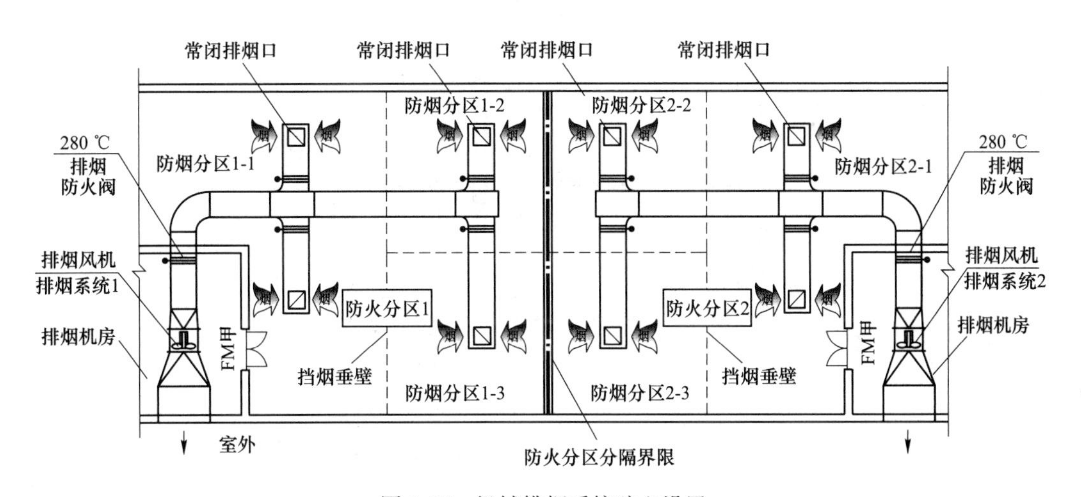

图 6-17　机械排烟系统独立设置

（2）建筑高度超过 50 m 的公共建筑和建筑高度超过 100 m 的住宅，其排烟系统应竖向分段独立设置，且公共建筑每段高度不应超过 50 m，住宅建筑每段高度不应超过 100 m（见图 6-18）。

（3）排烟系统与通风、空气调节系统应分开设置；当确有困难时可以合用，但应符合排烟系统的要求，且当排烟口打开时，每个排烟合用系统的管道上需联动关闭的通风和空气调节系统的控制阀门不应超过 10 个。

（4）排烟风机宜设置在排烟系统的最高处，烟气出口宜朝上，并应高于加压送风机和

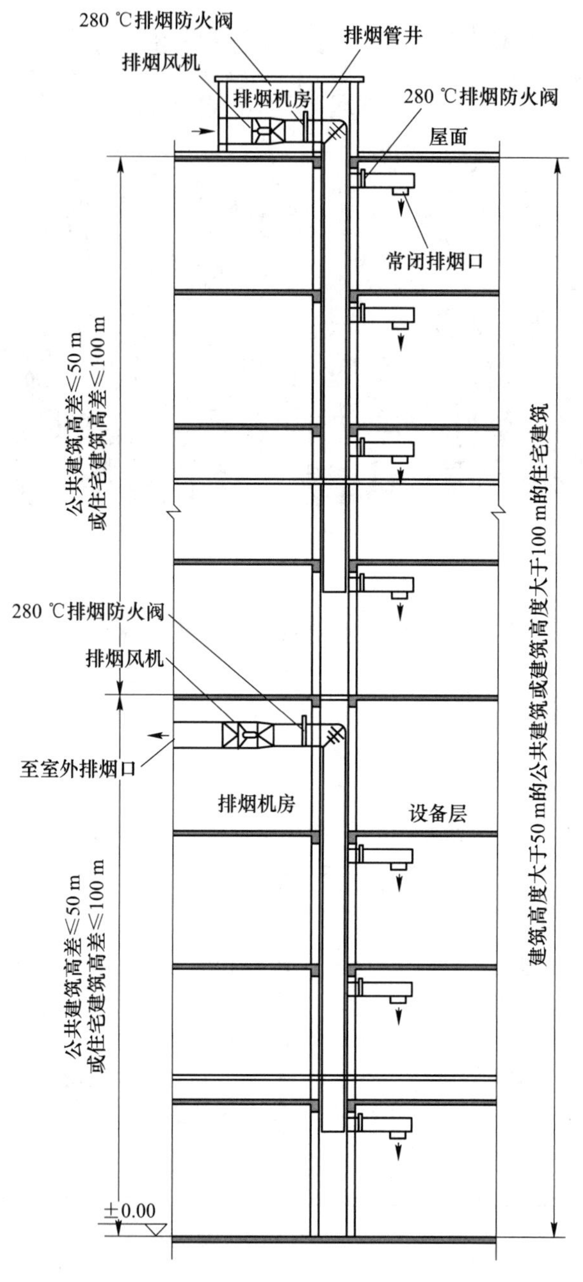

图 6-18　竖向分段设置

补风机的进风口，两者垂直距离或水平距离应符合规定。

（5）排烟风机应设置在专用机房内，如图 6-19 所示，且风机两侧应有 600 mm 以上的空间。对于排烟系统与通风空气调节系统共用的系统，其排烟风机与排风风机的合用机房应符合下列规定：

1）机房内应设置自动喷水灭火系统；

2）机房内不得设置用于机械加压送风的风机与管道；

3）排烟风机与排烟管道的连接部件应能在 280 ℃时连续 30 min 保证其结构完整性。

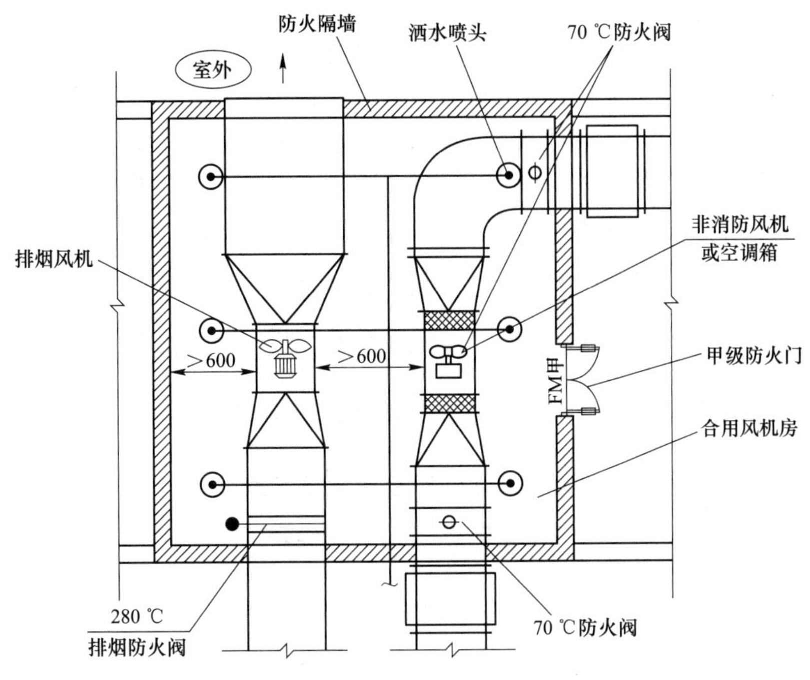

图 6-19 排烟风机置于专用机房内平面示意图

（6）排烟风机应满足 280 ℃时连续工作 30 min 的要求，排烟风机应与风机入口处的排烟防火阀连锁，当该阀关闭时，排烟风机应能停止运转。

（7）机械排烟系统应采用管道排烟，且不应采用土建风道。排烟管道应采用不燃材料制作且内壁应光滑。当排烟管道内壁为金属时，管道设计风速不应大于 20 m/s；当排烟管道内壁为非金属时，管道设计风速不应大于 15 m/s；排烟管道的厚度应按现行国家标准《通风与空调工程施工质量验收规范》（GB 50243）的有关规定执行。

（8）排烟管道的设置和耐火极限应符合下列规定：

1）排烟管道及其连接部件应能在 280 ℃时连续 30 min 保证结构完整性；

2）竖向设置的排烟管道应设置在独立的管道井内，排烟管道的耐火极限不应低于 0.50 h（见图 6-20）；

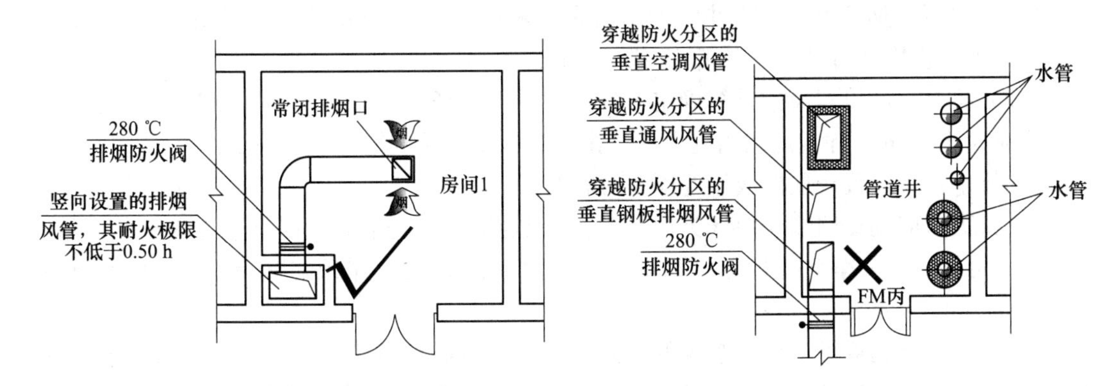

图 6-20 设置独立管道的井内排烟管道

3）水平设置的排烟管道应设置在吊顶内，其耐火极限不应低于 0.50 h；当确有困难时，可直接设置在室内，但管道的耐火极限不应小于 1.00 h；

4）设置在走道部位吊顶内的排烟管道，以及穿越防火分区的排烟管道，其耐火极限不应小于 1.00 h，但设备用房和汽车库的排烟管道耐火极限可不低于 0.50 h。

（9）当吊顶内有可燃物时，吊顶内的排烟管道应采用不燃烧材料进行隔热，并应与可燃物保持不小于 150 mm 的距离（见图 6-21）。

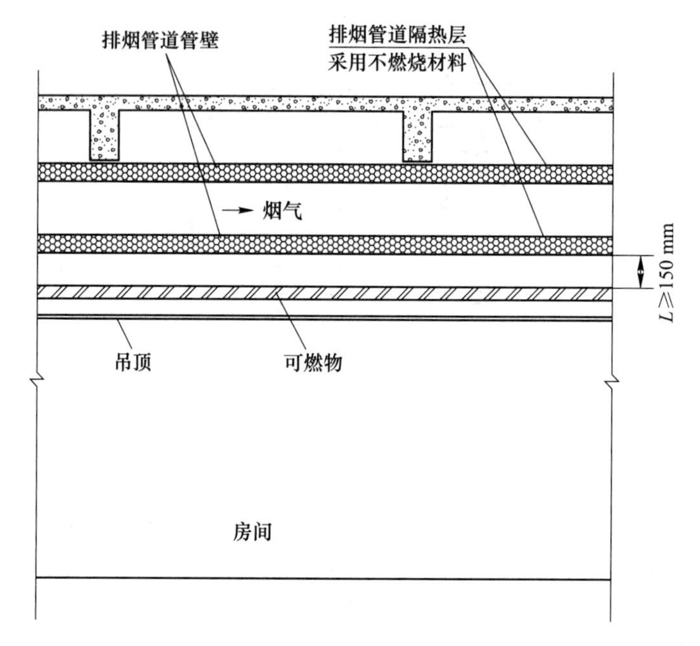

图 6-21　吊顶内的排烟管道要求

（10）排烟管道下列部位应设置排烟防火阀（见图 6-22）：

1）垂直风管与每层水平风管交接处的水平管段上；

2）一个排烟系统负担多个防烟分区的排烟支管上；

3）排烟风机入口处；

4）穿越防火分区处。

（11）设置排烟管道的管道井应采用耐火极限不小于 1.00 h 的隔墙与相邻区域分隔；当墙上必须设置检修门时，应采用乙级防火门。

（12）排烟口的设置应按计算确定，且防烟分区内任一点与最近的排烟口之间的水平距离不应大于 30 m。除规定的情况以外，排烟口的设置还应符合下列规定：

1）排烟口宜设置在顶棚或靠近顶棚的墙面上。

2）排烟口应设在储烟仓内（见图 6-23），但走道、室内空间净高不大于 3 m 的区域，其排烟口可设置在其净空高度的 1/2 以上；当设置在侧墙时，吊顶与其最近边缘的距离不应大于 0.5 m。

3）对于需要设置机械排烟系统的房间，当其建筑面积小于 50 m^2 时，可通过走道排烟，排烟口可设置在疏散走道（见图 6-24）；排烟量应按《建筑防烟排烟系统技术标注》（GB 51251—2017）第 4.6.3 条第 3 款计算。

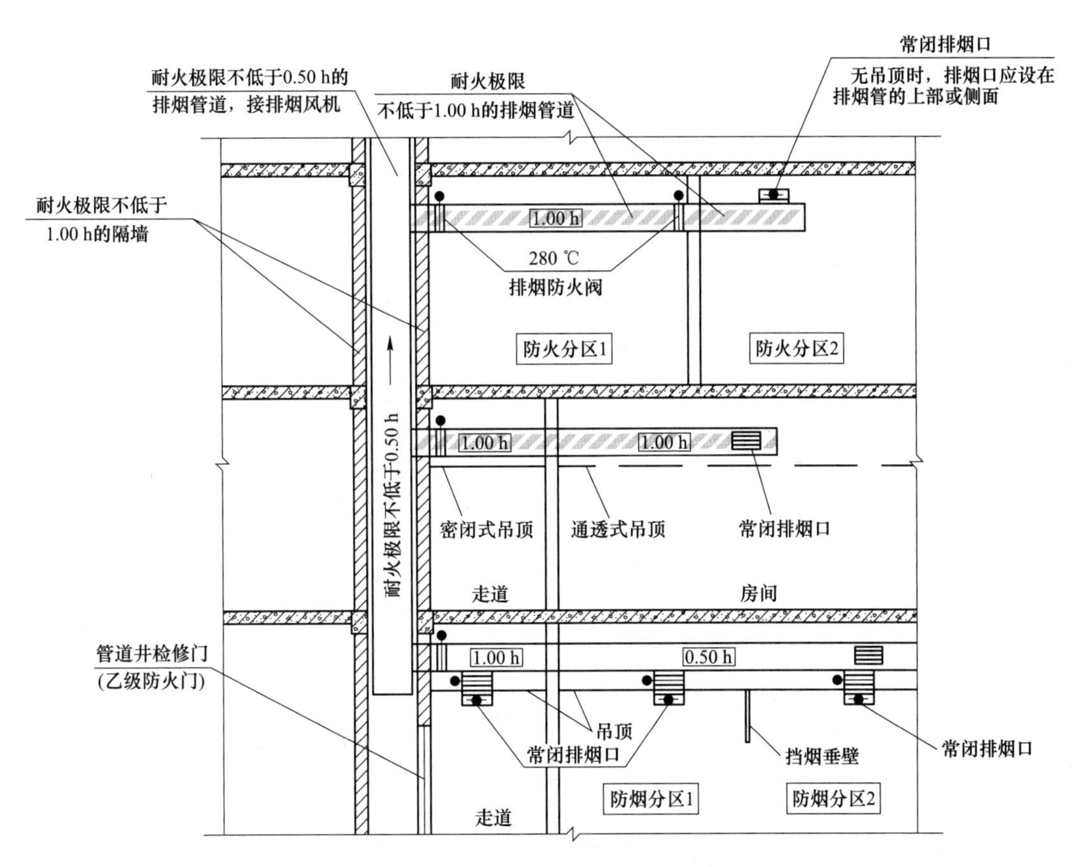

图 6-22 排烟防火阀设置

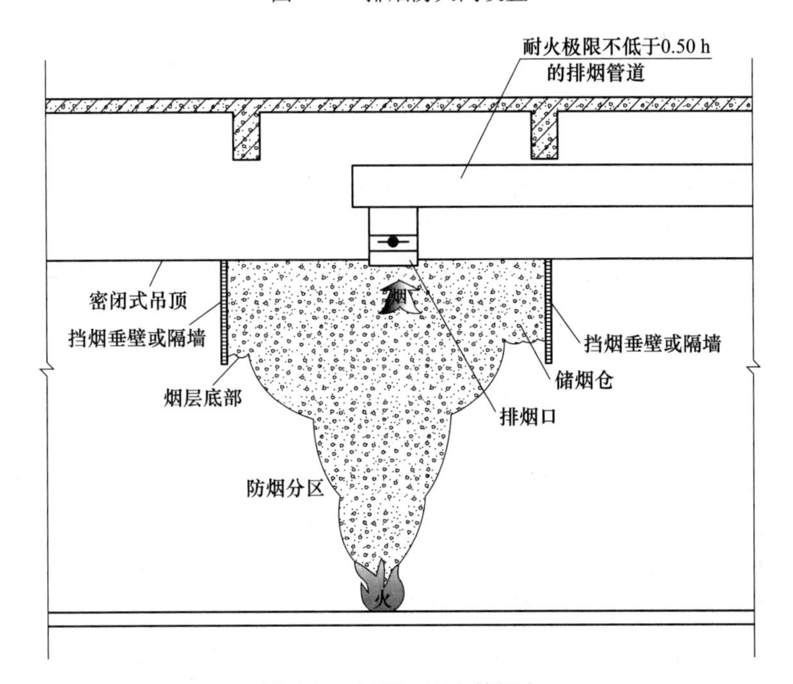

图 6-23 排烟口设在储烟仓

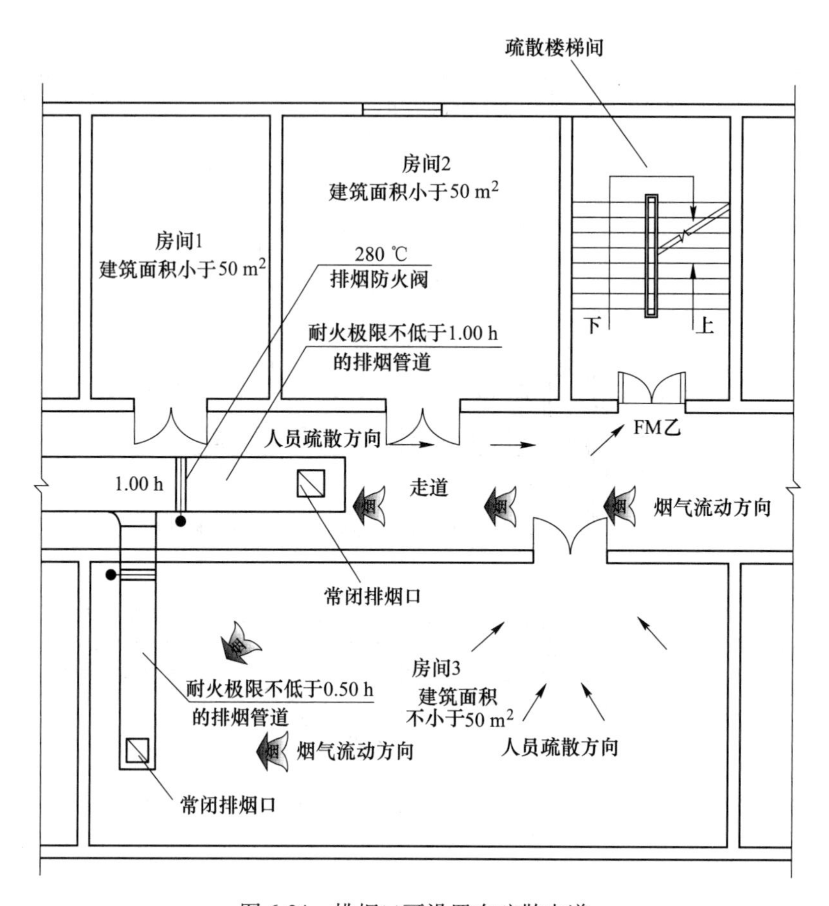

图 6-24 排烟口可设置在疏散走道

4）火灾时由火灾自动报警系统联动开启排烟区域的排烟阀或排烟口，应在现场设置手动开启装置。

5）排烟口的设置宜使烟流方向与人员疏散方向相反，排烟口与附近安全出口相邻边缘之间的水平距离不应小于 1.5 m。

6）每个排烟口的排烟量不应大于最大允许排烟量，最大允许排烟量应按规定计算确定。

7）排烟口的风速不宜大于 10 m/s。

（13）当排烟口设在吊顶内且通过吊顶上部空间进行排烟时，应符合下列规定：

1）吊顶应采用不燃材料，且吊顶内不应有可燃物；

2）封闭式吊顶上设置的烟气流入口的颈部烟气速度不宜大于 1.5 m/s（见图 6-25）；

3）非封闭式吊顶的开孔率不应小于吊顶净面积的 25%，且孔洞应均匀布置。

（14）按规定需要设置固定窗时，固定窗的布置应符合下列规定：

1）非顶层区域的固定窗应布置在每层的外墙上；

2）顶层区域的固定窗应布置在屋顶或顶层的外墙上，但未设置自动喷水灭火系统的以及采用钢结构屋顶或预应力钢筋混凝土屋面板的建筑应布置在屋顶。

（15）固定窗的设置和有效面积应符合下列规定（见图 6-26）：

1）设置在顶层区域的固定窗，其总面积不应小于楼地面面积的2%。

2）设置在靠外墙且不位于顶层区域的固定窗，单个固定窗的面积不应小于1 m^2，且间距不宜大于20 m，其下沿距室内地面的高度不宜小于层高的1/2。供消防救援人员进入的窗口面积不计入固定窗面积，但可组合布置。

3）设置在中庭区域的固定窗，其总面积不应小于中庭楼地面面积的5%。固定玻璃窗应按可破拆的玻璃面积计算，带有温控功能的可开启设施应按开启时的水平投影面积计算。

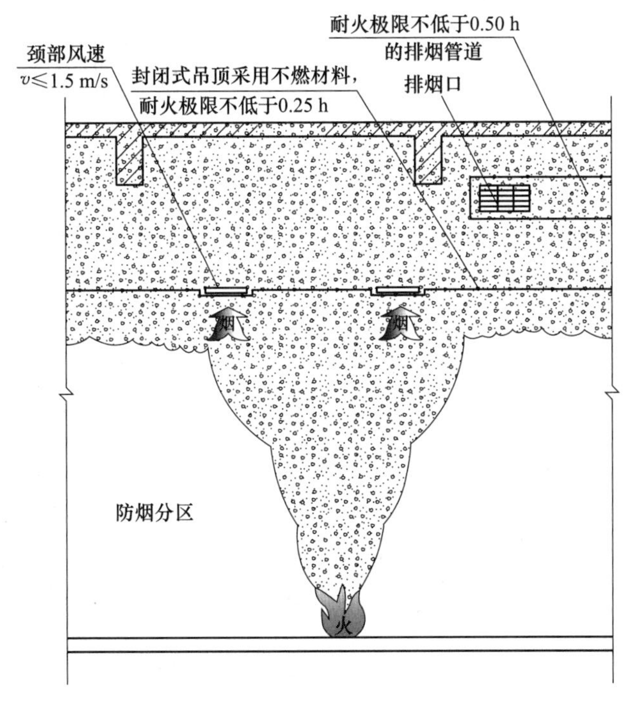

图6-25　封闭式吊顶上的烟气速度要求

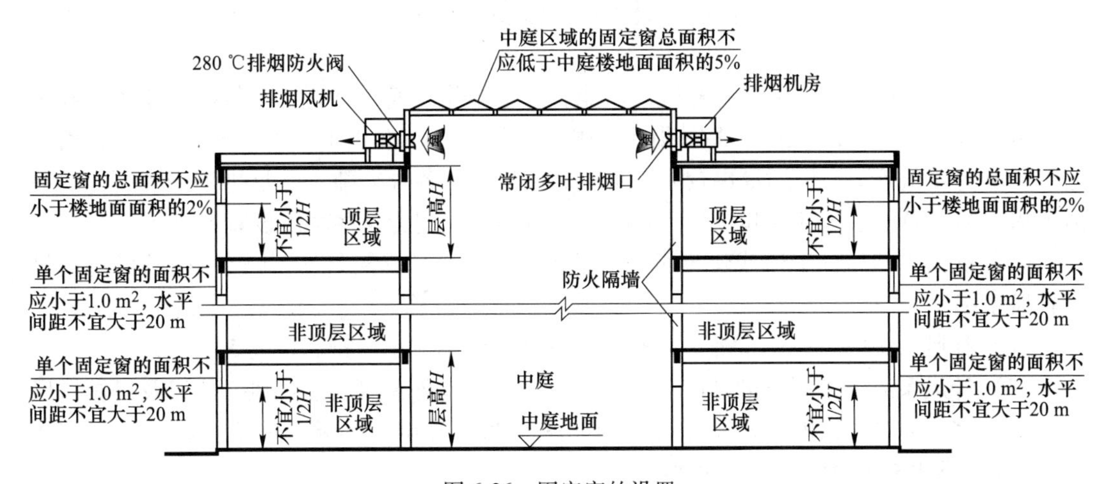

图6-26　固定窗的设置

（16）固定窗宜按每个防烟分区在屋顶或建筑外墙上均匀布置且不应跨越防火分区。

（17）除洁净厂房外，设置机械排烟系统的任一层建筑面积大于 2000 m^2 的制鞋、制衣、玩具、塑料、木器加工储存等丙类工业建筑，可采用可熔性采光带（窗）替代固定窗，其面积应符合下列规定：

1）未设置自动喷水灭火系统的或采用钢结构屋顶或预应力钢筋混凝土屋面板的建筑，不应小于楼地面面积的 10%（见图 6-27）；

2）其他建筑的不应小于楼地面面积的 5%；可熔性采光带（窗）的有效面积应按其实际面积计算。

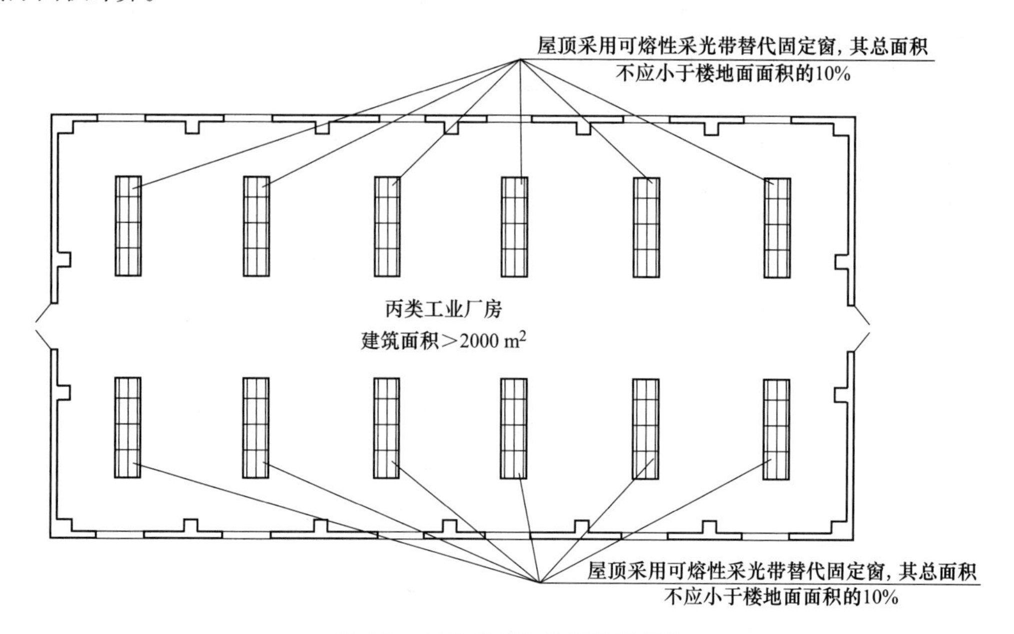

图 6-27　可熔性采光带代替固定窗

6.4　补风系统设计要求

根据空气流动原理，必须有补风，才能有效地排除烟气，有利于人员的安全疏散和消防人员的进入。对于建筑地上部分设有机械排烟的走道、面积小于 500 m^2 的房间，由于这些场所的面积较小，排烟量也较小，可以利用建筑的各种缝隙，满足排烟系统所需的补风要求，为了简便系统管理和减少工程投入，可不用专门为这些场所设置补风系统。

（1）除地上建筑的走道或建筑面积小于 500 m^2 的房间外，设置排烟系统的场所应设置补风系统。

（2）补风系统应直接从室外引入空气，且补风量不应小于排烟量的 50%。

（3）补风系统可采用疏散外门、手动或自动可开启外窗等自然进风方式以及机械送风方式。自然进风方式、机械补风方式分别如图 6-28、图 6-29 所示。防火门、窗不得用作补风设施。风机应设置在专用机房内。

（4）补风口与排烟口设置在同一空间内相邻的防烟分区时，补风口位置不限；当补风

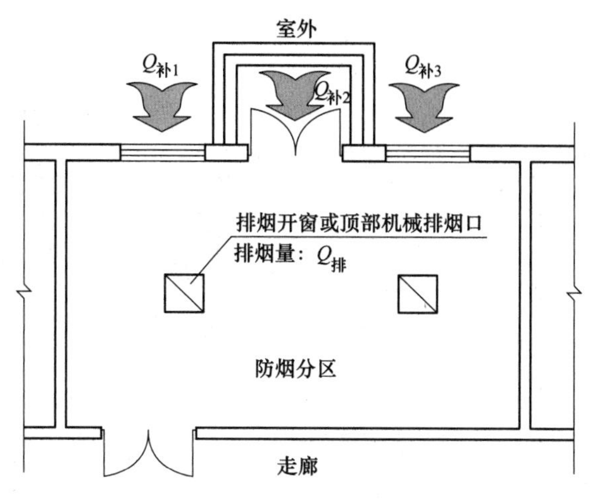

图 6-28　自然进风方式

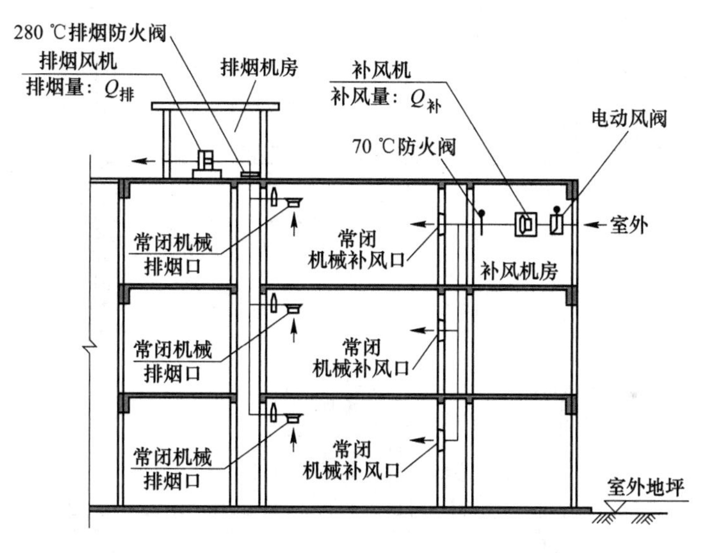

图 6-29　机械补风

口与排烟口设置在同一防烟分区时，补风口应设在储烟仓下沿以下；补风口与排烟口水平距离不应少于 5 m（见图 6-30）。

（5）补风系统应与排烟系统联动开启或关闭。

（6）机械补风口的风速不宜大于 10 m/s，人员密集场所补风口的风速不宜大于 5 m/s；自然补风口的风速不宜大于 3 m/s（见图 6-31）。

（7）补风管道耐火极限不应低于 0.50 h，当补风管道跨越防火分区时，管道的耐火极限不应小于 1.50 h。

6.5　排烟系统设计计算

设计排烟系统时，应遵守以下原则。

（1）排烟系统的设计风量不应小于该系统计算风量的 1.2 倍。

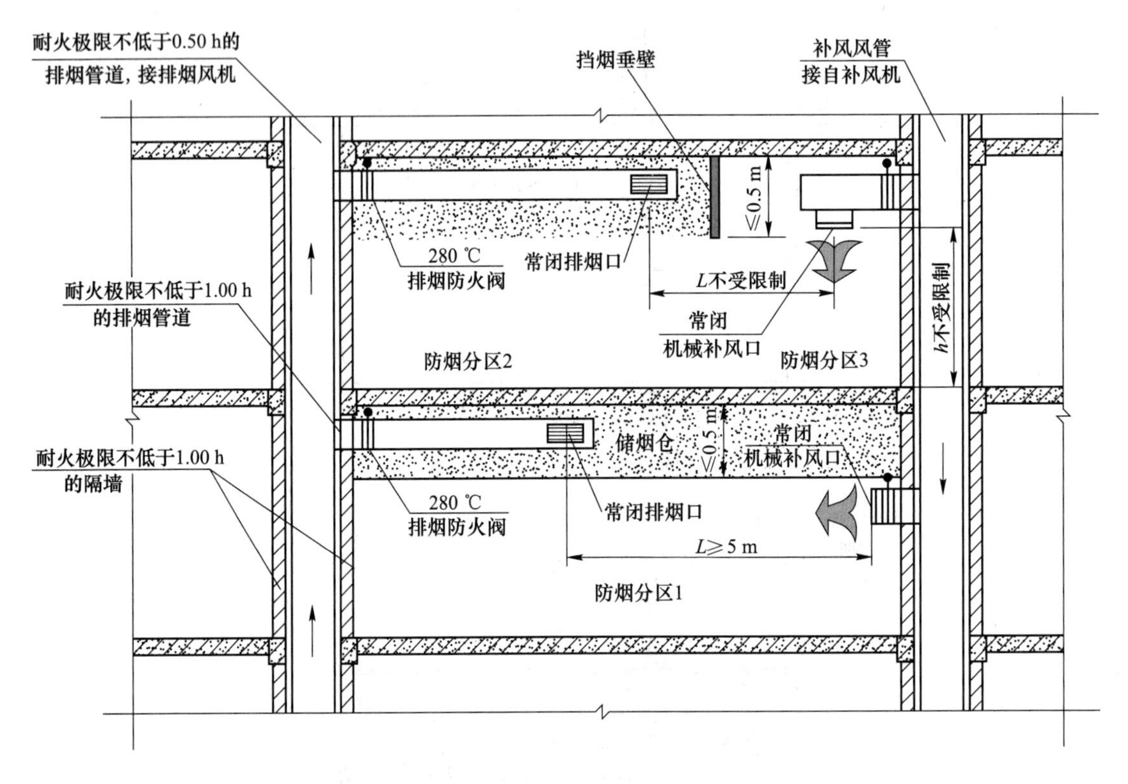

图 6-30 补风口与排烟口

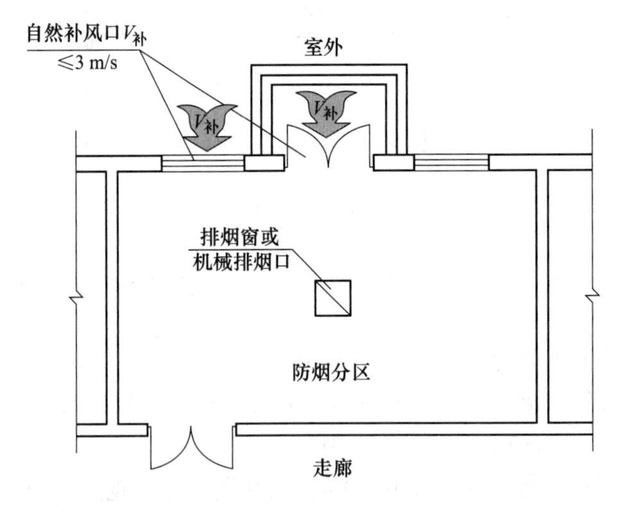

图 6-31 自然补风要求

（2）当采用自然排烟方式时，储烟仓的厚度不应小于空间净高的 20%（见图 6-32），且不应小于 500 mm；当采用机械排烟方式时，不应小于空间净高的 10%，且不应小于 500 mm（见图 6-33）。同时储烟仓底部距地面的高度应大于安全疏散所需的最小清晰高度，最小清晰高度应按规定计算确定。

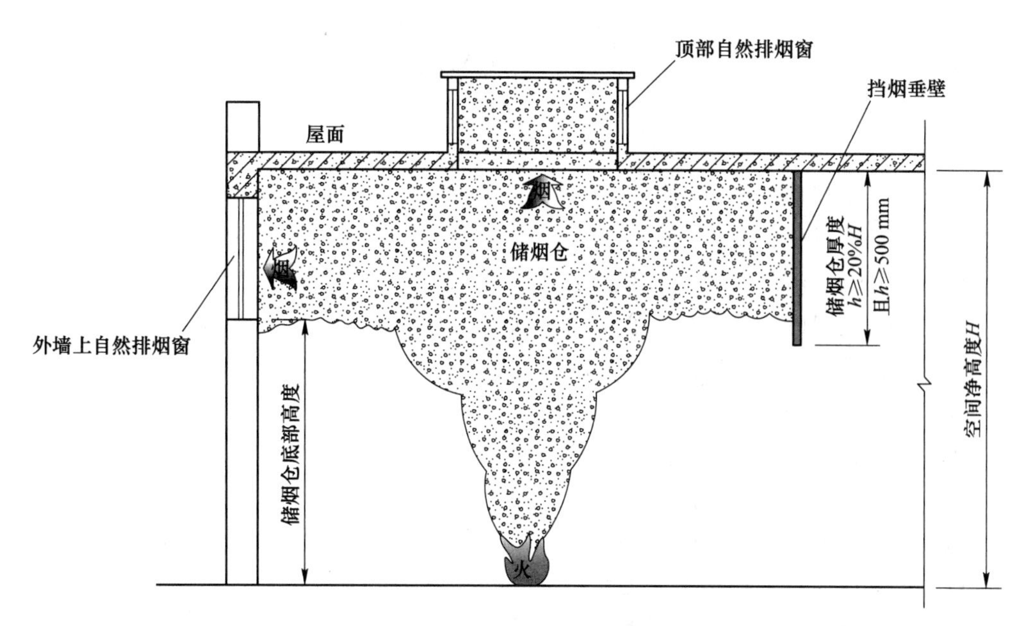

图 6-32　自然排烟储烟仓厚度要求

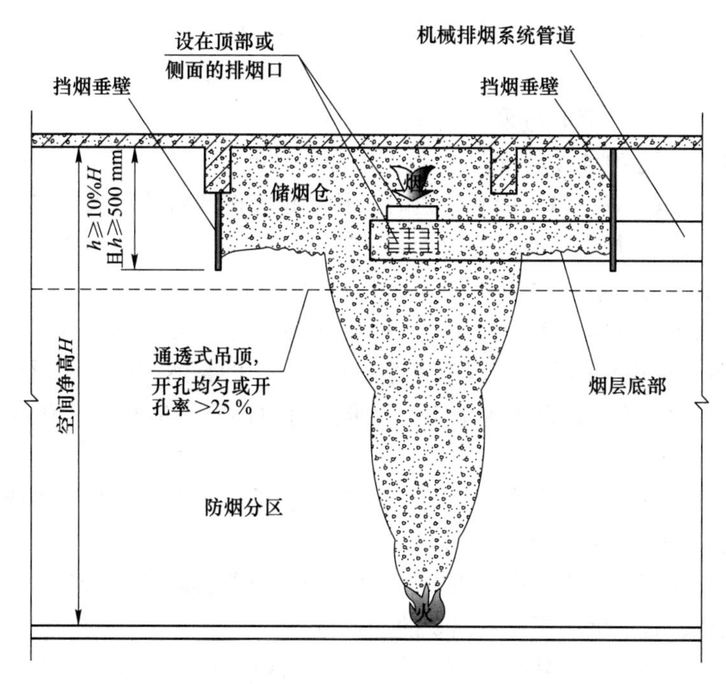

图 6-33　机械排烟储烟仓厚度要求

6.5.1　自然排烟对外开口面积确定

《建筑防排烟技术规范》规定自然排烟对外开口要满足以下几点要求。

（1）自然排烟窗口的面积应由下式计算确定：

$$A_{\mathrm{v}}C_{\mathrm{v}} = \frac{m}{\rho_0}\left[\frac{T^2 + (A_{\mathrm{v}}C_{\mathrm{v}}/A_0C_0)^2TT_0}{2gd_{\mathrm{b}}\Delta TT_0}\right]^{\frac{1}{2}} \tag{6-1}$$

$$\Delta T = \frac{KQ_{\mathrm{c}}}{mc_p} \tag{6-2}$$

式中 A_{v}——排烟口截面积，m^2；

A_0——所有进气口总面积，m^2；

C_{v}——排烟口流量系数，通常选定为0.5~0.7；

C_0——进气口的流量系数，通常约为0.6；

ρ_0——环境温度下气体的密度，$\mathrm{kg/m^3}$；

g——重力加速度，$\mathrm{m/s^2}$；

d_{b}——排烟窗（口）下烟气的厚度，m；

T——烟气的热力学温度，K，$T=T_0+\Delta T$；

T_0——环境的热力学温度，K；

ΔT——烟层温度与环境温度之差,℃；

K——烟气中对流放热量因子，一般取0.5；

Q_{c}——火灾释放热中的对流部分，kW，一般取值为$0.7Q$，Q为火灾热释放率；

m——羽流质量流量，kg/s；

c_p——空气的比定压热容，通常取$c_p=1.01\ \mathrm{kJ/(kg\cdot K)}$。

注意：

1）公式中$A_{\mathrm{v}}C_{\mathrm{v}}$在计算时应采用试算法；

2）当开窗角大于70°时，其面积应按窗的面积计算；当开窗角小于70°时，其面积应按窗的水平投影面积计算；当采用侧拉窗时，其面积应按开启的最大窗口面积计算；当采用百叶窗时，其面积应按窗的有效开口面积计算。

（2）开口面积的选取，计算完成之后还应满足下列要求。

1）靠外墙的敞开楼梯、封闭楼梯间、防烟楼梯间每5层内自然通风有效面积不应小于2.0 m^2，并应保证该楼梯间顶层设有不小于0.80 m^2的自然通风有效面积。

2）防烟楼梯间前室、消防电梯前室自然通风有效面积不应小于2.0 m^2，合用前室有效面积不应小于3.0 m^2。

3）采用自然通风方式的避难层（间）应设有不同朝向的可开启外窗或百叶窗，且每个朝向的自然通风面积不应小于2.0 m^2。

4）中庭、剧场舞台，不应小于该中庭、剧场舞台楼地面面积的5%。

5）其他场所，宜取该场所建筑面积的2%~5%。

6）厂房、仓库的可开启外窗的面积应符合下列要求：采用自动开启方式时，厂房的排烟面积应为排烟区域建筑面积的2%，仓库的排烟面积应增加一倍；采用手动开启方式时，厂房的排烟面积应为排烟区域建筑面积的3%，仓库的排烟面积应增加一倍；以上两种情况，当设有自动喷水灭火系统时，面积可减半。

7）当建筑室内净高度大于6 m，建筑室内净高度每增加1 m，排烟面积可减少5%，但不小于排烟区域建筑面积的1%。

6.5.2 最小清晰高度确定

防烟分区应采用挡烟垂壁、隔墙、梁等划分。挡烟设施其下垂高度应由计算确定，且应满足疏散所需的清晰高度，除走道外，最小清晰高度应按下式计算：

$$H_q = 1.6 + 0.1H \tag{6-3}$$

式中 H_q——最小清晰高度，m；

H——排烟空间的建筑净高度，m。

6.5.3 排烟量的确定

《建筑防排烟系统技术规范》规定：一个防烟分区的排烟量应由式（6-4）计算确定，或按火灾烟气速查表（见表6-1）选取。

$$V = \frac{mT_p}{\rho_0 T_0} \tag{6-4}$$

式中 V——排烟量，m^3/s；

ρ_0——环境温度下的气体密度，kg/m^3，通常 $t_0 = 20$ ℃ ，$\rho_0 = 1.2\ kg/m^3$；

T_0——环境的热力学温度，K；

T_p——烟气的平均热力学温度，K，$T_p = T_0 + \Delta T_p$，ΔT_p 为烟气平均温度与环境温度的差；

m——羽流质量流量，kg/s。

6.5.4 羽流的质量流量确定

羽流的质量流量按羽流类型不同选择下列公式进行计算，具体如下。

（1）轴对称型羽流。用以下公式进行计算：

$Z > Z_1$：
$$m = 0.071 Q_c^{\frac{1}{3}} Z^{\frac{5}{3}} + 0.0018 Q_c \tag{6-5}$$

$Z \leqslant Z_1$：
$$m = 0.032 Q_c^{\frac{3}{5}} Z \tag{6-6}$$

$$Z_1 = 0.166 Q_c^{\frac{2}{5}} \tag{6-7}$$

式中 Q_c——火灾释放热中的对流部分，kW，一般取值为 $0.7Q$，Q 为火灾热释放率；

Z——燃料面到烟层底部的高度（取值应大于等于最小清晰高度），m；

Z_1——火焰极限高度，m。

（2）阳台溢出型羽流。用以下公式进行计算：

$$m = 0.36 (QW^2)^{\frac{1}{3}} (Z_b + 0.25H_1) \tag{6-8}$$

$$W = w + d \tag{6-9}$$

式中 H_1——燃料至阳台的高度，m；

Q——火灾热释放率，kW；

Z_b——阳台下缘至烟层底部的高度，m；

W——羽流扩散宽度，m；

w——火源区域的开口宽度，m；

d——从开口至阳台边沿的距离，m，$d \neq 0$。

当 $Z_b \geqslant 13W$，阳台溢出型羽流的质量流量的计算可使用式（6-5）计算。

（3）窗口型羽流。用以下公式进行计算：

$$m = 0.68 (A_w H_w^{\frac{1}{2}})^{\frac{1}{3}} (Z_w + \alpha_w)^{\frac{5}{3}} + 1.59 A_w H_w^{\frac{1}{2}} \tag{6-10}$$

$$\alpha_w = 2.4 A_w^{\frac{2}{5}} H_w^{\frac{1}{5}} - 2.1 H_w \tag{6-11}$$

式中 A_w——窗口开口的面积，m^2；

H_w——窗口开口的高度，m；

Z_w——开口的顶部到烟层的高度，m；

α_w——窗口型羽流的修正系数。

（4）墙型羽流。用以下公式进行计算：

$Z > Z_1$：$$m = 0.0355 (2Q_c)^{\frac{1}{3}} Z^{\frac{5}{3}} + 0.0018 Q_c \tag{6-12}$$

$Z = Z_1$：$$m = 0.035 Q_c \tag{6-13}$$

$Z < Z_1$：$$m = 0.016 (2Q_c)^{\frac{3}{5}} Z \tag{6-14}$$

式中 Q_c——火灾释放热中的对流部分，kW，一般取值为 $0.7Q$，Q 为火灾热释放率；

Z——燃料面到烟层底部的高度，m；

Z_1——火焰极限高度，m；

m——羽流质量流量，kg/s。

（5）角型羽流。用以下公式进行计算：

$Z > Z_1$：$$m = 0.01775 (4Q_c)^{\frac{1}{3}} Z^{\frac{5}{3}} + 0.0018 Q_c \tag{6-15}$$

$Z = Z_1$：$$m = 0.035 Q_c \tag{6-16}$$

$Z < Z_1$：$$m = 0.008 (4Q_c)^{\frac{3}{5}} Z \tag{6-17}$$

烟气平均温度与环境温度的差应按以下公式计算或查表 6-1：

$$\Delta t_p = Q_c / (m_\mu c_p) \tag{6-18}$$

式中 Δt_p——烟气平均温度与环境温度的差，℃，$\Delta t_p = t_p - t_0$；

c_p——空气的比定压热容，一般取 1.02 kJ/(kg · K)；

Q_c——热释放中的对流部分，kW，一般取值为 $0.7Q$，Q 为火灾热释放率。

上述公式中，Q 可以按下式进行计算，也可以查表 6-2 得出各类场所的参考值。

$$Q = \alpha t^2 \tag{6-19}$$

式中 Q——火灾热释放率，kW，按表 6-2 取值；

t——自动灭火系统启动时间，s；

α——火灾增长系数，kW/s^2，按表 6-3 取值。

表 6-1 火灾烟气速查表

$Q=1$ MW			$Q=1.5$ MW			$Q=2.5$ MW		
m/kg·s^{-1}	Δt/℃	V/m^3·s^{-1}	m/kg·s^{-1}	Δt/℃	V/m^3·s^{-1}	m/kg·s^{-1}	Δt/℃	V/m^3·s^{-1}
4	175	5.32	4	263	6.32	6	292	9.98
6	117	6.98	6	175	7.99	10	175	13.31
8	88	6.66	10	105	11.32	15	117	17.49
10	70	10.31	15	70	15.48	20	88	21.68
12	58	11.96	20	53	19.68	25	70	25.8
15	47	14.51	25	42	24.53	30	58	29.94
20	35	18.64	30	35	27.96	35	50	34.16
25	28	22.8	35	30	32.16	40	44	38.32
30	23	26.9	40	26	36.28	50	35	46.6
35	20	31.15	50	21	44.65	60	29	54.96
40	18	35.32	60	18	53.1	75	23	67.43
50	14	43.6	75	14	65.48	100	18	88.5
60	12	52	100	10.5	86	120	15	105.1
$Q=3$ MW			$Q=4$ MW			$Q=5$ MW		
m/kg·s^{-1}	Δt/℃	V/m^3·s^{-1}	m/kg·s^{-1}	Δt/℃	V/m^3·s^{-1}	m/kg·s^{-1}	Δt/℃	V/m^3·s^{-1}
8	263	12.64	8	350	14.64	9	525	21.5
10	210	14.3	10	280	16.3	12	417	24
15	140	18.45	15	187	20.48	15	333	26
20	105	22.64	20	140	24.64	18	278	29
25	84	26.8	25	112	28.8	24	208	34
30	70	30.96	30	93	32.94	30	167	39
35	60	35.14	35	80	37.14	36	139	43
40	53	39.32	40	70	41.28	50	100	55
50	42	49.05	50	56	49.65	65	77	67
60	35	55.92	60	47	58.02	80	63	79
75	28	68.48	75	37	70.35	95	53	91.5
100	21	89.3	100	23	91.3	110	45	103.5
120	18	106.2	120	23	107.88	130	38	120
140	15	122.6	140	20	124.6	150	33	136

表 6-2 各类场所的热释放率

建筑类别	喷淋设置情况	热释放速率 Q/MW
办公室、教室、客房、走道	无喷淋	6.0
	有喷淋	1.5
商店、展览厅	无喷淋	10.0
	有喷淋	3.0

续表 6-2

建筑类别	喷淋设置情况	热释放速率 Q/MW
其他公共场所	无喷淋	8.0
	有喷淋	2.5
汽车库	无喷淋	3.0
	有喷淋	1.5
厂房	无喷淋	8.0
	有喷淋	2.5
仓库	无喷淋	20.0
	有喷淋	4.0

表 6-3 火灾增长系数

火　情	典 型 材 料	火灾增长系数
慢	硬木家具	0.0029
中等	棉花/聚酯海绵	0.012
快	满装邮袋/泡沫塑料/叠起的木箱	0.047
特快	含甲醇、酒精的火/速燃的软包家具	0.188

6.5.5 排烟量设计要求

（1）除中庭外一个防烟分区的排烟量的设计要求。

1）建筑空间净高小于或等于 6 m 的场所，其排烟量应按不小于 60 $m^3/(h \cdot m^2)$ 计算，且取值不小于 15000 m^3/h，或设置有效面积不小于该房间建筑面积 2%的自然排烟窗（口）。

2）公共建筑、工业建筑中空间净高大于 6 m 的场所，其每个防烟分区排烟量应根据场所内的热释放速率计算确定，且不应小于表 6-4 中的数值，或设置自然排烟窗（口），其所需有效排烟面积应根据表 6-4 及自然排烟窗（口）处风速计算。

表 6-4 公共建筑、工业建筑中空间净高大于 6 m 场所的计算排烟量及自然排烟侧窗（口）部风速

单位：$\times 10^4$ m^3/h

高空净高/m	办公室、学校		商店、展览厅		厂房及其他公共建筑		仓　库	
	无喷淋	有喷淋	无喷淋	有喷淋	无喷淋	有喷淋	无喷淋	有喷淋
6.0	12.2	5.2	17.6	7.8	15.0	7.0	30.1	9.3
7.0	13.9	6.3	19.6	9.1	16.8	8.2	32.8	10.8
8.0	15.8	7.4	21.8	10.6	18.9	9.6	35.4	12.4
9.0	17.8	8.7	24.2	12.2	21.1	11.1	38.5	14.2
自然排烟侧风窗（口）风速/$m \cdot s^{-1}$	0.94	0.64	1.06	0.78	1.01	0.74	1.26	0.84

3）当公共建筑仅需在走道或回廊设置排烟时，其机械排烟量不应小于 13000 m^3/h，

或在走道两端（侧）均设置面积不小于 2 m^2 的自然排烟窗（口）且两侧自然排烟窗（口）的距离不应小于走道长度的2/3。

4）当公共建筑房间内与走道或回廊均需设置排烟时，其走道或回廊的机械排烟量可按 60 $m^3/(h \cdot m^2)$ 计算，且不小于 13000 m^3/h，或设置有效面积不小于走道、回廊建筑面积 2%的自然排烟窗（口）。

（2）当一个排烟系统担负多个防烟分区排烟时系统排烟量设计要求。

1）当系统负担具有相同净高场所时，对于建筑空间净高大于 6 m 的场所，应按排烟量最大的一个防烟分区的排烟量计算；对于建筑空间净高为 6 m 及以下的场所，应按同一防火分区中任意两个相邻防烟分区的排烟量之和的最大值计算。

2）当系统负担具有不同净高场所时，应采用上述方法对系统中每个场所所需的排烟量进行计算，并取其中的最大值作为系统排烟量。

（3）中庭排烟量的设计要求。

1）中庭周围场所设有排烟系统时，中庭采用机械排烟系统的，中庭排烟量应按周围场所防烟分区中最大排烟量的 2 倍数值计算，且不应小于 107000 m^3/h；中庭采用自然排烟系统时，应按上述排烟量和自然排烟窗（口）的风速不大于 0.5 m/s 计算有效开窗面积。

2）当中庭周围场所不需设置排烟系统，仅在回廊设置排烟系统时，回廊的排烟量不应小于标准规定，中庭的排烟量不应小于 40000 m^3/h；中庭采用自然排烟系统时，应按上述排烟量和自然排烟窗（口）的风速不大于 0.4 m/s 计算有效开窗面积。

6.6 防排烟系统设计程序及制图要求

6.6.1 设计程序

在进行防排烟系统设计时，应首先分析建筑物的类型、功能特性和防火要求，了解清楚建筑物的防火分区，并会同建筑设计专业人员共同研究合理的防排烟方案，确定防排烟的部位和防烟分区。然后根据建筑物的特点和其他要求，根据规范确定防排烟的方式，对于自然排烟方式，需要校核有效排烟孔口面积，对于机械排烟，还需完成以下工作。

（1）划分防烟分区，计算防烟分区面积；

（2）计算排烟量；

（3）布置管道、排烟口；

（4）选定管道、排烟口尺寸；

（5）绘制管道系统布置图；

（6）绘制草图计算管路阻力，选择排烟风机；

（7）确定补风方式，计算补风量。

如果采用机械加压送风系统，需要完成以下工作。

（1）根据规范确定加压送风量；

（2）布置加压送风管道和加压送风口；

（3）选定管道和风口尺寸；

（4）绘制管道系统布置图；

（5）计算管路阻力，选择加压风机。

建筑的防排工程系统设计程序如图 6-34 所示。

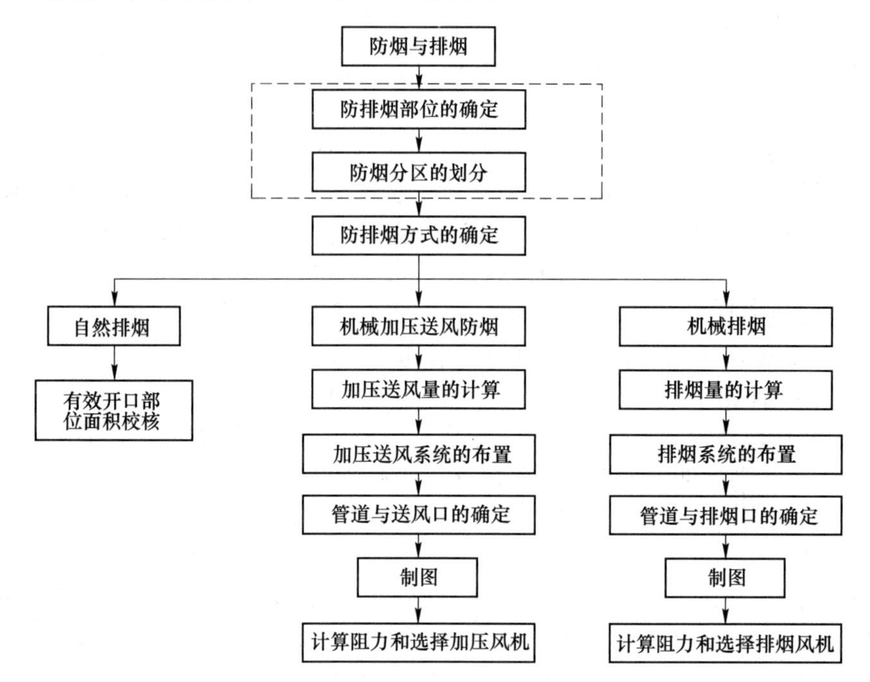

图 6-34　建筑物防排烟系统设计程序

（虚线内的内容必须与建筑专业人员协同解决）

6.6.2　制图要求

防排烟系统的设计施工图应满足《暖通空调制图标准》（GB/T 50114—2001）的要求。

（1）线宽和线型。制图时，基本宽度 b 宜选用 0.18 mm、0.35 mm、0.5 mm、0.7 mm、1.0 mm，其他线宽参照表 6-5 选取，线型参照表 6-6 选取。

表 6-5　防排烟系统的设计施工图线宽

线宽组	线宽/mm			
b	1.0	0.7	0.5	0.35
$0.5b$	0.5	0.35	0.25	0.18
0.25b	0.25	0.18	(0.13)	—

表 6-6　防排烟系统的设计施工图线型

名　称		线型	线宽	一般用途
实线	粗	▬▬▬	b	单线表示管道
	中	———	$0.5b$	本专业设备轮廓，双线表示管道轮廓
	细	───	$0.25b$	建筑轮廓线：尺寸、标高、角度等；标注线及引出线；非本专业设备轮廓

（2）制图的比例。防排烟工程施工图制图的比例参照表 6-7。

表 6-7　防排烟系统的设计施工图比例

图　名	常用比例	可用比例
剖面图	1∶50、1∶100、1∶150、1∶200	1∶300
局部放大图、管沟断面图	1∶20、1∶50、1∶100	1∶30、1∶40、1∶50、1∶200
索引图、详图	1∶1、1∶2、1∶5、1∶10、1∶20	1∶3、1∶4、1∶5

（3）施工图文件资料的内容。初步设计和施工图设计的设备表至少应包括序号（或编号）、设备名称、技术要求、数量、备注栏；材料表至少应包括序号（或编号）、材料名称、规格或物理性能、数量、单位、备注栏。

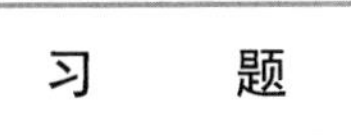

习　题

6-1　简述目前国内外防排烟设计的方法。

6-2　简述加压送风的设计要求。

6-3　如何计算正压漏风的有效面积？

6-4　机械排烟量如何计算？

6-5　简述机械排烟的设计要求。

6-6　简述地下车库通风排烟系统的常用形式。

6-7　简述防排烟工程的设计程序。

6-8　民用建筑的哪些场所或部位应设置排烟设施？

7 建筑防排烟设备设施

【教学目标】

掌握防排烟设备的选用要求；熟悉防排烟系统中常用设备的原理、命名规则、性能及其用途；熟悉防排烟设备的联动控制。

【重点与难点】

防排烟设备的选用及其原理。

防排烟设备是防排烟系统的重要组成部分，也是防排烟系统正常运行的保障，本章将重点介绍防排烟设备的原理、性能及其参数。

7.1 防排烟风机

风机是一种用于输送气体的机械，它是将原动机的机械能转换成流经其内部流体的压力能的设备。在建筑物防排烟系统中，风机是有组织地往室内送入新鲜空气、或排出室内火灾烟气的输送设备，是机械排烟系统和加压送风系统中必不可少的部分，在防排烟系统中起着至关重要的作用。

7.1.1 风机的分类及命名方法

根据作用原理风机分为离心式风机、轴流式风机和混流式风机。

7.1.1.1 离心式风机

A 离心式风机组成及工作原理

离心式风机由叶轮、机壳、转轴、支架等部分组成，叶轮上装有一定数量的叶片，如图 7-1 和图 7-2 所示。气流从风机轴向入口吸入，经 90°转弯进入叶轮中，叶轮叶片间隙中的气体被带动旋转而获得离心力，气体由于离心力的作用向机壳方向运动，并产生一定的正压力，由蜗壳汇集沿切向引导至排气口排出，叶轮中则由于气体离开而形成了负压，气体因而源源不断地由进风口轴向地被吸入，从而形成了气体被连续地吸入、加压、排出的流动过程。

根据离心式风机提供的全压不同分为高中低压三类，高压离心式风机全压大于 3000 Pa，中压离心式风机全压介于 1000~3000 Pa，低压离心式风机全压不超过 1000 Pa。

离心式风机根据叶片的出口安装角度分为前向式、后向式、径向式三种。前向式叶片出口安装角度 $\beta_{2a}>90°$，径向式叶片出口安装角度 $\beta_{2a}=90°$，后向式叶片出口安装角度 $\beta_{2a}<90°$，如图 7-3 所示。

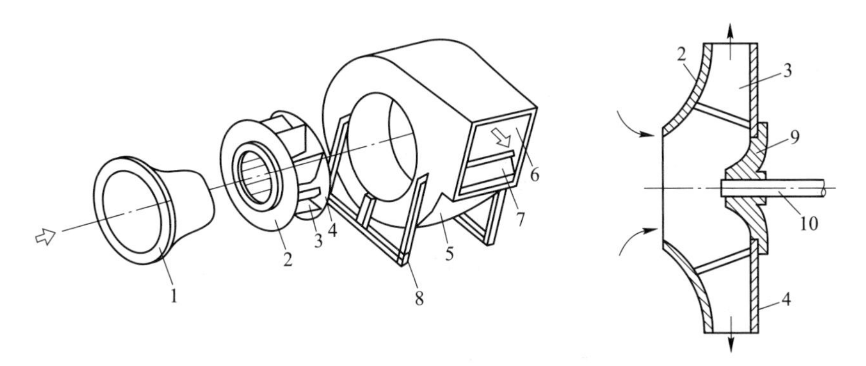

图 7-1　离心式风机的组成

1—吸入口；2—叶轮前盘；3—叶片；4—后盘；5—机壳；6—出口；7—截流盘（风舌）；8—支架；9—轮毂；10—轴

图 7-2　离心式风机实物图

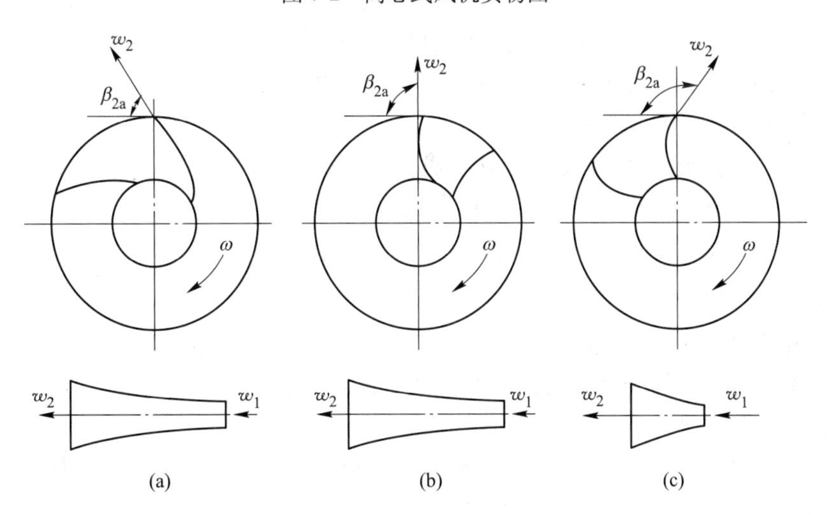

图 7-3　离心式风机的叶片形式

（a）前向式；（b）径向式；（c）后向式

B 离心式风机的命名方法

离心式风机的命名如图 7-4 所示。

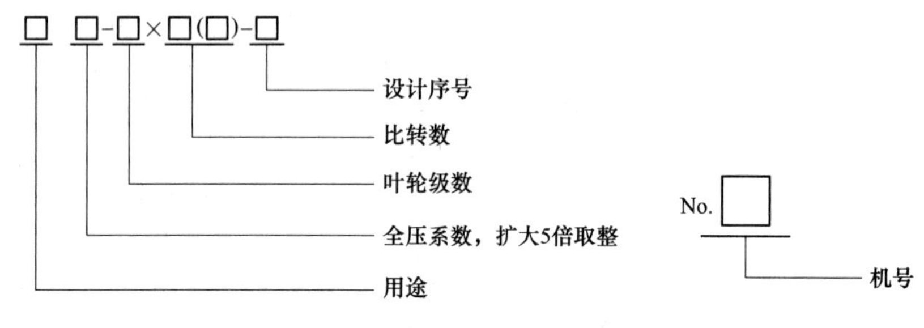

图 7-4 离心式风机的命名

（1）用途代号采用汉语拼音表示（见表 7-1）。

表 7-1 风机用途代号表

序号	用途类别	代号		序号	用途类别	代号	
		汉字	简写			汉字	简写
1	一般用途通风换气	通用	T	3	一般用途空气输送	通用	T
2	防爆气体通风换气	防爆	B	4	高温气体输送	高温	W

（2）型号表述式中的全压系数即为压力系数，一般采用一位整数；个别前弯叶轮的压力系数大于 1.0 时，用两位整数表示。

（3）叶轮级数用正整数表示。单级叶轮不标，若是两个叶轮并联结构，或单叶轮双吸入结构，则用 2 表示。

（4）比转数采用两位整数表示。若产品的型式中有重复代号或派生型时，则在比转数后加注字号，采用罗马数字Ⅰ，Ⅱ，…表示。

（5）设计序号用阿拉伯数字 1，2，3，…表示，供该型产品有重大修改时用。若性能参数、外形尺寸、地基尺寸、易损件均无变更，则不使用设计序号。

（6）机号用叶轮直径（mm）/100 并冠以符号“No”表示。

【示例 7-1】 4-72No. 20 型

T（省略）——一般通用通风换气，空气输送用离心式风机；4—全压系数为 0.8；72—比转数为 72；No. 20—机号为 20，即叶轮直径为 2000 mm。

7.1.1.2 轴流式风机

A 轴流式风机组成及工作原理

轴流式风机的叶片安装在旋转的轮毂上，当叶轮由电动机带动而旋转时，将气流从轴向吸入，气体受到叶片的推挤而升压，并形成轴向流动，由于风机中的气流方向始终沿着轴向，故称为轴流式风机，如图 7-5 和图 7-6 所示。

根据风机提供的全压，轴流式风机分为高压风机和低压风机两种，其中高压轴流式风机全压不小于 500 Pa，低压轴流式风机全压小于 500 Pa。轴流式风机按叶片的形式可分为板型和机翼型，而且有扭曲和非扭曲之别；按结构可分为筒式和风扇式两种。

在轴流式风机中有一种用于公路、铁路交通隧道内通风换气用的风机，称为隧道用射

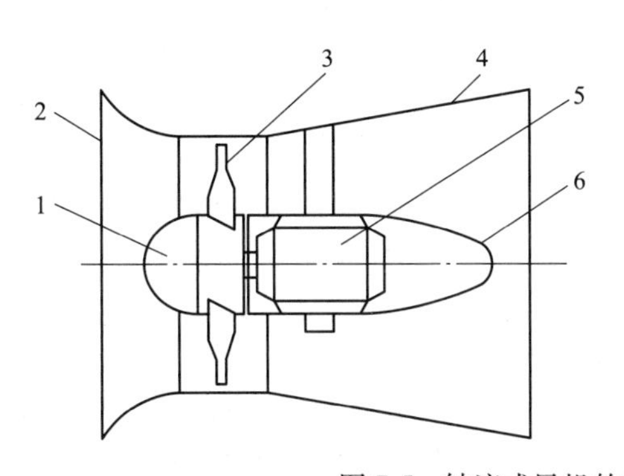

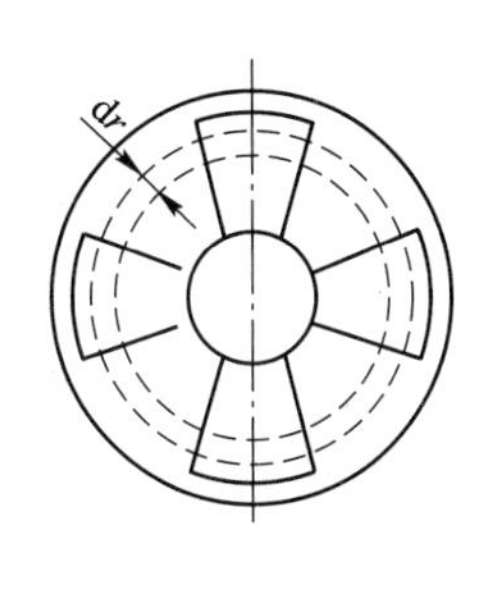

图 7-5　轴流式风机的组成

1—轮毂；2—前整流罩口；3—叶轮；4—扩压管；5—电动机；6—后整流罩口

图 7-6　轴流式风机实物图

流风机。它是在轴流式风机进风口、出风口带圆筒式消声器，它的进出口端为流线型喷嘴，内壁为穿孔板，中间填充防水吸声材料，如图 7-7 和图 7-8 所示。隧道用射流风机挂在隧道顶部或两侧，不占用交通面积，不需另外修建风道。土建工程造价低，是一种很经济的通风方式。

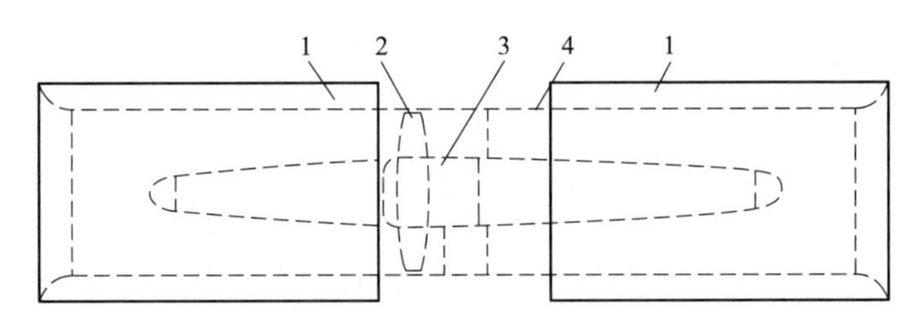

图 7-7　隧道用射流风机的组成

1—消声器；2—叶轮；3—电动机；4—主风筒

隧道用射流风机是由风机产生的高速喷射气流，推动隧道内的污浊空气顺着射流方向运动。流经隧道的总空气流量的一部分被风机吸入，叶轮做功后，由出口高速喷出，高速气流将把能量传给隧道内的空气，推动隧道内的空气一起向前流动，当流动速度衰减到某一值时，下一组风机继续工作。这样，实现了从隧道进口端吸入新鲜空气，从出口端排除污染空气。隧道用射流风机输送介质为空气，适用的环境温度为-25～500 ℃，介质中含尘量和其他固体杂质的含量不大于 100 mg/m^3，且无黏性和无纤维物质。

在轴流式风机中有一种地铁轴流通风机。它一般用于地铁环控系统内的风换气，分为两大系列：一大系列为可逆转式（见图 7-9），另一大系列为单向运转式。可逆转式通过改变电机旋向可实现反向通风，反风量接近正风量的 100%，单向运转式为只能单向通风的地铁轴流通风机。从使用场所上分车站大系统的集中式全空气系统用、隧道中间风井用和车站设备管理房用或空调通风机房用；从使用功能上分送风、排风和排烟功能。地铁风机与其配套的消声器、风阀等附件构成地铁环控系统通风设备的主要组成设备。

图 7-8　隧道用射流风机

图 7-9　可逆转地铁隧道轴流通风机

B　轴流式风机的命名方法

轴流式风机的命名如图 7-10 所示。

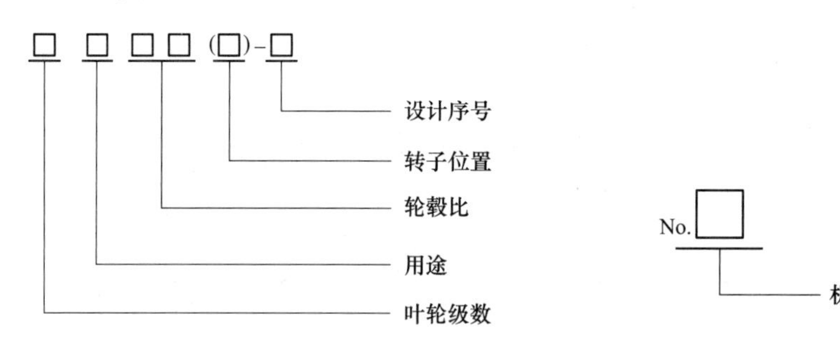

图 7-10　轴流式风机的命名

（1）叶轮级数代号（指叶轮串联级数），单级叶轮可不表示，双级叶轮用“2”表示。

（2）用途代号如表 7-1 所示。

（3）轮毂比为轮毂的外径与叶轮外径之比的百分比，取两位整数。

（4）转子位置代号，卧式用 A 表示（可省略），立式用 B 表示。同系列产品转子无位置变化则不表示；若产品的型式中有重复代号，或派生型时，则在轮毂比数后加注序号，采用罗马数字Ⅰ、Ⅱ等表示。

（5）设计序号用阿拉伯数字“1，2”等表示。供对该型产品有重大修改时用。若性能参数、外形尺寸、地基尺寸、易损件没有改动时，不应使用设计序号。若产品的型式中有重复代号或派生型时，则在设计序号前加注序号，采用罗马数字Ⅰ、Ⅱ等表示。

（6）机号用叶轮直径（mm）/100 并冠以符号“No”表示。

【示例 7-2】 T30No. 8 型

T——一般通风换气用轴流式风机，30—轮毂比为 0.3；No. 8—机号为 8，即叶轮直径为 800 mm。

隧道用射流风机的命名如图 7-11 所示。

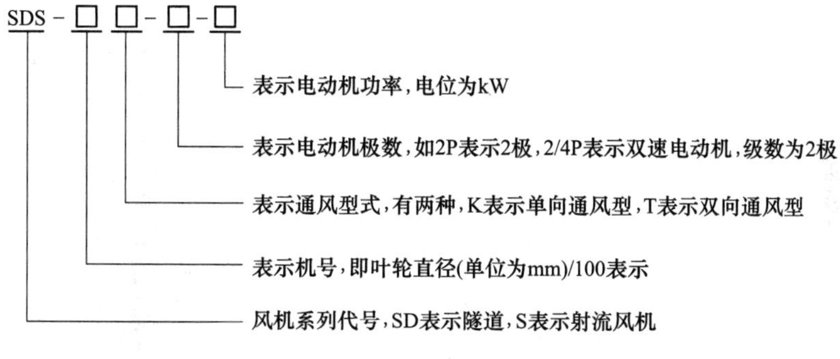

图 7-11　隧道用射流风机的命名

【示例 7-3】 SDS－9K－4P－15 型

叶轮直径为 900 mm，配用 4 极电动机，电动机功率为 15 kW，单向通风型射流风机。

【示例 7-4】 SDS－10T－4/6P－33/11 型

叶轮直径为 1000 mm，配用 4/6 极双速电动机，电动机功率为 33 kW/11 kW，双向通风型射流风机。

地铁轴流式风机的命名如图 7-12 所示。

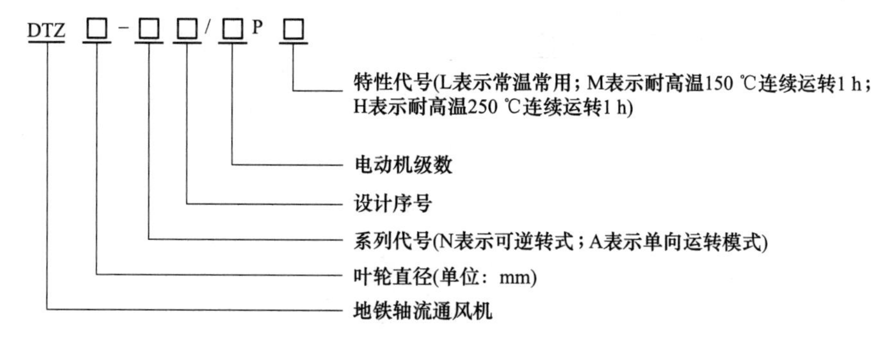

图 7-12　地铁轴流式风机的命名

【示例 7-5】 DTZ 180－N1/6P－H 型

表示叶轮直径为 180 cm（1800 mm），配 6 极电动机，在 250 ℃高温下可连续运转 1 h，设计序号为 1 的可逆转式地铁轴流通风机。

7.1.1.3 混流式风机

A 混流式风机组成及工作原理

混流式风机（又叫斜流风机）的外形、结构都是介于离心式风机和轴流式风机之间的风机，斜流风机的叶轮高速旋转让空气既做离心运动，又做轴向运动，既产生离心式风机的离心力，又具有轴流式风机的推升力，机壳内空气的运动混合了轴流与离心两种运动形式。斜流风机和离心式风机比较，压力低一些，而流量大一些，它与轴流式风机比较，压力高一些，但流量又小一些。斜流风机具有压力高、风量大、高效率、结构紧凑、噪声低、体积小、安装方便等优点。斜流风机外形看起来更像传统的轴流式风机，机壳可具有敞开的入口，排泄壳缓慢膨胀，以放慢空气或气体流的速度，并将动能转换为有用的静态压力。如图 7-13 和图 7-14 所示。

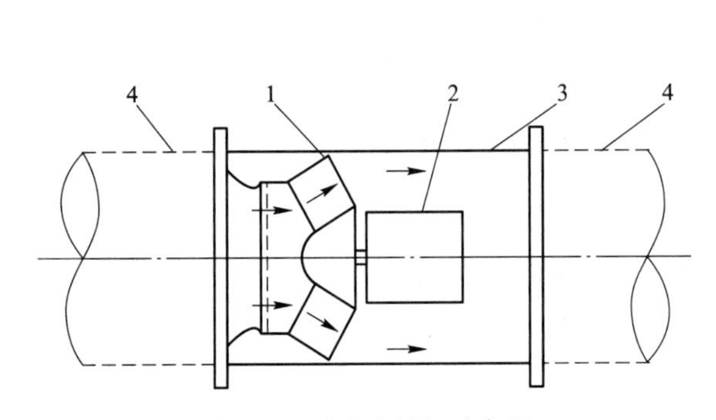

图 7-13 混流式风机示意图

1—叶轮；2—电动机；3—风筒；4—连接风管

图 7-14 混流式风机

斜流风机广泛应用于宾馆、饭店、商场、写字楼、体育馆等高级民用建筑的通排风、管道加压送风及工矿企业的通风换气场所。

B 混流式风机的命名方法

斜流风机的命名如图 7-15 所示。

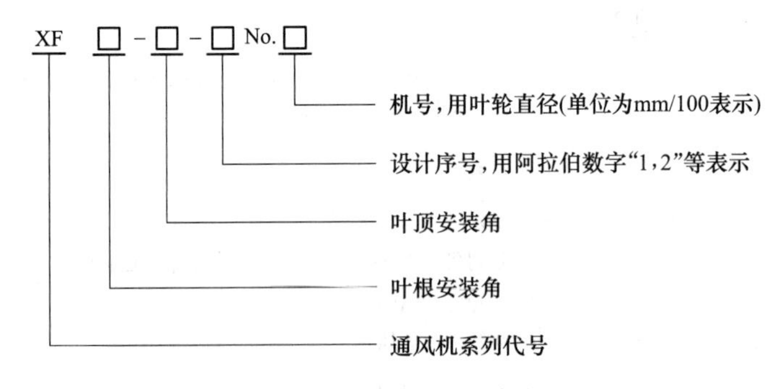

图 7-15 斜流风机的命名

【示例 7-6】 XF 45－25－2No. 4 型

表示叶根安装角为 45°，叶顶安装角为 25°，设计序号为 2，直径为 400 mm 的斜流风机。

根据风机的用途，可以将风机分为一般用途风机、排尘风机、防爆风机、防腐风机、消防用排烟风机、屋顶风机、高温风机、射流风机等。

在建筑防排烟工程中，排烟风机可采用排烟轴流式风机、斜流风机或离心式风机，加压送风风机可采用轴流式风机和中、低压离心式风机。

在建筑防排烟工程中，由于加压送风系统输送的是一般的室外空气，因此可以采用一般用途风机，而排烟系统中的风机可采用消防用排烟风机。

另外，根据风机的转速将风机分为单速风机和双速风机。通过改变风机的转速可以改变风机的性能参数，以满足风量和全压的要求，并可实现节能的目的。双速风机采用的是双速电机，通过改变接触器极对数得到两种不同转速。

7.1.2 风机的性能及相互关系

7.1.2.1 风机的性能参数

风机的性能是以它的性能参数表示的，其性能参数主要有额定工况下的风量、全压 p、转速 n、功率 N、效率 η 等。

（1）风量。风量是指标准工况（$t=20$ ℃，$p=101.3$ kPa，$\varphi=50\%$）下单位时间内流过风机入口的气体体积流量，单位为 m^3/s 或 m^3/h。实际工况不是标准工况时，需要进行换算，若实测的流量和密度为 Q_1 和 ρ_1，则标准工况下的流量为：

$$Q=\frac{Q_1\rho_1}{1.2} \tag{7-1}$$

（2）全压。风机的全压是指单位体积流体流过风机后所获得的能量增加值（全压值），即气体在风机出口和进口的全压值之差，用 p 表示，单位为 N/m^2 或 Pa。

（3）转速。转速是指风机叶轮每分钟的转数，用 n 表示，单位为 r/min。

（4）功率。风机的功率是指输入功率，即原动机传到风机转轴上的功率，也称为轴功率，用 N 表示，单位为 W 或 kW。

（5）效率。单位时间内流体从风机得到的实际能量，称为有效功率，用 N_e 表示，单位为 W 或 kW。

风机效率是指有效功率与轴功率之比，用 η 表示，如式（7-2）所示。它表示输入的轴功率被流体的利用程度，风机的效率，通常是由试验确定的。

$$\eta=\frac{N_e}{N} \tag{7-2}$$

7.1.2.2 风机性能参数相互关系

A 参数性能曲线

风机的性能通常用性能曲线来表示。性能曲线是指在一定转速下，以流量为基本变量，其他各性能参数随流量改变而变化的关系曲线。通常有流量-全压曲线（Q-p）、流量-功率曲线（Q-N）、流量-效率曲线（Q-η ）等。

图 7-16 为离心式风机的性能曲线，这种离心式风机的全压 p 是随着风量 Q 的增大而降低的，而所消耗的功率 P 则是随着风量 Q 的增大而增长的。而风机的效率 η 开始随着

风量 Q 的增大而增大，当风量达到某一定值时，效率最高，其后，效率随着风量的继续增大而降低。正确选用的风机，应该能在高效率区域内工作。目前国内提供的风机产品目录中的性能选用表中每一转速下的风机性能是将最高效率 90%范围内的性能按流量等分为 5 个工况点，以供选用，对超过该性能范围的风机，不应使用。

图 7-17 为轴流式风机的性能曲线，从图中可以看出，风压性能曲线 p-Q 随流量增加风压先减小而后增加，而后又减小，左侧呈马鞍形，在一定流量范围内，风量减小时，风压增大，流量为零时风压最大。风机效率随着流量增加先增大而后减小，最高效率点在风压峰值附近。功率随流量增加而减小，在流量为零时，N 达到最大值，此时为最高效率时功率的 1.2~1.4 倍，因此在启动时应保证管路畅通、阻力最小，以防止电动机启动时超载现象。

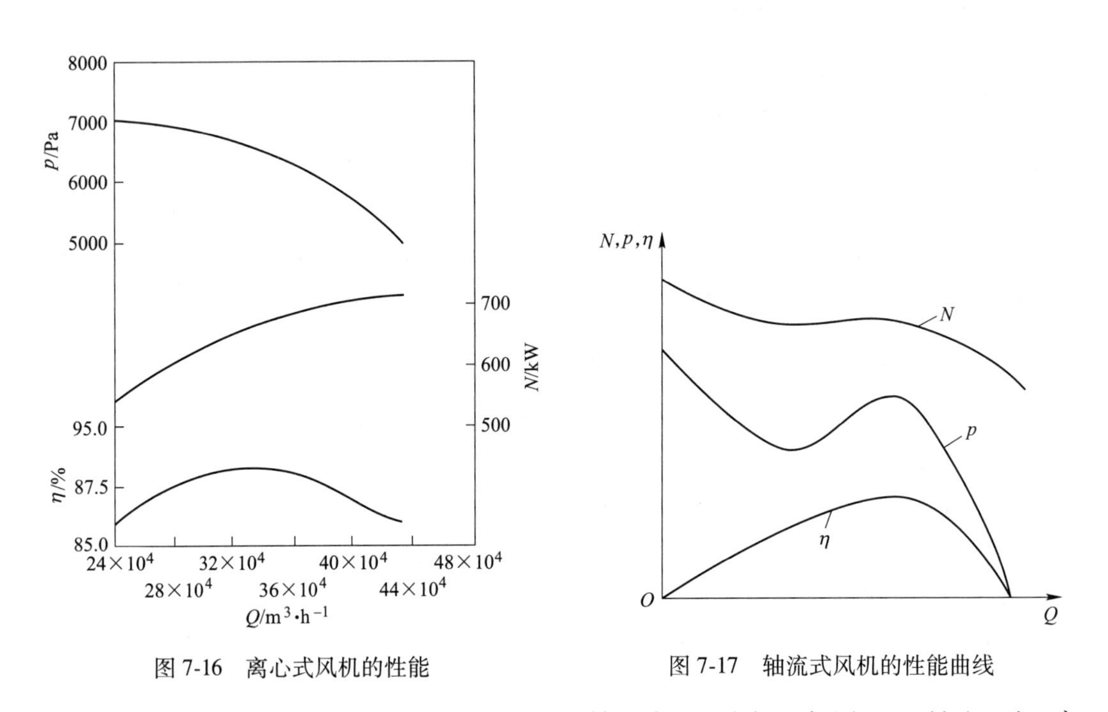

图 7-16　离心式风机的性能　　图 7-17　轴流式风机的性能曲线

斜流风机的性能曲线形状介于离心式风机和轴流式风机之间，如图 7-18 所示。对于高压力斜流风机，其流量与压力、流量与功率的相互关系变化规律接近于离心式风机，在使用上，可采用关闭阀门启动，这时功率最小，动力机安全。对于低压力混流式风机，性能参数之间的变化规律接近于轴流式风机，在使用上，不宜采用关阀启动，而应该开阀启动，这时功率比较小，电动机不容易被烧毁。

B　风机工作点的确定

在 Q-p 坐标系中画出管路特性曲线，再按同一比例画出所选用的风机性能曲线，两曲线交点就是风机在此管路中运行的工况点，或称工作点。图 7-19 中，曲线 AB 为风机的性能曲线，曲线 CE 为管路的特性曲线，两者的交点 D 为风机在管路中的工作点，此时看 Q_D、P_D 是否满足工程设计要求，以及是否在高效区，若都满足则所选用的风机经济、恰当。

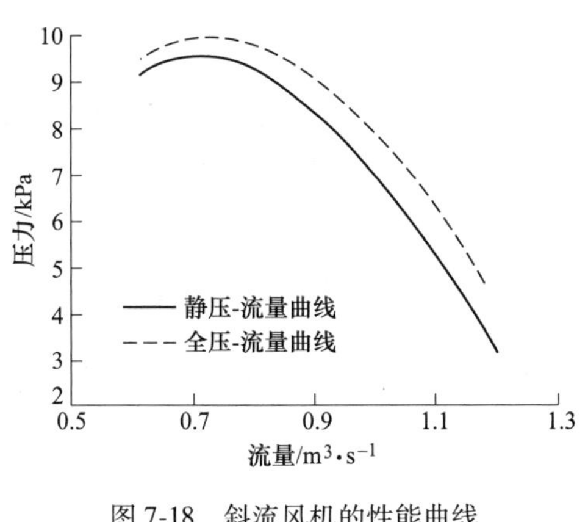

图 7-18　斜流风机的性能曲线

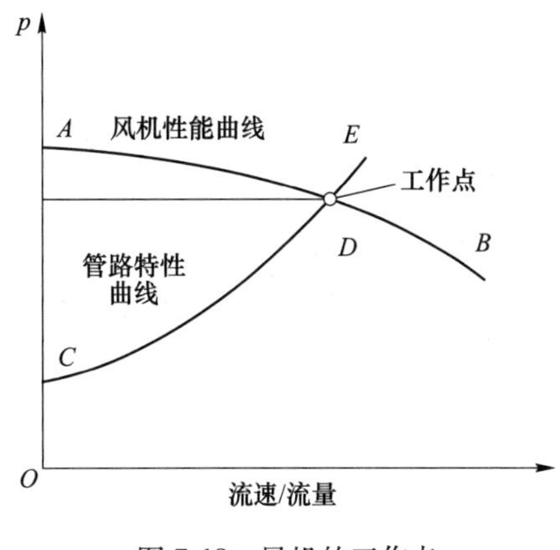

图 7-19　风机的工作点

7.1.3　风机的设计要求与选型

7.1.3.1　风机的设计要求

建筑物防排烟工程的风机，加压送风风机与一般的送风风机没有区别，而排烟风机除具备一般工程中所用的风机的性能外，还应满足以下要求。

（1）排烟风机排出的是火灾时的高温烟气，因此排烟风机应能够保证烟气温度低于85 ℃时长时间运行，在烟气温度为 280 ℃的条件下连续工作不小于 30 min（地铁用轴流式风机需要在 250 ℃高温下连续运转 1 h），当温度冷却至环境温度时仍能连续正常运转。当排烟风机及系统中设置有软接头时，该软接头应能在 280 ℃的环境条件下连续工作不少于 30 min。

（2）排烟风机可采用离心式风机或消防专用排烟轴流式风机，风机采用不燃材料制作，高温变形小。排烟专用轴流式风机必须有国家质量检测认证中心，按照相应标准进行性能检测的报告。普通离心式通风机是按输送密度较大的冷空气设计的，当输送火灾烟气时风量保持不变，由于烟气密度小，风机功耗小，电机线圈发热量小，这对风机有利。

（3）排烟风机的全压应满足排烟系统最不利环路的要求，考虑排烟风道漏风量的因素，排烟量应增加 10%～20%的富余量。

（4）在排烟风机入口或出口处的总管应设置排烟防火阀，当烟气温度超过 280 ℃时排烟防火阀能自行关闭，该阀应与排烟风机连锁，该阀关闭时排烟风机应能停止运转。

（5）加压风机和排烟风机应满足系统风量和风压的要求，并尽可能使工作点处在风机的高效区。机械加压送风风机可采用轴流式风机或中、低压离心式风机，送风机的进风口宜直接与室外空气相通。

（6）高原地区由于海拔高，大气压力低，气体密度小，对于排烟系统在质量流量、阻力相同时，风机所需要的风量和风压都比平原地区的大，不能忽视当地大气压力的影响。

（7）轴流式消防排烟通风机应在风机内设置电动机隔热保护与空气冷却系统，电动机绝缘等级应不低于 F 级。

（8）轴流式消防排烟通风机电动机动力引出线，应由耐温隔热套管包容或采用耐高温电缆。

7.1.3.2 风机的选型

防排烟风机选型主要包含两项内容，其一是确定风机的性能指标，其二是确定风机的具体规格型号。

A 风机性能指标的确定

根据前述计算规则确定了防排烟系统的阻力和流量之后，便可以确定所要选择风机的风量、风压和功率。鉴于实际运行条件和理论计算条件之间存在着一定的偏差，所以无论是风量、风压还是功率，都必须考虑一定的富余量。风机的风量 Q 为：

$$Q = \beta_Q Q_j \tag{7-3}$$

式中 β_Q——风机的风量储备系数，风机取 $\beta_Q = 1.1 \sim 1.12$；

Q_j——防排烟系统计算得到的气体体积流量，m^3/s。

风机的风压 p 为：

$$p = \beta_p \sum \Delta p \frac{p_b}{B} \frac{273 + t}{273 + t_b} \tag{7-4}$$

式中 β_p——风机的风压储备系数，可取 $\beta_p = 1.1 \sim 1.12$；

$\sum \Delta p$——防排烟系统的总阻力，Pa；

p_b——标准大气压，Pa；

B——当地大气压，Pa；

t_b——标准状态下气体的温度；

t——防排烟系统气体的温度,℃。

风机的轴功率 N_z 为：

$$N_z = \frac{Qp}{\eta} \times 10^{-3} \tag{7-5}$$

风机配用电动机所需的功率 N_D 为：

$$N_D = K_N \frac{N_z}{\eta_c} = K_N \frac{QH}{\eta \eta_c} \times 10^{-3} \tag{7-6}$$

式中 η_c——风机传动效率，随不同的传动方式而异，如表 7-2 所示。

η——风机的效率；

K_N——电动机的功率储备系数，如表 7-3 所示。

表 7-2 风机的传动效率 η

传动方式	传动效率 η
风机与电动机直联	1.00
风机与电动机通过联轴器连接	0.98
风机与电动机通过三角带传动	0.95
风机与电动机通过平带传动	0.90

表 7-3 电动机功率储备系数 K_N

电动机功率/kW	功率储备系数 K_N 值
<0.5	1.5
0.5~1	1.4
1~2	1.3
2~5	1.2
>5	1.15

B 风机型号规格的确定

目前国内离心式风机和轴流式风机的型号繁多，规格齐全，那么，单从满足风量和风压的要求出发，可以选用很多型号和规格的风机。但从运行的经济性及节能的要求来看，还必须使工作点处在最高效率区内。如前所述，风机产品性能表是将最高效率 90%范围内的性能按流量等分而成的，通常采用 5 等分，等分后位于中间位置上流量的效率最高。所以，借助风机产品性能表可大体上选定出工作点效率最高的风机型号规格。

根据对防排烟风机的要求可知，加压送风风机可以采用轴流式风机或中、低压离心式风机，如 4-72 型普通离心通风机等，其性能参数如表 7-4 所示，T40 系列轴流式风机性能参数如表 7-5 所示。排烟风机可采用消防排烟专用风机或离心式风机、斜流风机，某公司生产的 HTF(GYF) 系列高温排烟风机的性能参数见表 7-6。

表 7-4 4-72 型普通离心通风机的性能参数

产品型号	转速/r · min^{-1}	序号	流量/m^3 · h^{-1}	全压/Pa	电动机功率/kW
4-72No. 2. 8A	2900	1	1131~2356	994~606	1.5
4-72No. 3. 2A	2900	1	1688~3517	1300~792	2.2
	1450	1	844~1758	324~198	1.1
4-72No. 3. 6A	2900	1	2664~5268	1578~989	3
	1450	1	1332~2634	393~247	1.1
4-72No. 4A	2900	1	4012~7149	2014~1320	5.5
	1450	1	2006~3709	501~329	1.1
4-72No. 4. 5A	2900	1	5712~10562	2554~1673	7.5
	1450	1	2856~5281	634~416	1.1
4-72No. 5A	2900	1	7728~15455	3187~2019	15
	1450	1	3864~7728	790~502	2.2
4-72No. 6A	1450	1	6677~13353	1139~724	4
	960	1	4420~8841	498~317	1.5
4-72No. 6D	1450	1	6677~13353	1139~724	4
	960	1	4420~8841	498~317	1.5
4-72No. 8D	1450	1	15826~29344	2032~1490	18.5
	960	1	10478~19428	887~651	5.5
	730	1	7968~14773	512~376	3

续表 7-4

产品型号	转速/r·min^{-1}	序号	流量/m^{3}·h^{-1}	全压/Pa	电动机功率/kW
4-72No. 10D	1450	1	40441~56605	3202~2532	25
	960	1	62775~37476	1395~1104	18.5
	730	1	20360~28497	805~637	7.5
4-72No. 12D	960	1	46267~64759	2013~1593	45
	730	1	35182~49244	1160~919	18.5
4-72No. 6C	2240	1	10314~20628	2734~1733	15
	2000	1	9209~18418	2176~1380	11
	1800	1	8288~16576	1760~1116	7.5
	1600	1	7367~14734	1389~881	5.5
	1250	1	5756~11511	846~537	3
	1120	1	5157~10314	679~431	2.2
	1000	1	4605~9209	541~344	2.2
	900	1	4144~8288	438~278	1.5
	800	1	3684~7367	346~220	1.1
4-72No. 8C	1800	1	19646~25240	3143~3032	30
		2	28105~36427	2920~2302	37
	1600	1	17463~22435	2478~2390	22
		2	24982~32380	2303~1816	30
	1250	1	13643~25297	1507~1106	11
	1120	1	12224~15705	1209~1166	7.5
		2	17487~22666	1124~887	11
	1000	1	10914~14022	963~929	5.5
		2	15614~20237	895~707	7.5
	900	1	9823~12620	779~752	4
		2	14052~18213	725~572	5.5
	800	1	8732~16190	615~452	3
	710	1	7749~9956	485~468	2.2
		2	11085~14368	450~356	3
	630	1	6876~12749	381~280	2.2
4-72No. 10C	1250	1	34863~48797	2373~1877	37
	1120	1	31237~43722	1902~1505	30
	1000	1	27890~39038	1514~1199	18.5
	900	1	25101~35134	1225~970	15
	800	1	22312~31230	967~766	11
	710	1	19802~27717	761~603	7.5
	630	1	17571~24594	599~475	5.5

续表 7-4

产品型号	转速/r·min^{-1}	序号	流量/m^3·h^{-1}	全压/Pa	电动机功率/kW
4-72No. 10C	560	1	15618~21861	473~375	4
	500	1	13945~19519	377~299	3
4-72No. 12C	1120	1	53978~75552	2746~2172	75
	1000	1	48195~56739	2185~2070	45
		2	60397~647457	1969~1729	55
	900	1	43375~60712	1767~1399	37
	800	1	38556~45391	1395~1321	22
		2	48317~53966	1257~1104	30
	710	1	34218~47895	1097~869	18.5
	630	1	30362~42498	863~684	15
	560	1	26989~29381	682~673	7.5
		2	31774~37776	646~540	11
	500	1	24097~33728	543~430	7.5
	450	1	21687~23610	440~434	4
		2	25532~30356	417~348	5.5
	400	1	19278~26983	347~275	3
4-72No. 16B	900	1	102810~111930	3157~3115	132
		2	121040~143910	2990~2497	160
	800	1	91392~127920	2489~1969	110
	710	1	81110~113520	1957~1549	75
	630	1	71971~100730	1538~1218	55
	560	1	63974~89544	1214~961	37
	500	1	57120~79950	967~766	30
	450	1	51408~71955	783~620	18.5
	400	1	45696~63960	618~490	15
	355	1	40555~56764	487~386	11
	315	1	35985~50368	383~303	7.5
4-72No. 20B	710	1	158410~221730	3069~2427	245
	630	1	140560~196750	2411~1908	160
	560	1	124950~174890	1902~1505	110
	500	1	111560~156150	1514~1199	75
	450	1	100400~140530	1225~970	55
	400	1	89250~124920	967~766	37
	355	1	79209~110860	761~603	30
	315	1	70284~98376	599~475	22
	280	1	62475~87445	473~375	15
	250	1	55781~78076	377~299	11

表 7-5 T40 系列轴流式风机性能参数

型号	转速/r·min^{-1}	风量/m^3·h^{-1}	全压/Pa	有效功率/kW	轴功率/kW	配用电动机功率/kW
3.5	2800	4844	261	0.351	0.433	0.75
		5382	277	0.414	0.499	0.75
		6064	350	0.590	0.825	1.1
4	2800	5786	336	0.54	0.667	1.1
		8075	366	0.821	0.989	1.5
		9780	550	1.492	1.864	2.2
5	1440	7720	137	0.293	0.353	0.55
		8698	173	0.417	0.521	0.75
		4980	58.6	0.081	0.098	0.75
	935	5611	774	0.115	0.114	0.75
6	1400	12406	188	0.648	0.771	1.1
		13436	200	0.746	0.898	1.5
		15438	252	1.06	1.325	2.2
	935	8734	85	0.205	0.247	0.75
		9840	106	0.291	0.364	1.1
7	1420	19687	256	1.4	1.667	2.2
		21613	279	1.667	2.021	3
		24725	363	2.493	3.117	4
	935	12800	108	0.384	0.458	0.75
		13863	115	0.442	0.533	0.75
		15618	145	0.629	0.786	1.1
8	1440	23460	349	2.740	2.81	4
		32735	376	3.419	4.119	5.5
		36881	474	4.856	6.07	7.5
	940	19749	158	0.867	1.032	2.2
		21389	160	0.951	1.145	2.2
		24098	202	1.352	1.69	2.2
9	960	21813	188	1.139	1.406	2.2
		28104	191	1.491	1.775	2.2
		31076	211	1.821	2.194	3
		35013	267	2.597	3.246	4
10	960	30577	243	2.640	2.548	3
		39395	246	2.692	3.727	4.0
		42666	261	3.093	3.727	5.5
		48548	336	4.531	5.664	7.5

表 7-6 HTF-1 型消防高温排烟风机性能参数表

序号	叶轮直径 /mm	风量 /$m^3 \cdot h^{-1}$	全压 /Pa	转速 /$r \cdot min^{-1}$	装机容量 /kW	A 声级 /dB	质量 /kg
3.5	350	4225 3840 3350	280 360 420	2900	0.75	≤78	77
4	400	5500 4800 3800	300 380 450	2900	1.5	≤79	88
4.5	450	8500 7800 6120	410 550 670	2900	2.2	≤84	99
5	500	9824 8861 6817	510 610 752	2900	3	≤86	110
5.5	550	15200 12000 10900	398 592 621	2900	4	≤86	115
6	600	16090 15102 13197	510 610 760	2900	5.5	≤86	164
6.3	630	20210 18700 15600	480 510 580	1450	5.5	≤87	165
6.5	650	21500 18000 15300	425 620 680	1450	5.5	≤88	170
7	700	24380 22439 18908	610 655 728	1450	7.5	≤88	208
8	800	31421 29172 26012	600 661 723	1450	7.5	≤89	216
9	900	33510 32297 27613	562 668 840	1450	11	≤90	250
10	1000	45679 40000 35000	630 690 770	1450	11	≤90	300
11	1100	51552 50128 48500	580 647 690	1450	15	≤92	380

续表 7-6

序号	叶轮直径 /mm	风量 /m³·h⁻¹	全压 /Pa	转速 /r·min⁻¹	装机容量 /kW	A 声级 /dB	质量 /kg
12	1200	62763 59300 57748	624 680 740	960	18.5	≤93	480
13	1300	74708 65370 56031	600 710 807	960	18.5	≤94	520
15	1500	93800 86115 76041	623 710 819	960	22	≤95	650

HTF(GYF) 系列消防高温排烟专用风机具有耐高温性能良好、效率高、占地比离心式风机少、安装方便等特点。该风机能在 300 ℃高温条件下连续运行 1 h 以上、100 ℃温度条件下每次可连续 20 h 运行不损坏。该系列风机可以根据高层民用建筑的不同要求，采用变速或多速驱动形式，以达到一机两用（即通排风和排烟）的目的。HTF(GYF) 系列消防高温排烟专用风机广泛应用于高层民用建筑、地下车库、隧道等场合，其效率大于 80%，并具有效率曲线平坦的特点，有利于节能。该系列风机的基本形式为轴流式风机或斜流式风机，因此其占地较离心式风机少，可直接与风管连接或墙壁安装。图 7-20 为 HTF(GYF) 系列消防高温排烟专用风机外形图。

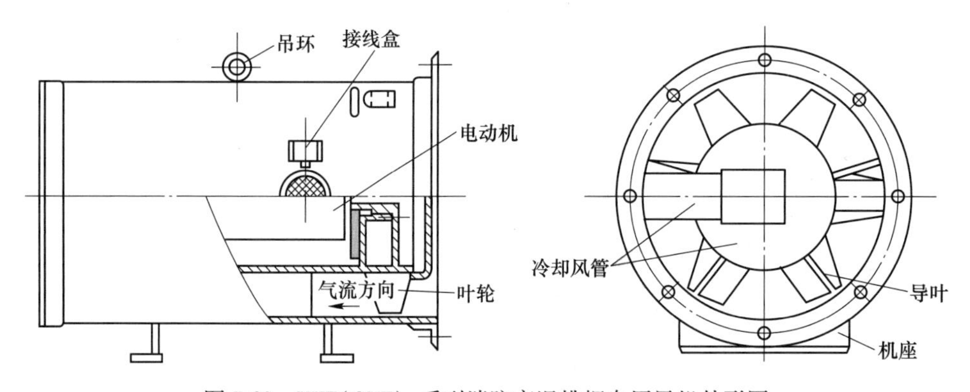

图 7-20 HTF(GYF) 系列消防高温排烟专用风机外形图

某公司生产的隧道单向和双向型射流风机的性能参数如表 7-7 和表 7-8 所示。

表 7-7 SDS-D 单向通风型

型号	转速 /r·min⁻¹	风量 /m³·s⁻¹	轴向推力 /N	出口风速 /m·s⁻¹	单速功率 /kW	噪声（A） /dB	双速功率 /kW
5.6	2900	8.6	385	35.1	11	75	12.5/2.8
	1450	4.1	87	16.8	1.5	63	
	2900	7.8	315	31.7	7.5	73	8/2
	1450	3.8	76	15.6	1.1	61	

续表 7-7

型号	转速 /r·min^{-1}	风量 /m^3·s^{-1}	轴向推力 /N	出口风速 /m·s^{-1}	单速功率 /kW	噪声（A）/dB	双速功率 /kW
5.6	2900	7.0	245	28.4	5.5	71	—
	2900	6.2	200	25.2	4	68	—
6.3	2900	11.8	540	37.8	15	75	16/3.8
	1450	5.5	139	17.6	2.2	63	
	2900	10.5	430	33.6	11	73	12.5/2.8
	1450	5.0	102	16.1	1.5	61	
	2900	9.2	330	29.5	7.5	71	—
	2900	8.2	260	26.4	5.5	68	—
7.1	2900	14.8	660	37.4	18.5	75	16/3.8
	1450	7.1	162	17.9	2.2	63	
	2900	13.5	550	34.1	15	73	16/3.8
	1450	6.3	131	15.9	1.5	61	
	2900	12.1	435	30.6	11	72	—
	2900	10.5	340	26.5	7.5	69	—
8	1450	14.8	55	29.5	15	75	15.5/5.1
	960	10.0	240	19.9	4	68	
	1450	13.8	475	27.5	11	74	12/4
	960	9.1	210	18.1	3	67	
	1450	12.2	375	24.3	7.5	72	—
	1450	11.0	300	21.9	5.5	70	—
9	1450	21.1	870	33.2	22	75	24/8.5
	960	13.8	380	21.7	7.5	68	
	1450	19.2	735	30.2	18.5	73.5	18/6.2
	960	12.4	315	19.5	5.5	66	
	1450	17.3	600	27.2	15	71	—
	1450	14.2	410	22.3	7.5	68	—
10	1450	27.6	1130	35.1	11	75	33/11
	960	18.2	490	23.2	22	68	
	1450	23.2	800	29.5	5.5	73	24/8.5
	960	14.8	340	18.8	15	66	
	1450	20.4	670	26.0	11	71	—
	1450	18.8	550	23.9	3	68	—
11.2	1450	34.8	1370	35.5	37	75	38/13
	960	22.1	600	22.8	11	68	
	1450	31.4	1100	32.1	30	73.5	33/11

续表 7-7

型号	转速 /r·min^{-1}	风量 /m^3·s^{-1}	轴向推力 /N	出口风速 /m·s^{-1}	单速功率 /kW	噪声（A） /dB	双速功率 /kW
11.2	960	19.6	465	20.2	7.5	67	
	1450	27.4	900	27.9	22	72	—
	1450	24.4	710	25.0	15	69	—
12.5	1450	42.4	1690	34.6	45	75	47/16
	960	27.2	740	22.2	15	68	
	1450	37.8	1350	30.8	37	73.5	38/13
	960	24.2	590	19.8	11	67	
	1450	32.2	1005	26.3	22	71	—
	1450	30.4	880	24.8	18.5	69	—

表 7-8 SDS-S 双向通风型

型号	转速 /r·min^{-1}	风量 /m^3·s^{-1}	轴向推力 /N	出口风速 /m·s^{-1}	单速功率 /kW	噪声（A） /dB	双速功率 /kW
5.6	2900	8.4	340	34.1	11	75	12.5/2.8
	1450	4	82	16.2	1.5	63	
	2900	7.6	280	30.9	7.5	73	8/2
	1450	3.7	71	15.1	1.1	61	
	2900	6.7	210	27.2	5.5	71	—
	2900	6	175	24.2	4	68	—
6.3	2900	11.2	480	35.8	15	75	16/13.8
	1450	5.4	117	17.3	2.2	63	
	2900	10	375	32	11	73	12.5/2.8
	1450	4.6	85	14.7	1.5	61	
	2900	8.6	280	27.5	7.5	71	—
	2900	7.8	230	25.0	5.5	68	—
7.1	2900	13.3	555	33.7	18.5	75	16/3.8
	1450	6.5	132	16.4	2.2	63	
	2900	12.2	465	30.8	15	73	16/3.8
	1450	6	112	15.2	1.5	61	
	2900	10.8	365	27.3	11	72	—
	2900	9.5	285	24.1	7.5	69	—
8	1450	13.8	450	29.5	15	75	15.5/5.1
	960	8.9	200	19.9	4	68	
	1450	12.8	390	27.5	11	74	12/4
	960	8.3	170	18.1	3	67	
	1450	11	24.3	310	7.5	72	—
	1450	10	250	21.9	5.5	70	—

续表 7-8

型号	转速 /r·min^{-1}	风量 /m^3·s^{-1}	轴向推力 /N	出口风速 /m·s^{-1}	单速功率 /kW	噪声（A）/dB	双速功率 /kW
9	1450	19.4	725	33.2	22	75	24/8.5
	960	12.0	315	21.7	7.5	68	
	1450	17.6	610	30.2	18.5	73.5	18/6.2
	960	11.2	260	19.5	5.5	66	
	1450	16.0	550	27.2	15	71	—
	1450	12.4	340	22.3	7.5	68	—
10	1450	24.8	950	35.1	30	75	33/11
	960	16.2	415	23.2	11	68	
	1450	22.1	750	29.5	22	73	24/8.5
	960	13.8	330	18.8	5.5	66	
	1450	18.8	550	26	15	71	—
	1450	17.4	450	23.9	11	68	—
11.2	1450	32.2	1220	32.7	37	75	38/13
	960	20.5	530	21	11	68	
	1450	30.2	1080	30.7	30	73.5	33/11
	960	19.6	475	20.0	7.5	67	
	1450	26.1	805	26.5	22	72	—
	1450	22.8	640	23.1	15	69	—
12.5	1450	40.2	1470	32.8	45	75	47/16
	960	25.4	640	20.7	15	68	
	1450	37.2	1260	30.3	37	73.5	38/13
	960	23.2	550	18.9	11	67	
	1450	30.1	860	24.5	22	71	—
	1450	28.1	750	22.9	18.5	69	—

C　风机选型中应注意的问题

应根据被输送的介质性质选择不同用途的风机，如输送常温空气可选用普通风机，又如连续排除高温烟气则应选用耐温型风机。试验表明在防排烟工程中无论是送风系统还是排烟系统采用普通离心式通风机都是可行的。对于离心式风机应根据现场安装位置选择风机的旋转方向和出口方位，使管道连接方便、弯头尽可能减少，并便于运行中的维护和检修。

高原地区，由于海拔高，大气压力低，气体的密度小，当排烟系统的质量流量和阻力相同时，风机所需要的风量、风压都要比平原地区的大。为简化计算，在进行风机选型时可不考虑当地大气压力的影响。但是，对于高原地区，则不允许忽视当地大气压力的影响。

7.2　防排烟阀门

在建筑物防排烟系统中阀门主要起到阻止烟气蔓延和防止火灾传播的作用。建筑防排烟系统中所使用的阀门有防火阀、排烟防火阀、排烟阀等，它们应满足《建筑通风和排烟系统用防火阀门》（GB 15930—2007）的要求，本节将对它们作简要的介绍。

7.2.1　防火阀

防火阀一般由阀体、叶片、执行机构和温感器等部件组成。防火阀通常安装在通风、空气调节系统的风路管道上。它的主要作用是防止火灾烟气从风道蔓延，当风道从防火分隔构件处及变形缝处穿过时，或风道的垂直管与每层水平管分支的交接时，都应安装防火阀，如图 7-21 所示。

图 7-21　防火阀实物图

防火阀是借助易熔合金的温度控制，利用重力作用和弹簧机构的作用，在火灾时关闭阀门。新型产品中亦有利用记忆合金产生形变使阀门关闭的防火阀。火灾时，火焰侵入风管，高温使阀门上的易熔合金熔解，或记忆合金产生形变，阀门自动关闭，其工作原理如图 7-22 所示。

防火阀的阀门关闭驱动方式有重力式、弹簧力驱动式（或称电磁式）、电机驱动式及气动驱动式等四种。常用的防火阀有重力式防火阀、弹簧式防火阀、弹簧式防火调节阀、防火风口、气动式防火阀、电动防火阀、电子自控防烟防火阀。图 7-23 所示为圆形单板防火阀。

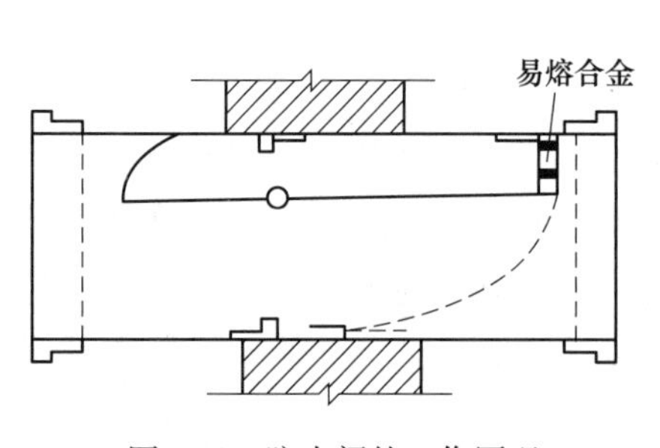

图 7-22　防火阀的工作原理

图 7-23　圆形单板防火阀

防火调节阀是防火阀的一种，平时常开，阀门叶片可在 0°~90°内调节，气流温度达到 70 ℃时，温度熔断器动作，阀门关闭；也可手动关闭，手动复位。阀门关闭后可发出电信号至消防控制中心。其构造如图 7-24 所示。

7.2.2 排烟防火阀

排烟防火阀（见图 7-25）安装在排烟管道上。它的主要作用是在火灾时控制排烟口或管道的开通或关断，以保证排烟系统的正常工作，阻止超过 280 ℃的高温烟气进入排烟管道保护排烟风机和排烟管道。排烟防火阀的构造如图 7-25 所示。

图 7-24 防火调节阀实物图

图 7-25 排烟防火阀

防火阀及排烟防火阀的主要性能如表 7-9 所示。

表 7-9 防火阀及排烟防火阀的主要性能

序号	阀门的控制功能	防火阀	排烟防火阀
1	平时常开	√	√（排风、排烟兼用系统选用）
2	平时常闭		√
3	280 ℃感温自闭		√
4	70 ℃感温自闭	√	
5	电信号开启		√
6	电信号关闭	√（排风、排烟兼用系统选用）	可选
7	手动开启		√
8	手动关闭	可选	√
9	手动复位	√	√
10	自动复位	可选	可选

7.2.3 排烟阀

排烟阀由叶片、执行机构、弹簧机构等组成，如图 7-26 所示。其安装在机械排烟系统各支管端部（烟气吸入口）处，平时呈关闭状态并满足漏风量要求，火灾或需要排烟时手动和电动打开，起排烟作用。带有装饰口或进行过装饰处理的阀门称为排烟口。

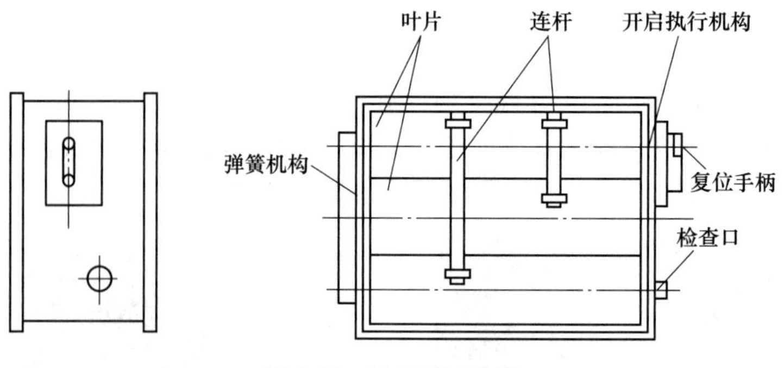

图 7-26　排烟阀示意图

7.2.4　阀门符号标记

（1）阀门符号标记如图 7-27 所示。阀门控制方法代号如表 7-10 所示，阀门功能代号如表 7-11 所示。

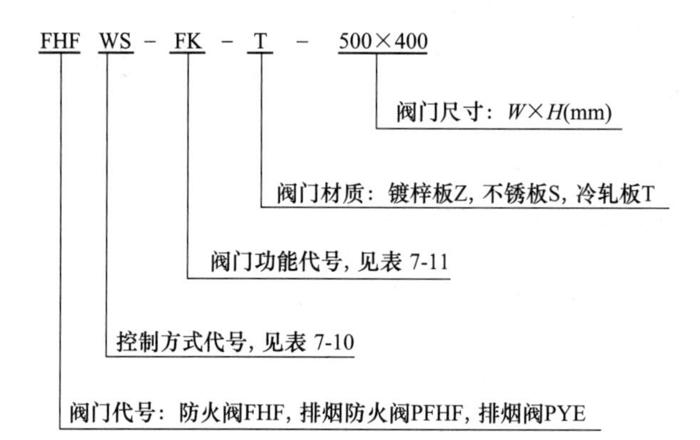

图 7-27　阀门符号标记

表 7-10　阀门控制代号用表

代　号		控 制 方 式
W		温感器控制自动关闭
S		手动控制关闭或开启
D	Dc	电控电磁铁关闭或开启
	Dj	电控电机关闭或开启

表 7-11　阀门功能代号用表

代号	功 能 特 点
F	具有风量调节功能
Y	具有远距离复位功能
K	具有阀门关闭或开启后，阀门位置信号反馈功能

公称尺寸，矩形阀门用 $W \times H$ 表示，W 和 H 分别为阀门的公称宽度和公称高度；圆形阀门用 Φ 表示，Φ 为阀门的公称直径。常见的阀门规格如表 7-12 和表 7-13 所示。

表 7-12　圆形阀门的常见规格

阀门公称直径 Φ/mm	120	140	160	180	200	220	250	280	320	360	400	450	500	560	630	700	800	900	1000
法兰规格	扁钢 20 mm×4 mm		扁钢 25 mm×4 mm						角钢 25 mm×3 mm							角钢 30 mm×3 mm			

表 7-13　矩形阀门常用规格

W	H												
	120	160	200	250	320	400	500	630	800	1000	1250	1600	2000
120	√	√	√	√									
160		√	√	√	√								
200			√	√	√	√	√						
250				√	√	√	√	√	√				
320					√	√	√	√	√	√			
400						√	√	√	√	√	√		
500							√	√	√	√	√	√	
630								√	√	√	√	√	
800									√	√	√	√	√
1000										√	√	√	√
1250												√	√
法兰规格	角钢 25 mm×3 mm							角钢 30 mm×3 mm				角钢 40 mm×4 mm	

注：*W* 为阀门的公称宽度，*H* 为阀门的公称高度；以上单位均为 mm。

（2）示例。

【示例 7-7】　FHF WSDj－F－630×500

表示具有温感器自动关闭、手动关闭、电控电机关闭方式和风量调节功能，公称尺寸为 630 mm×500 mm 的防火阀。

【示例 7-8】　PFHF WSDc－Y－Φ1000

表示具有温感器自动关闭、手动关闭、电控电磁铁关闭方式和远距离复位功能，公称直径为 1000 mm 的排烟防火阀。

【示例 7-9】　PYF SDc－K－400×400

表示具有手动开启、电控电磁铁开启方式和阀门开启位置信号反馈功能，公称尺寸为 400 mm×400 mm 的排烟阀。

7.2.5　阀门设计要求

（1）阀门材料。阀体、叶片、挡板、执行机构底板及外壳采用冷轧钢板、镀锌钢板、不锈钢板或无机防火板等材料制作。排烟阀的装饰口采用铝合金、钢板等材料制作。轴承、轴套、执行机构中的活动零部件，采用黄铜、青铜、不锈钢等耐腐蚀材料制作。

（2）控制方式。防火阀或排烟防火阀应具备温感器控制方式，使其自动关闭，防火阀或排烟防火阀宜具备手动关闭方式；排烟阀应具备手动开启方式。手动操作应方便、灵活可靠，手动关闭或开启操作力应不大于 70 N。

防火阀或排烟防火阀宜具备电动关闭方式；排烟阀应具备电动开启方式。具有远距离复位功能的阀门，当通电动作后，应具有显示阀门叶片位置的信号输出。

阀门执行机构中电控电路的工作电压宜采用 DC 24 V 工作电压。其额定工作电流应不大于 0.7A。

（3）耐火性能。防火阀或排烟防火阀必须采用不燃材料制作，在规定的耐火时间内阀门表面不应出现连续 10 s 以上的火焰，耐火时间不应小于 1.50 h。

耐火试验开始后 1 min 内，防火阀的温感器应动作，阀门关闭。耐火试验开始后 3 min 内，排烟防火阀的温感器应动作，阀门关闭。

在规定的耐火时间内，使防火阀或排烟防火阀叶片两侧保持 300 Pa±15 Pa 的气体静压差，其单位面积的漏烟量（标准状态）应不大于 700 $m^3/(m^2 \cdot h)$。

（4）关闭可靠性。防火阀或排烟防火阀经过 50 次开关试验后，各零部件应无明显变形、磨损及其他影响其密封性能的损伤，叶片仍能从打开位置灵活可靠地关闭。

（5）开启可靠性。排烟阀经过 50 次开关试验后，各零部件应无明显变形、磨损及其他影响其密封性能的损伤，电动和手动操作均应立即开启。排烟阀经 5 次开关试验后，在其前后气体静压差保持在 1000 Pa±15 Pa 的条件下，电动和手动操作均应立即开启。

（6）环境温度下的漏风量。在环境温度下，使防火阀或排烟防火阀叶片两侧保持 300 Pa±15 Pa 的气体静压差，其单位面积的漏风量（标准状态）应不大于 500 $m^3/(m^2 \cdot h)$。在环境温度下，使排烟阀叶片两侧保持 1000 Pa±15 Pa 的气体静压差，其单位面积上的漏风量（标准状态）应不大于 700 $m^3/(m^2 \cdot h)$。

7.3 其他设施

7.3.1 排烟口

排烟口安装在烟气吸入口处，平时处于关闭状态，火灾时根据火灾烟气扩散蔓延情况打开相关区域的排烟口。开启动作可手动或自动，手动又分为就地操作和远距离操作两种。自动也可分有烟（温）感电信号联动和温度熔断器动作两种。排烟口动作后，可通过手动复位装置或更换温度熔断器予以复位，以便重复使用。排烟口按结构形式分为有板式排烟口和多叶排烟口两种，按开口形状分为矩形排烟口和圆形排烟口。

（1）板式排烟口。板式排烟口的构造，板式排烟口由电磁铁、阀门、微动开关、叶片等组成。板式排烟口应用在建筑物的墙上或顶板上，也可直接安装在排烟风道上。火灾发生时，操作装置在控制中心输出的 DC 24 V 电源或手动作用下将排烟口打开进行排烟。排烟口打开时输出电信号，可与消防系统或其他设备连锁；排烟完毕后需要手动复位。在人工手动无法复位的场合，可以采用全自动装置进行复位。图 7-28 和图 7-29 为带手动控制装置的板式排烟口。

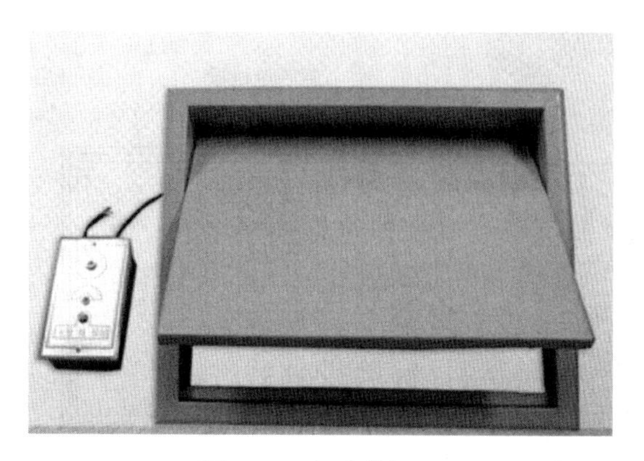

图 7-28　板式排烟口

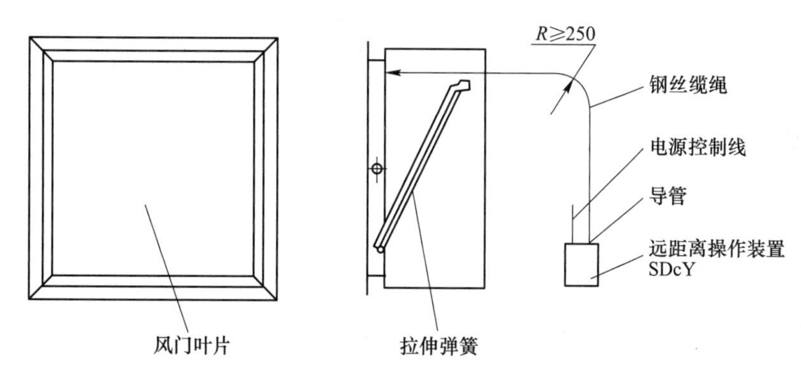

图 7-29　板式排烟口结构示意图

（2）多叶排烟口。多叶排烟口内部为排烟阀门，外部为百叶窗，如图 7-30 和图 7-31 所示。多叶排烟口用于建筑物的过道、无窗房间的排烟系统上，安装在墙上或顶板上。火灾发生时，通过控制中心 DC 24 V 电源或手动使阀门打开进行排烟。

图 7-30　多叶排烟口

常用矩形排烟口的规格如表 7-14 所示。

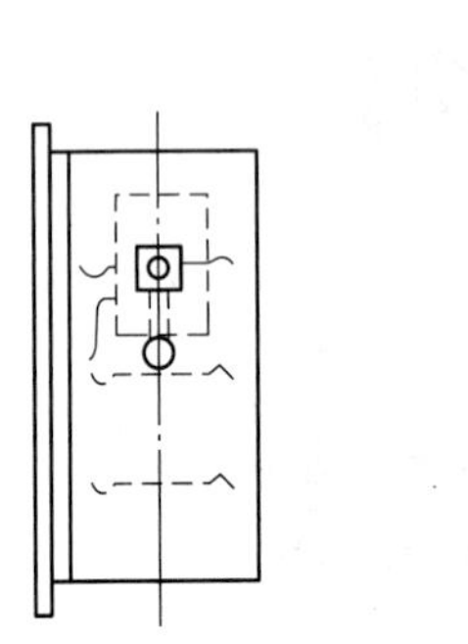

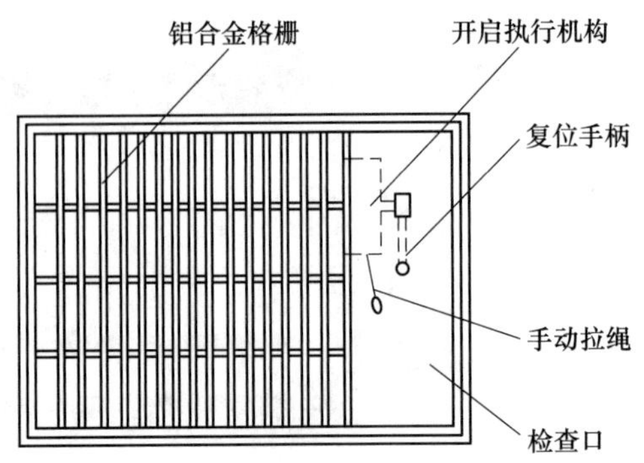

图 7-31 多叶排烟口示意图

表 7-14 常用矩形排烟口规格

排烟阀门公称宽度 W/mm	排烟阀门公称高度 H/mm									
	250	320	400	500	630	800	1000	1250	1600	2000
250	√	√	√	√	√	√				
320		√	√	√	√	√	√			
400			√	√	√	√	√	√		
500				√	√	√	√	√	√	
630					√	√	√	√	√	
800						√	√	√	√	√
1000							√	√	√	√
1250								√	√	√

注：√为常用规格。

圆形排烟口的规格用公称直径 Φ 来表示，单位为 mm，常用的规格有 280、320、360、400、450 等。

7.3.2 防火风口

工程中常用一种防火风口，它是由铝合金风口和薄型防火阀组合而成的（见图 7-32 和图 7-33），它主要用于有防火要求的通风空调系统的送回风管道的出口处或吸入口，一般安装于风管侧面或风管末端及墙上，平时作风口用，可调节送风气流方向，其防火阀可在 0°～90°范围内无级调节通过风口的气流量，气流温度达到 70 ℃时，温度熔断器动作，阀门关闭，切断火势和烟气沿风管蔓延。也可手动关闭，手动复位。

图 7-32 防火风口实物图

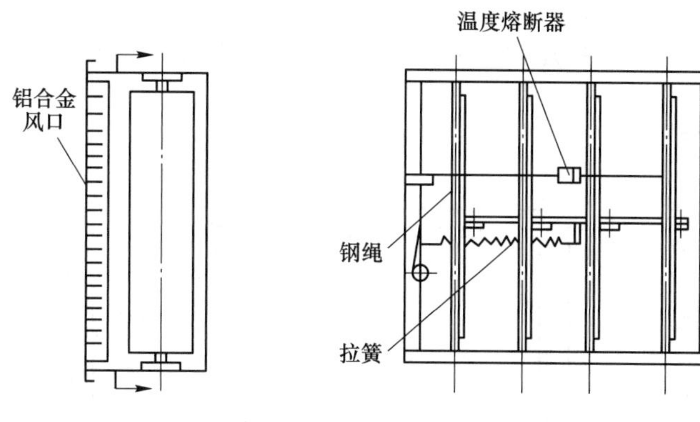

图 7-33 防火风口示意图

7.3.3 加压送风口

图 7-34 多叶加压送风口

加压送风口用于建筑物的防烟前室，安装在墙上，平时常闭。火灾发生时，通过电源 DC 24 V 或手动使阀门打开，根据系统的功能为防烟前室送风。多叶式加压送风口的外形和结构与多叶式排烟口相同，图 7-34 和图 7-35 为多叶加压送风口。楼梯间的加压送风口，一般采用常开的形式，一般采用普通百叶风口或自垂式百叶风口，图 7-36 为自垂式百叶送风口。

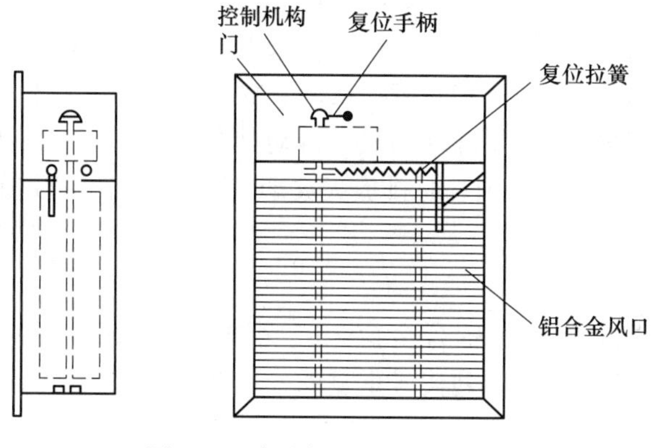

图 7-35 多叶加压送风口示意图

图 7-36 自垂式百叶送风口

7.3.4 余压阀

余压阀是为了维持一定的加压空间静压、实现其正压的无能耗自动控制而设置的设备，它是一个单向开启的风量调节装置，按静压差来调整开启度，用重锤的位置来平衡风压，如图 7-37 和图 7-38 所示。一般在楼梯间与前室和前室与走道之间的隔墙上设置余压阀。这样空气通过余压阀从楼梯间送入前室，当前室超压时，空气再从余压阀漏到走道，使楼梯间和前室能维持各自的压力。表 7-15 中给出余压阀的常用规格。

图 7-37 余压阀实物图

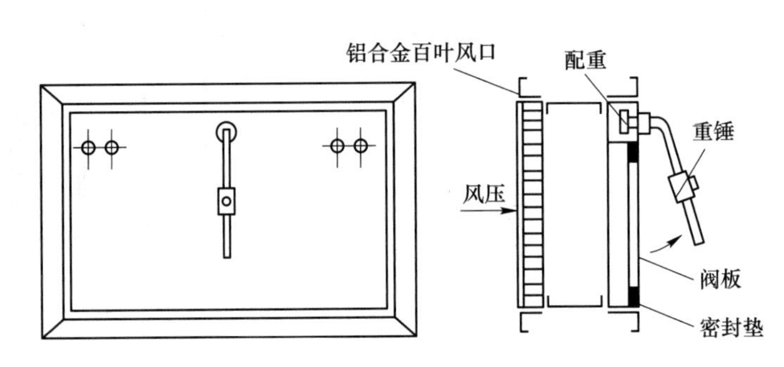

图 7-38 余压阀示意图

表 7-15 余压阀的常用规格

序号	规格 $A\times B$/mm×mm	序号	规格 $A\times B$/mm×mm
1	300×150	5	600×200
2	400×150	6	600×250
3	450×150	7	800×300
4	500×200		

7.3.5 排烟窗

排烟窗是在火灾发生后，能够通过手动打开或通过火灾自动报警系统联动控制自动打开，将建筑火灾中热烟气有效排出的装置。排烟窗分为自动排烟窗和手动排烟窗。自动排烟窗与火灾自动报警系统联动或可远距离控制打开，手动排烟窗火灾时靠人员就地开启。

用于高层建筑物中的自动排烟窗由窗扇、窗框和安装在窗扇、窗上的自动开启装置组成。开启装置由开启器、报警器和电磁插销等主要部件构成。自动排烟窗能在火灾发生后自动开启，并在 60 s 内达到设计的开启角度，起到及时排放火灾烟气、保护高层建筑的重要作用。

自动排烟窗的命名方法如图 7-39 所示。

(1) 材料分类代号：木窗—M；塑料窗—S；铝合金窗—L；钢窗—G；其他材料窗，按材料名称汉语拼音首字母大写标注，若与以上所列代号重复的，取两个字汉语拼音首字母大写标注。

(2) 电气性能分类代号：通用控制型排烟窗—T；自动控制型排烟窗—Z；智能网络控制型排烟窗—ZN。

(3) 开窗机结构分类代号：链条式—L；推杆式—T；齿条式—C；其他式，代号按开窗机结构形式描述的汉语拼音首字母大写标注，若与以上所列代号重复的取两个字汉语拼音首字母大写标注。

(4) 洞口标记宽度、洞口标记高度应以 dm 为单位标记。

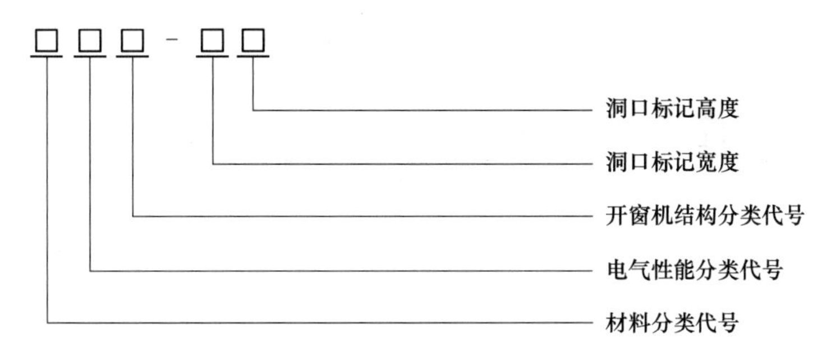

图 7-39　自动排烟窗的命名

【示例 7-10】 LTL-1512

表示材质为铝合金、电气性能为通用控制型、开窗机为链条式的排烟窗洞口宽度为1500 mm，标记为 15，洞口高度为 1200 mm，标记为 12。

习　　题

7-1　风机的性能指标主要有哪些？

7-2　排烟防火阀的设置部位有哪些？

7-3　排烟管道穿越防火墙的措施有哪些？

7-4　论述离心式风机与轴流式风机的异同点。

7-5　防排烟阀门安装应注意哪些问题？

7-6　防排烟风机安装应注意哪些问题？

7-7　排烟口安装应注意哪些问题？

8 建筑防排烟系统控制

【教学目标】

熟悉防烟系统控制要求；熟悉排烟系统控制要求。

【重点与难点】

防排烟系统联动控制原理。

8.1 防烟系统控制要求

机械加压送风系统应与火灾自动报警系统联动，其联动控制应符合现行国家标准《火灾自动报警系统设计规范》（GB 50116—2013）的有关规定。

（1）加压送风机的启动应符合下列规定：

1）现场手动启动；

2）通过火灾自动报警系统自动启动；

3）消防控制室手动启动；

4）系统中任一常闭加压送风口开启时，加压送风机应能自动启动。

（2）当防火分区内火灾确认后，应能在 15 s 内联动开启常闭加压送风口和加压送风机，并应符合下列规定：

1）应开启该防火分区楼梯间的全部加压送风机；

2）应开启该防火分区内着火层及其相邻上下层前室及合用前室的常闭送风口，同时开启加压送风机。

（3）机械加压送风系统宜设有测压装置及风压调节措施。

（4）消防控制设备应显示防烟系统的送风机、阀门等设施启闭状态。

8.2 排烟系统控制要求

机械排烟系统应与火灾自动报警系统联动，其联动控制应符合现行国家标准《火灾自动报警系统设计规范》（GB 50116—2013）的有关规定。

（1）排烟风机、补风机的控制方式应符合下列规定：

1）现场手动启动；

2）火灾自动报警系统自动启动；

3）消防控制室手动启动；

4）系统中任一排烟阀或排烟口开启时，排烟风机、补风机自动启动；

5）排烟防火阀在 280 ℃时应自行关闭，并应连锁关闭排烟风机和补风机。

（2）机械排烟系统中的常闭排烟阀或排烟口应具有火灾自动报警系统自动开启、消防控制室手动开启和现场手动开启功能，其开启信号应与排烟风机联动。当火灾确认后，火灾自动报警系统应在 15 s 内联动开启相应防烟分区的全部排烟阀、排烟口、排烟风机和补风设施，并应在 30 s 内自动关闭与排烟无关的通风、空调系统。

（3）当火灾确认后，担负两个及以上防烟分区的排烟系统，应仅打开着火防烟分区的排烟阀或排烟口，其他防烟分区的排烟阀或排烟口应呈关闭状态（见图 8-1）。

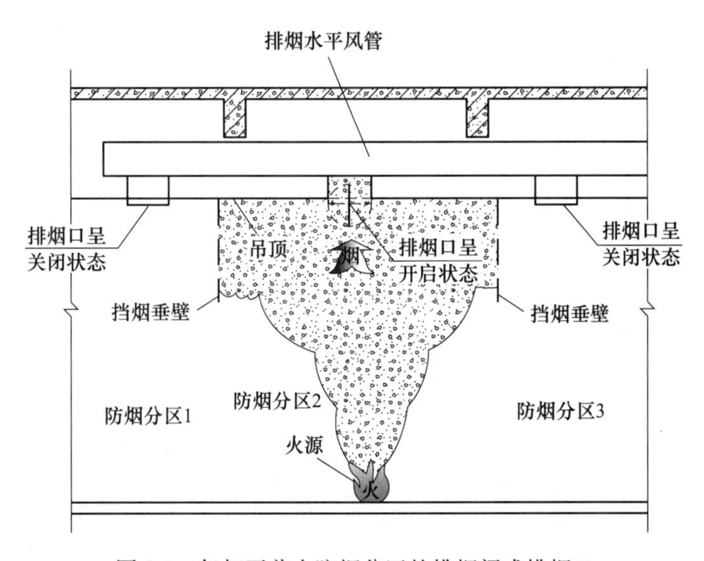

图 8-1　仅打开着火防烟分区的排烟阀或排烟口

（4）活动挡烟垂壁应具有火灾自动报警系统自动启动和现场手动启动功能，当火灾确认后，火灾自动报警系统应在 15 s 内联动相应防烟分区的全部活动挡烟垂壁，60 s 以内挡烟垂壁应开启到位。

（5）自动排烟窗可采用与火灾自动报警系统联动和温度释放装置联动的控制方式。当采用与火灾自动报警系统自动启动时，自动排烟窗应在 60 s 内或小于烟气充满储烟仓时间内开启完毕。带有温控功能自动排烟窗，其温控释放温度应大于环境温度 30 ℃且小于 100 ℃。

（6）消防控制设备应显示排烟系统的排烟风机、补风机、阀门等设施启闭状态。

8.3　联动控制原理

8.3.1　系统联动控制原理

根据《火灾自动报警系统设计规范》（GB 50116—2013）的要求，联动控制对防烟、排烟设施应有下列控制、显示功能：停止有关部位的空调送风，关闭电动防火阀，并接收其反馈信号；启动有关部位的防烟、排烟风机、排烟阀等，并接收其反馈信号；控制挡烟垂壁等防烟设施。为了达到规范的要求，防排烟系统联动控制的设计，是在选定自然排烟机械排烟以及机械加压送风方式之后进行的。排烟控制一般有中心控制和模块控制两种方式。图 8-2 为排烟中心控制方式，消防中心接到火警信号后，直接产生信号控制排烟阀门开启、排烟风机启动，空调、送风机、防火门等关闭，并接收各设备的返回信号和防火阀动作信号，监测各设备的运行状况。图 8-3 为排烟模块控制方式，消防中心接收到火警信号后，产生排烟风机和排烟阀门等动作信号，经总线和控制模块驱动各设备动作并接收其返回信号，监测其运行状态。

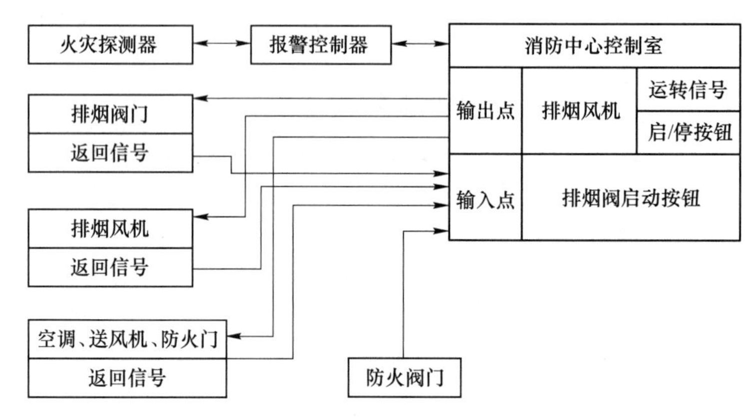

图 8-2　排烟中心控制方式

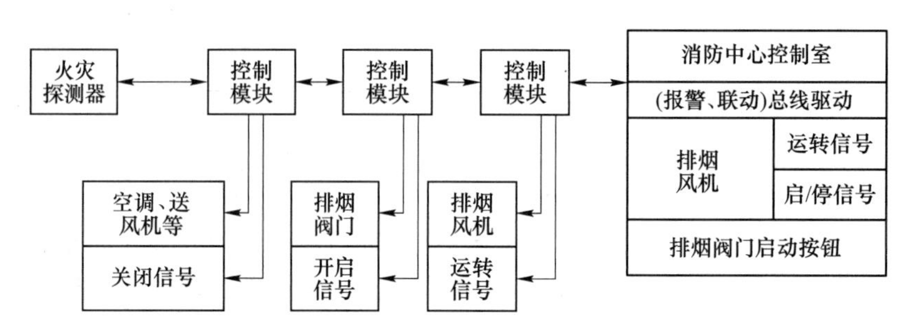

图 8-3　排烟模块控制方式

机械加压送风控制的原理与过程与排烟控制相似，只是控制对象由排烟风机和相关阀门变成正压送风机和正压送风阀门。

8.3.2　设施的联动控制原理

（1）送风口和排烟口的控制。送风口和排烟口的控制基本相同，这里以最常用的多叶排烟口及板式排烟口的控制为例进行介绍。

1）多叶排烟口。多叶排烟口平时关闭，火灾时自动开启。装置接到感烟（温）探测器通过控制盘或远距离操纵系统输入的电信号（DC 24 V）后电磁铁线圈通电，多叶排烟口打开，手动开启为就地手动拉绳使阀门开启。阀门打开后，其联动开关接通信号回路，可向控制室返回阀门已开启的信号或联动开启排烟风机。在执行机构的电路中，当烟气温度达 280 ℃时，熔断器动作，排烟口立即关闭。当温度熔断器更换后，阀门可手动复位。

2）板式排烟口。板式排烟口平时关闭，火灾时自动开启。火灾时，自动开启装置接到感烟（温）探测器通过控制盘或远距离操纵系统输入的电信号（DC 24 V）后，电磁铁线圈通电，动铁芯吸合，通过杠杆作用使卷绕在滚筒上的钢丝绳释放，于是叶片被打开，同时微动开关动作，切断电磁铁电源并将阀门开启动作显示线接点接通，将信号返回控制盘并联动启动风机。

（2）排烟防火阀的联动控制。排烟防火阀用在单独设置的排烟系统时，其平时关闭，火灾时自动开启，当联动的感烟（温）探测器将火灾信号输送到消防控制中心的控制盘上后，由控制盘再将火灾信号输入到自动开启装置。接受火灾信号后，电磁铁线圈通电，动铁芯吸合，使动铁芯挂钩与阀门叶片旋转轴挂钩脱开，阀门叶片受弹簧力作用迅速开启，同时微动开关动作，切断电磁铁电源，并接通阀门关闭显示线接点，将阀门开启信号返回控制盘，联动通风、空调机停止运行，排烟风机启动。温度熔断器安装在阀体的另一侧，熔断片设在阀门叶片的迎风侧，当管道内烟气温度上升到 280 ℃时，温度熔断片熔断，阀门叶片受弹簧力作用而迅速关闭，同时微动开关动作，显示线同样发出关闭信号至消防控制中心，同时联动关闭排烟风机。

（3）挡烟垂壁的联动控制。由电磁线圈及弹簧锁等组成翻板式挡烟垂壁锁，平时用它将防烟垂壁锁在吊顶中。火灾时可通过自动控制或手柄操作使垂壁降下。火灾时从感烟探测器或联动控制盘发来电信号（DC 24 V），电磁线圈通电把弹簧锁的销子拉进去，开锁后挡烟垂壁由于重力的作用靠滚珠的滑动而落下，下垂到 90°至挡烟工作位置。另外，当系统断电时，挡烟垂壁能自动下降至挡烟工作位置。手动控制时，操作手动杆也可使弹簧锁的销子拉回开锁，挡烟垂壁落下。把挡烟垂壁升回原来的位置即可复原。

（4）排烟窗的联动控制。排烟窗平时关闭，并用排烟窗锁（或插销）锁住。当发生火灾时可自动或手动将排烟窗打开。自动控制：火灾时，感烟探测器或联动控制盘发来的指令信号将电磁线圈接通，弹簧锁的锁头偏移，利用排烟窗的重力打开排烟窗。手动控制：火灾时，将操作手柄扳倒，弹簧锁的锁头偏移而打开排烟窗。

习　题

8-1　简述防烟系统控制要求。

8-2　简述排烟系统控制要求。

8-3　各种防排烟设施如何实现联动控制？

附　　录

附表 1　圆形断面薄钢板风管单位管长沿程阻力损失

风速/m·s^{-1}	动压/Pa	参　数	风管断面直径/mm							
			900	1000	1120	1250	1400	1600	1800	2000
1	0.6	风量/m^3·h^{-1}	2280	2816	3528	4397	5518	7211	9130	11276
		单位摩擦阻力/Pa·m^{-1}	0.01	0.01	0.01	0.01	0.01	0.01	0.01	0.01
1.5	1.35	风量/m^3·h^{-1}	3420	4224	5292	6595	8277	10817	13696	16914
		单位摩擦阻力/Pa·m^{-1}	0.03	0.03	0.02	0.02	0.02	0.01	0.01	0.01
2	2.4	风量/m^3·h^{-1}	4560	5632	7056	8793	11036	14422	18261	22552
		单位摩擦阻力/Pa·m^{-1}	0.05	0.04	0.04	0.03	0.03	0.02	0.02	0.02
2.5	3.75	风量/m^3·h^{-1}	5700	7040	8819	10992	13795	18028	22826	28190
		单位摩擦阻力/Pa·m^{-1}	0.07	0.06	0.06	0.05	0.04	0.04	0.03	0.03
3	5.4	风量/m^3·h^{-1}	6840	8448	10583	13190	16554	21633	27391	33828
		单位摩擦阻力/Pa·m^{-1}	0.1	0.09	0.08	0.07	0.06	0.05	0.04	0.04
3.5	7.35	风量/m^3·h^{-1}	7980	9856	12347	15388	19313	25239	31956	39465
		单位摩擦阻力/Pa·m^{-1}	0.14	0.12	0.11	0.09	0.08	0.07	0.06	0.05
4	9.6	风量/m^3·h^{-1}	9120	11265	14111	17587	22072	28845	36522	45103
		单位摩擦阻力/Pa·m^{-1}	0.18	0.15	0.14	0.12	0.1	0.09	0.08	0.07
4.5	12.15	风量/m^3·h^{-1}	10260	12673	15875	19785	24831	32450	41087	50741
		单位摩擦阻力/Pa·m^{-1}	0.22	0.19	0.17	0.15	0.13	0.11	0.1	0.08
5	15	风量/m^3·h^{-1}	11400	14081	17639	21983	27590	36056	45652	56379
		单位摩擦阻力/Pa·m^{-1}	0.27	0.24	0.21	0.18	0.16	0.13	0.12	0.1
5.5	18.15	风量/m^3·h^{-1}	12540	15489	19403	24182	30349	39661	50217	62017
		单位摩擦阻力/Pa·m^{-1}	0.32	0.28	0.25	0.22	0.19	0.16	0.14	0.12
6	21.6	风量/m^3·h^{-1}	13680	16897	21167	26380	33108	43267	54782	67655
		单位摩擦阻力/Pa·m^{-1}	0.38	0.33	0.29	0.25	0.22	0.09	0.16	0.14
6.5	25.35	风量/m^3·h^{-1}	14820	18305	22930	28579	35867	46872	59348	73293
		单位摩擦阻力/Pa·m^{-1}	0.44	0.39	0.34	0.3	0.26	0.22	0.19	0.17
7	29.4	风量/m^3·h^{-1}	15960	19713	24694	30777	38626	50478	63913	78931
		单位摩擦阻力/Pa·m^{-1}	0.5	0.44	0.39	0.34	0.3	0.25	0.22	0.19
7.5	33.75	风量/m^3·h^{-1}	17100	21121	26458	32975	41385	54083	68478	84569
		单位摩擦阻力/Pa·m^{-1}	0.57	0.51	0.44	0.39	0.34	0.29	0.25	0.22

续附表 1

风速/m·s^{-1}	动压/Pa	参　数	风管断面直径/mm							
			900	1000	1120	1250	1400	1600	1800	2000
8	38.4	风量/m^3·h^{-1}	18240	22529	28222	35174	44144	57689	73043	90207
		单位摩擦阻力/Pa·m^{-1}	0.65	0.57	0.5	0.44	0.38	0.33	0.28	0.25
8.5	43.35	风量/m^3·h^{-1}	19381	23937	29986	37372	46903	61295	77608	95845
		单位摩擦阻力/Pa·m^{-1}	0.73	0.64	0.56	0.49	0.43	0.37	0.32	0.28
9	48.6	风量/m^3·h^{-1}	20521	25345	31750	39570	49663	64900	82174	101483
		单位摩擦阻力/Pa·m^{-1}	0.81	0.72	0.63	0.55	0.48	0.41	0.35	0.31
9.5	54.15	风量/m^3·h^{-1}	21661	26753	33514	41769	52422	68506	86739	107121
		单位摩擦阻力/Pa·m^{-1}	0.9	0.79	0.69	0.61	0.53	0.45	0.39	0.35
10	60	风量/m^3·h^{-1}	22801	28161	35278	43967	55181	72111	91304	112759
		单位摩擦阻力/Pa·m^{-1}	0.99	0.88	0.76	0.67	0.59	0.5	0.43	0.38
10.5	66.15	风量/m^3·h^{-1}	23941	29569	37042	46165	57940	75717	95869	118396
		单位摩擦阻力/Pa·m^{-1}	1.09	0.96	0.84	0.74	0.64	0.55	0.48	0.42
11	72.6	风量/m^3·h^{-1}	25081	30978	38805	48364	60699	79322	100434	124034
		单位摩擦阻力/Pa·m^{-1}	1.19	1.05	0.92	0.8	0.7	0.6	0.52	0.46
11.5	79.35	风量/m^3·h^{-1}	26221	32386	40569	50562	63458	82928	105000	129672
		单位摩擦阻力/Pa·m^{-1}	1.3	1.14	1	0.88	0.77	0.65	0.57	0.5
12	86.4	风量/m^3·h^{-1}	27361	33794	42333	52760	66217	86534	109565	135310
		单位摩擦阻力/Pa·m^{-1}	1.41	1.24	1.08	0.95	0.83	0.71	0.62	0.54
12.5	93.75	风量/m^3·h^{-1}	28501	35202	44097	54959	68976	90139	114130	140948
		单位摩擦阻力/Pa·m^{-1}	1.52	1.34	1.17	1.03	0.9	0.77	0.67	0.59
13.0	101.4	风量/m^3·h^{-1}	29641	36610	45861	57157	71735	93745	118695	146586
		单位摩擦阻力/Pa·m^{-1}	1.64	1.45	1.27	1.11	0.97	0.83	0.72	0.63
13.5	109.35	风量/m^3·h^{-1}	30781	38018	47625	59355	74494	97350	123260	152224
		单位摩擦阻力/Pa·m^{-1}	1.77	1.56	1.36	1.19	1.04	0.89	0.77	0.68
14	117.6	风量/m^3·h^{-1}	31921	39426	49389	61554	77253	100956	127826	157862
		单位摩擦阻力/Pa·m^{-1}	1.90	1.67	1.46	1.28	1.12	0.95	0.83	0.73
14.5	126.15	风量/m^3·h^{-1}	33061	40834	51153	63752	80012	104561	132391	163500
		单位摩擦阻力/Pa·m^{-1}	2.03	1.79	1.56	1.37	1.2	1.02	0.89	0.78
15	135	风量/m^3·h^{-1}	34201	42242	52916	65950	82771	108167	136956	169138
		单位摩擦阻力/Pa·m^{-1}	2.17	1.91	1.67	1.46	1.28	1.09	0.95	0.83
15.5	144.15	风量/m^3·h^{-1}	35341	43650	54680	68149	85530	111773	141521	174776
		单位摩擦阻力/Pa·m^{-1}	2.31	2.03	1.78	1.56	1.36	1.16	1.01	0.89
16	153.6	风量/m^3·h^{-1}	36481	45058	56444	70347	88289	115378	146086	180414
		单位摩擦阻力/Pa·m^{-1}	2.45	2.16	1.89	1.66	1.45	1.23	1.07	0.95

附表 2　矩形断面薄钢板风管单位管长沿程阻力

风速 /m·s^{-1}	动压 /Pa	参数	风管断面尺寸/mm×mm								
			1250×500	1000×630	800×800	1250×630	1600×500	1000×800	1250×800	1000×1000	1600×630
9	48.6	风量 /m^3·h^{-1}	20058	20254	20581	25308	25689	25745	32175	32206	32414
		单位摩擦阻力 /Pa·m^{-1}	1.08	0.98	0.94	0.89	1	0.83	0.74	0.72	0.81
9.5	54.15	风量 /m^3·h^{-1}	21172	21379	21724	26714	27116	27176	33962	33995	34215
		单位摩擦阻力 /Pa·m^{-1}	1.2	1.08	1.04	0.99	1.11	0.92	0.82	0.79	0.9
10	60	风量 /m^3·h^{-1}	22286	22504	22868	28120	28543	28606	35749	35784	36015
		单位摩擦阻力 /Pa·m^{-1}	1.32	1.2	1.15	1.09	1.22	1.01	0.9	0.88	0.99
10.5	66.15	风量 /m^3·h^{-1}	23401	23629	24011	29526	29971	30036	37537	37574	37816
		单位摩擦阻力 /Pa·m^{-1}	1.45	1.31	1.26	1.19	1.34	1.11	0.99	0.96	1.09
11	72.6	风量 /m^3·h^{-1}	24515	24755	25154	30932	31398	31467	39324	39363	39617
		单位摩擦阻力 /Pa·m^{-1}	1.58	1.44	1.38	1.3	1.46	1.21	1.08	1.05	1.19
11.5	79.35	风量 /m^3·h^{-1}	25629	25880	26298	32338	32825	32897	41112	41152	41418
		单位摩擦阻力 /Pa·m^{-1}	1.72	1.56	1.5	1.42	1.59	1.32	1.18	1.15	1.3
12	86.4	风量 /m^3·h^{-1}	26743	27005	27441	33744	34252	34327	42899	42941	43219
		单位摩擦阻力 /Pa·m^{-1}	1.87	1.7	1.63	1.54	1.73	1.43	1.28	1.24	1.41
12.5	93.75	风量 /m^3·h^{-1}	27858	28130	28584	35150	35679	35757	44687	44730	45019

续附表2

风速 /m·s^{-1}	动压 /Pa	参 数	风管断面尺寸/mm×mm								
			1250×500	1000×630	800×800	1250×630	1600×500	1000×800	1250×800	1000×1000	1600×630
12.5	93.75	单位摩擦阻力 /Pa·m^{-1}	2.02	1.84	1.76	1.67	1.87	1.55	1.39	1.34	1.52
13	101.4	风量 /m^3·h^{-1}	28972	29256	29728	26556	37106	37188	46474	46520	46820
		单位摩擦阻力 /Pa·m^{-1}	2.18	1.98	1.9	1.8	2.02	1.67	1.49	1.45	1.64
13.5	109.35	风量 /m^3·h^{-1}	30386	30381	30871	37962	38534	38618	48262	28309	48621
		单位摩擦阻力 /Pa·m^{-1}	2.35	2.13	2.04	1.93	2.17	1.8	1.61	1.56	1.76
14	117.6	风量 /m^3·h^{-1}	31201	31506	32015	39368	39961	40048	50049	50098	50422
		单位摩擦阻力 /Pa·m^{-1}	2.52	2.28	2.19	1.07	2.33	1.93	1.72	1.67	1.89
14.5	126.15	风量 /m^3·h^{-1}	32315	32631	33158	40774	41388	41479	51837	51887	52222
		单位摩擦阻力 Pa/m	2.69	2.44	2.34	2.22	2.49	2.06	1.85	1.79	2.02
15	135	风量 /m^3·h^{-1}	33429	33756	34301	42180	42815	42909	53624	53676	54023
		单位摩擦阻力 /Pa·m^{-1}	2.87	2.61	2.5	2.37	2.66	2.2	1.97	1.91	2.16
15.5	144.15	风量 /m^3·h^{-1}	34544	34882	35445	43586	44242	44339	55412	55466	55824
		单位摩擦阻力 /Pa·m^{-1}	3.06	2.78	2.66	2.52	2.83	2.35	2.1	2.04	2.3
16	153.6	风量 /m^3·h^{-1}	35658	36007	36588	44992	45669	45769	57199	57255	57625
		单位摩擦阻力 /Pa·m^{-1}	3.25	2.95	2.83	2.68	3.01	2.49	2.23	2.16	2.45

附表 3　部分管件局部阻力系数

名称	图形		局部阻力系数（按图内速度 u 计算）					
渐扩和变径管		F_1/F_0	$\alpha/(°)$					
			10	15	20	25	30	45
		1.25	0.02	0.03	0.05	0.06	0.07	—
		1.50	0.03	0.06	0.1	0.12	0.13	—
		1.75	0.05	0.09	0.14	0.17	0.19	—
		2.00	0.06	0.13	0.2	0.23	0.26	—
		2.25	0.08	0.16	0.26	0.38	0.33	—
		3.50	0.09	0.19	0.3	0.36	0.39	—
圆形渐扩管		F_1/F_0	$\alpha/(°)$					
			10	15	20	25	30	45
		1.25	0.01	0.02	0.03	0	0.05	0.06
		1.5	0.02	0.03	0.05	0	0.11	0.13
		1.75	0.03	0.05	0.07	0.1	0.15	0.20
		2	0.04	0.06	0.1	0.1	0.21	0.27
		2.25	0.05	0.08	0.13	0.1	0.27	0.34
		2.5	0.06	0.1	0.15	0.2	0.32	0.4
		$\alpha>45°$时，$\xi=(1-F_0/F_1)^2$						
矩形渐扩管		F_1/F_0	$\alpha/(°)$					
			10	15	20	25	30	45
		1.25	0.02	0.03	0.05	0	0.07	—
		1.5	0.03	0.06	0.1	0.1	0.13	—
		1.75	0.05	0.09	0.14	0.1	0.19	—
		2	0.06	0.13	0.20	0.2	0.26	—
		2.25	0.08	0.16	0.26	0.3	0.33	—
		2.5	0.09	0.19	0.30	0.3	0.39	—

参 考 文 献

[1] 中华人民共和国公安部．建筑设计防火规范（GB 50016—2014）[M]．北京：中国计划出版社，2018.

[2] 中华人民共和国公安部．建筑防烟排烟系统技术标准（GB 51251—2017）[M]．北京：中国计划出版社，2017.

[3] 中国建筑标准设计研究院．建筑防烟排烟系统技术标准图集（15K206—2017）[M]．北京：中国计划出版社，2018.

[4] 徐志胜，姜学鹏．防排烟工程 [M]．北京：机械工业出版社，2011.

[5] 吕建，赖艳萍，梁茵．建筑防排烟工程 [M]．天津：天津大学出版社，2012.

[6] 张吉光．高层建筑和地下建筑通风与防排烟 [M]．北京：中国建筑工业出版社，2005.

[7] 马少军．建筑消防检测中防排烟问题及改进策略分析 [J]．消防界（电子版），2023，9（12）：123-125.

[8] 程仕远．建筑防排烟风管耐火极限在消防验收中的问题探析 [J]．安徽建筑，2023，30（6）：135-136.

[9] 齐树凯，苏海通，李道海，等．关于民用建筑工程设计中防排烟及通风问题的思考 [J]．消防界（电子版），2023，9（11）：81-83.

[10] 肖伟．防排烟新规下机械加压送风系统的设计实例讨论 [J]．消防界（电子版），2022，8（20）：63-65.

[11] 田鹏．高层建筑防火排烟设计探讨 [C]//中国消防协会学术工作委员会，中国人民警察大学防火工程学院．中国消防协会学术工作委员会消防科技论文集（2022）．北京：中国石化出版社，2022：3.